유비쿼터스 환경의

임베디드 기술

손병희 · 유용만 · 황광일 공저

생능출판사
Life & Power Press

머리말

누군가 21세기를 한 단어로 표현하고자 한다면, 단연코 '유비쿼터스(Ubiquitous)' 라고 말할 수 있을 것이다. 언제부터인가 우리는 보이게 또는 보이지 않게 유비쿼터스화 되어가는 세상속에서 천천히 유비쿼터스라는 단어에 익숙해져가고 있다.

그렇다면 유비쿼터스란 무엇인가?

모든 사물이 컴퓨터화 되어 언제, 어디서나 컴퓨팅 디바이스들을 통해 우리가 원하는 정보를 쉽게 획득하고, 처리하고, 전송하고, 저장할 수 있는 그러한 세상을 말한다.

2002년 탐 크루즈 주연의 '마이너리티 리포트' 에서나 나온 허무맹랑한 미래기술들이 지금 연구되고 있고, 실현되어 가고 있으며 스타트랙에서 본 우주에서의 생활 아니 전쟁이 곧 다가올 것이다.

그러면 어떻게 각종 사물을 컴퓨터화 할 수 있는가?

그걸 가능케 해주는 것이 바로 '임베디드(Embedded)' 기술이다. 임베디드 기술은 컴퓨터를 소형화하여 다양한 I/O(센서 또는 엑츄에이터 등)를 통해 사물에 컴퓨팅 기능을 부가해주는 유비쿼터스의 핵심기술이다.

이미 오래전부터 임베디드 기술의 중요성과 필요성이 부각되어 왔음에도 불구하고, 임베디드 기술의 광범위함과 하드웨어와 소프트웨어를 넘나드는 엄청난 양의 지식에 대한 두려움으로 인해 임베디드를 공부하려는 학생은 물론, 실제로 현업에서 종사하는 관련 엔지니어들조차도 임베디드 기술 전반적인 이해에 어려움을 느끼는 것이 사실이다.

다양한 임베디드 관련 서적들이 현존하고 있기는 하나, 그들은 대부분 특정한 타깃 시스템을 개발하는데 초점을 두고 있다. 이에 필자는 실제 다수의 임베디드 시스템 개발 경험과 대학에서 학생들에게 컴퓨터구조, 임베디드 시스템, 프로그래밍 언어 과목의 강의 경험을 토대로 임베디드 개론서를 집필하게 되었다. 또한, 학생들도 관련분야 초급 개발자들이 필요로 하는 것과 애로사항이 무엇인지를 파악하고, 이러한 갈증을 한 권으로 쉽게 체득할 수 있도록 임베디드 기술의 전반적인 부분에 대하여 엑기스만 뽑아 컴팩트하게 담았다.

특히, 본서는 세부적인 타깃시스템에 초점을 맞추기 보다는 임베디드 전반에 걸친 이해를 돕기 위해 임베디드 관련한 다양한 기술들을 보다 쉽게 설명하고자 다음의 내용들을 포함하고 있다.

- 유비쿼터스 환경의 임베디드 기술 개요
- 임베디드 시스템 하드웨어
- 임베디드 시스템 소프트웨어
- 임베디드 시스템 개발 방법론
- 임베디드 시스템의 설계 및 구현
- 임베디드 시스템의 테스트

본 교재가 임베디드 기술의 개념과 이해를 필요로 하는 학생 및 일반인들에게 유용한 학습서가 되길 바라며, 부족한 점에 대하여는 향후 수정 및 보완을 해 나가고자 한다.

끝으로 이 교재의 집필과정에서 도움을 주신 여러 선배님들과 친구들에게 이름을 하나 하나 나열하지는 못해도 모두에게 고마움을 전하고 싶고, 출판을 위하여 물심양면으로 도움을 주신 생능출판사 임직원 여러분들께 감사드린다.

2009년 6월

저자 손병희 · 유용만 · 황광일

차례

CONTENTS

CHAPTER 1 유비쿼터스 환경의 임베디드 기술 개요

CHAPTER 2 임베디드 시스템

CHAPTER 3 마이크로프로세서

CHAPTER 4 인터럽트의 기초

CONTENTS

CHAPTER 0

임베디드 설계 및 구현

CHAPTER 1

교차개발환경

CHAPTER 1

임베디드 운영체제 포팅

CHAPTER 1

디바이스 드라이버 프로그래밍

CONTENTS

CHAPTER 1

- 이번 장에서는 임베디드 시스템의 정의를 알아보고, 임베디드 기술을 분류해 본다. 그런 다음 임베디드 기술의 응용 분야에 대해 알아보도록 하자.

유비쿼터스 환경의 임베디드 기술 개요

CHAPTER 01

유비쿼터스 환경의 임베디드 기술 개요

1.1 임베디드 시스템의 개요

(1) 시스템의 정의

임베디드 시스템의 정의를 알아보기 전에 시스템이 무엇인지 생각해 보자. 저자가 보는 시스템은 입력이 있으면, 출력이 있는 모든 체계를 시스템이라고 본다. 따라서, 사람도 시스템이다.

[그림 1-1] 시스템 구성도

하지만, 시스템이라고 하면 컴퓨터를 연상하는데, 아마도 입력된 데이터를 처리하는데 있어 주로 컴퓨터가 사용되는 데서 기인할지도 모르겠다. 좀 더 복잡하게 들어가면, 가공하기 전의 입력 데이터를 처리 과정을 통해 출력 정보로 바꾸는 것이 시스템일 것이다. 그럼, 임베디드 시스템이란 무엇일까?

(2) 임베디드 시스템의 정의

임베디드란 어느 시스템에 내장된(Embedded) 시스템으로 마이크로프로세서 혹은 마이크로 컨트롤러를 내장하여 원래 제작자가 의도했던 특정 기능만을

수행하도록 제작된 컴퓨팅 장치라고 한다. 내장형 시스템이기 때문에 소형이 많지만, 모든 시스템이 다 소형인 것은 아니다. 응용 분야를 보더라도 PC와 같은 범용 컴퓨팅 시스템을 제외한, 특정 기능만을 수행하는 모든 컴퓨팅 시스템이 임베디드 시스템이므로 다양한 산업 분야의 기기들이 포함된다.

따라서, 산업 분야의 스펙트럼도 정보 가전에서 시작해서 정보 단말 등은 물론이고 산업/제어, 로봇, 사무자동화, 빌딩자동화, 군사, 통신, 물류/금융, 자동차/운송장비, 의료, 게임, 항공 관제 등 폭넓고 다양하게 응용된다. 그 기술분야를 살펴보면 다음과 같다.

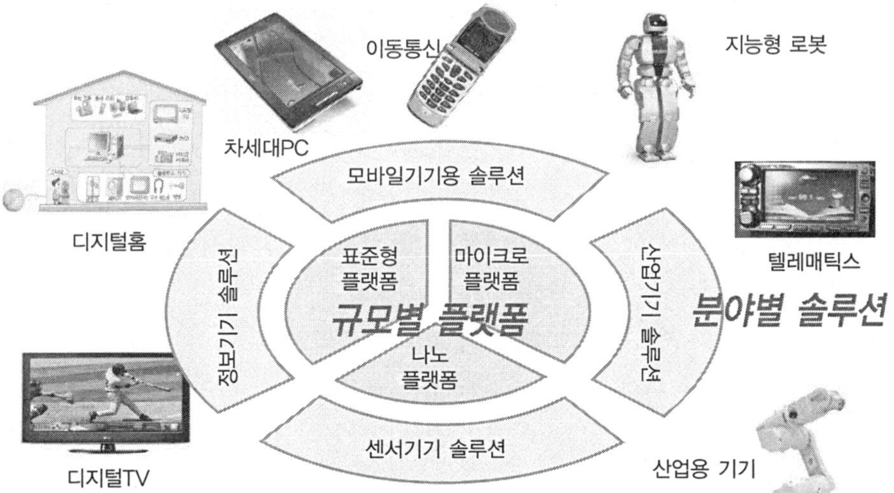

[그림 1-2] 임베디드 기술 분야

(3) 임베디드 시스템의 특징

초기의 단순한 처리만을 요구하던 작은 시스템이 인간의 끊임없는 고기능 및 다기능 요구와 산업의 요구에 의해 임베디드시스템의 특징들이 아래 나열된 것처럼 변하고 있다.

- 경량화 : 휴대성과 소형화의 요구로 점점 더 확대되는 추세이다.
- 최적화 : 한정된 자원에서 최대의 효율을 내기 위해 코드를 최적화하여 개발한다.
- 고신뢰성 : 점차 임베디드시스템이 우리생활에서 차지하는 비중이 커짐과 동시에 신뢰성도 중요시되고 있다. 모든 프로그램이 그렇듯이 신뢰성은 기본적으로 갖추어야 할 요건이다. 임베디드시스템에서 중요한 것은 RT(Real Time)시스템[1]에서 한정된 자원, 소형화로 인해 자원의 한계가 있는데, 이를 어떻게 극복하여 신뢰성을 확보하는 것이다.
- 네트워크지원 : 유비쿼터스환경에서는 다른 기기간의 네트워크 형성은 무엇보다도 중요하다.
- 저전력화 : Post PC[2]시대가 되어 휴대성의 증대로 저전력화는 이제 선택사항이 아닌 필수다.
- 멀티미디어지원 : 사용자의 다양한 요구사항을 만족시키기 위한 멀티미디어지원이 제한적인 리소스를 어떻게 활용하는가도 관건이다.
- 가격 : 가격 경쟁력을 갖추어야 한다.
- 호환성 : 적은 리소스에서 최대한의 효율을 얻기 위해 저마다 하드웨어 종속적인 최적화를 함으로써 반대로 호환성을 더욱 악화시킨다.
- 오류처리 : 상대적으로 사용자 개입이 적고 신뢰성 측면에서 만약 오류가 발생하더라도 최소한의 피해를 가질 수 있도록 오류 처리 분야에 있어서는 완벽을 기해야 한다. 특히 실시간성(Real Time)과 생명과 재산피해에 막대한 영향을 끼칠 수 있을 땐 정밀성과 복잡성이 상상을 초월한다.

1) 실시간 시스템은 연성 실시간 시스템과 경성 실시간 시스템으로 나누는데, 연성 실시간 시스템은 제한시간(Deadline)동안 테스크 처리를 못 마쳤을 때, 단순한 오류정도 발생하는 시스템이고, 경성 실시간 시스템은 제한 시간동안 테스크를 못 마쳤을 때 치명적인 오류가 발생하거나, 때에 따라서는 엄청난 경제적 손실까지 가져올 수 있는 시스템을 말한다.

2) 현재 가정이나 직장에서 널리 사용되고 있는 개인용 컴퓨터(PC) 이후의 새로운 제품군으로 PC의 대체품이라고 정의할 수 있다. 일반적으로 서브노트북, 개인 휴대 정보 단말(PDA), 휴대 전화, 정보 가전 등을 통칭하는 의미로 사용되는데 문서 작성, 이메일, 인터넷 검색 등과 같은 PC의 주요 기능을 충실히 제공하면서도 언제 어디서나 이용할 수 있는 이동성과 휴대성을 강조하고 있다.

1.2 임베디드 기술 분류

(1) 임베디드 기술 세부 분류

임베디드 기술을 분류하면, 임베디드 하드웨어와 소프트웨어로 구분이 되고, 소프트웨어는 다시 시스템 소프트웨어인 운영체제와 응용 소프트웨어로 나뉜다. 그 세부 분류는 다음과 같다.

〈표 1-1〉 임베디드 기술 분류

항목	소분류	요소 기술
임베디드 하드웨어	CPU	멀티미디어 신호처리, 이동기기용 CPU
	메모리	SoC 기반 기술, 신소자
	입출력 장치	디스플레이, 이미지센서, MEMS(Microelectromechanical Systems)[3]
	주변 장치	전원 장치, 2차 전기
임베디드 소프트웨어	임베디드 운영체제	임베디드 운영체제 커널 기술
		USN용 초소형 운영체제 기술
		그래픽 시스템 기술
		플래시 메모리 지원 소프트웨어 기술
		이기종 망간 서비스 연동 지원 기술
		멀티칩 지원 기술
		보안 커널 기술
	임베디드 미들웨어 및 보안시스템	유비쿼터스 컴퓨팅 미들웨어 기술
		응용 서비스 지원 미들웨어 기술

3) MEMS는 미세 기술로서 기계 부품, 센서, 액츄에이터, 전자 회로를 하나의 실리콘 기판 위에 집적화한 장치를 가리킨다. 주로 반도체 집적회로 제작 기술을 이용해 제작되지만 반도체 집적회로에서 평면을 가공하는 프로세스로 제작할 때 입체 형상을 만들어야 하므로 반도체 집적회로의 제작에는 쓰이지 않는다. 현재 제품으로서 시판되고 있는 것으로서는 잉크젯 프린터의 헤드, 압력 센서, 가속도 센서, 자이로스코프, 프로젝터 등이 있다. 응용 분야가 다방면에 걸쳐 있기 때문에 시장 규모가 확대되고 있다. 이 때문에 제2의 DRAM이라고도 말하고 있다.

임베디드 소프트웨어	임베디드 미들웨어 및 보안시스템	Virtual Machine 기술
		U-단말 공통 플랫폼 기술
		임베디드 시스템용 네트워크 보안 기술
		모바일 게이트웨이 기술
		센서용 네트워크 기술
		차량 전장용 임베디드 S/W 기술
임베디드 응용 소프트웨어	임베디드 기본/ 공통 응용 S/W	멀티모달 인터페이스 기술
		임베디드 브라우저 기술
		사무용 S/W 기술
		멀티미디어 스트리밍 기술
		상황인지 지원 기술
		원격통제 지원 기술

(2) 임베디드 기술 대상 시장

임베디드 기술 대상 시장과 응용 분야를 살펴보자.

먼저, 임베디드 시스템 소프트웨어는 운영체제 기술로 커널 기술이 대표적 기술이다. 대상 시장을 보면, 정보가전, 홈 서버, 로봇, 텔레매틱스 등등 다양한 분야에서 활용되는 기술이다.

〈표 1-2〉 임베디드 시스템 소프트웨어 대상 시장

구분		대상시장
임베디드 시스템 소프트웨어	임베디드 운영체제 커널기술	IPTV, 디지털TV, 홈서버, URC 로봇, 텔레매틱스, 이동통신, 차세대PC, IT SoC 등의 uIT-839 분야의 단말을 구성하는 임베디드 S/W 솔루션
	USN용 초소형 운영체제 기술	센서 네트워크를 구성하는 센서 노드의 나노 운영체제 및 게이트웨이 개발 솔루션
	그래픽 시스템 기술	임베디드 OS 기술로 임베디드 GUI의 윈도우시스템을 구성하는 그래픽 처리 기술 및 솔루션
	플래시 메모리 지원 S/W 기술	NAND Flash Memory 기술을 이용하여 휴대단말의 대용량 데이터 저장장치로 활용

다음은 임베디드 미들웨어 및 보안 시스템의 대상 시장이다. 컴퓨터 장치들이 다양해 지면서 네트워크에 연결되거나 직접 연결되어야 할 장치가 다른 종류일 경우 미들웨어 기술은 다른 종류들 간의 연결을 위한 다리 역할을 하게 된다. 대표적으로 게이트웨이 기술이 대표 대상 시장이다.

〈표 1-3〉 임베디드 미들웨어 및 보안 시스템 대상 시장

구분		대상시장
임베디드 미들웨어 및 보안시스템	유비쿼터스 컴퓨팅 미들웨어 기술	컴퓨팅 장치의 이질성, 사용자의 이동성 등을 지원하는 분산 환경 미들웨어
	응용서비스지원 미들웨어 기술	모바일 단말에 탑재되어 무선 통신망을 통해 외부 응용을 서비스 받을 수 있도록 지원하는 플랫폼
	Virtual Machine 기술	다양한 고사양 임베디드 제품에서 자아 응용 및 미들웨어를 실행시킬 수 있는 플랫폼
	U-단말 공통 플랫폼 기술	휴대 단말이 서비스 융합을 효과적으로 지원하기 위한 공통 기능 및 상호 연결 기능을 제공하는 플랫폼
	임베디드 시스템용 네트워크 보안 기술	IPTV, 디지털TV, 홈서버, URC 로봇, 텔레매틱스, 스마트폰, 차세대PC, IT SoC 등의 uIT-839 분야의 단말을 구성하는 임베디드 S/W 솔루션
	모바일 게이트웨이 기술	개인의 다양한 주변 기기들을 모바일 단말을 중심으로 연결하여 마치 하나의 기기처럼 활용을 할 수 있게 하는 S/W 기술
	차량 전장용 임베디드 S/W 기술	차량 전장 시스템용 운영체제 및 미들웨어, 차량용 S/W 개발 방법론 및 지원 도구

마지막으로 임베디드 응용 소프트웨어 대상 시장은 인간의 감각을 이용한 정보처리를 기반한 실감 서비스가 대표적인 대상 시장일 것이다. 요즘은 감성 공학을 접목한 기술이 속속 등장하고 있다.

감성 공학을 정의하자면, 인간의 감성을 정성, 정량적으로 측정/평가하고, 이를 제품이나 환경설계에 응용하여 인간의 삶을 쾌적하게 하고자 하는 기술이다.

실제로 감성공학은 요즘 나온 기술은 아니다. 1986년에 일본의 마쯔다 자동차의 스포츠카 '미야타' 의 개발과정 설명회에서 야마모토 회장이 처음 사용했다.

〈표 1-4〉 임베디드 응용 소프트웨어 대상 시장

구분		대상시장
임베디드 응용 S/W	멀티모달 인터페이스 기술	인간의 감각 메카니즘을 이용한 정보처리 및 이를 기반하는 실감 서비스
	임베디드 브라우저 기술	유무선 통신망을 통하여 다양한 단말 기기에서 웹 브라우징을 제공하는 솔루션
	사무용 S/W 기술	유무선 통신 지원 단말 환경에서 이동 중에 간단한 사무 작업을 할 수 있도록 지원하는 S/W
	멀티미디어 스트리밍 기술	유무선 통신망의 다양한 단말 환경에서 동작하는 멀티미디어 스트리밍 재생기 솔루션
	상황인지 지원 기술	사용자의 위치에 관계없이 사용자에게 필요한 정보를 제공하기 위한 에이전트, 상황인지를 위한 멀티모달 인터랙션 기술
	원격통제 지원 기술	로봇, 텔레매틱스, 정보가전기기, 원격의료기, 무인항공기 등 원격관리가 필요한 임베디드 시스템의 원격통제 솔루션

1.3 임베디드 기술의 산업화

임베디드 시스템은 특정 산업별로 활용되던 Stand-Alone 시스템 및 인트라넷에 연결된 전용 시스템을 거쳐 모든 산업에 활용되는 인터넷 또는 유비쿼터스 네트워크 기반 임베디드 시스템으로 발전할 전망이다.

컴퓨터는 메인 프레임으로부터 PC 및 워크스테이션을 거쳐 Post-PC로 발전하고 있으며, 무선통신의 발달로 사용자에게 시공간의 제한 없이 자연스럽고 편리하게 컴퓨팅 서비스를 제공하는 휴대형 정보기기로 변하고 있다.

임베디드 소프트웨어는 종래의 OS 중심에서 다양한 산업 응용 제품에 공통적으로 필요한 미들웨어, 기본 응용, 도구 등을 포함하는 임베디드 소프트웨어 플랫폼 기술로 발전하고 있다. 임베디드 소프트웨어는 최종 제품의 고부가가치 실현을 위한 중간재(Intermediate Goods) 성격의 원천 소프트웨어로 생산에서 소비까지 모든 가치사슬(Value Chain)과 연관되어 전후방 효과가 매우 크다. 따라서, 임베디드 소프트웨어는 홈 네트워크, 차세대 PC, 텔레매틱스, 디지털 TV, 이동통신, 지능형 로봇 등 전략 산업 분야의 하드웨어 벤더, 임베디드 시스템 제조업체, 유무선 통신사업자, SI 업체, 서비스 및 콘텐츠 제공자에게 필요한 기반 기술이다. 임베디드 기술의 산업화의 개요를 보면 다음 그림과 같다.

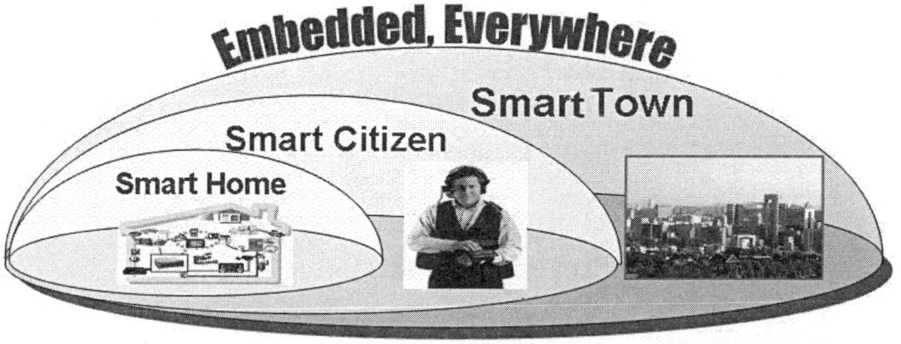

서버	홈서버	퍼스널 서버	웹서비스 서버
클라이언트	정보가전	웨어러블 단말	임베디드 시스템
통신망	홈 네트워크	Personal Area Network	Ubiquitous Network
서비스유형	홈 서비스	모바일 서비스	유비쿼터스 서비스

[그림 1-3] 임베디드 기술의 산업화

(1) 정보가전

- 기술의 발전에 따라 일반 가전 제품에 다양한 기능이 요구되고, 다양한 기능의 처리를 위한 가전제품에 전용 임베디드 시스템을 적용하고 있다.
- 가정 내 네트워크 구성에 따른 원격 제어, 정보 수집 등이 가능하여 홈 오토메이션, 홈 네트워킹과 함께 가정 자동화의 핵심 부분으로 자리잡고 있다.
- 상용 제품으로는 인터넷 냉장고, HDTV, 인터넷 전자레인지, DVR, 세탁기 등이 있다.

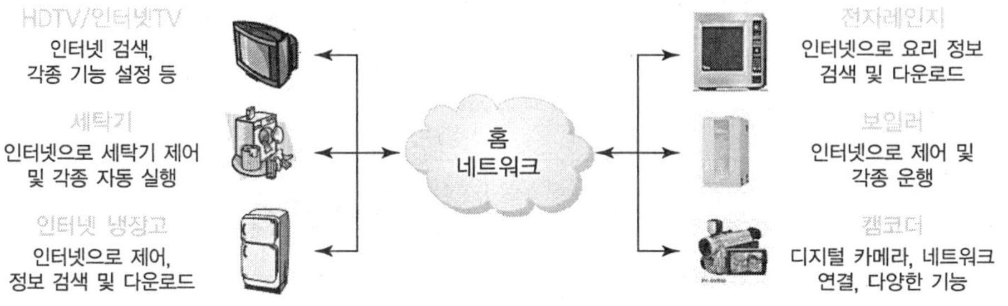

[그림 1-4] 정보가전에서의 임베디드 시스템

(2) 가정자동화: HA(Home Automation)

- 집안의 모든 것들을 리모컨 혹은 원격으로 제어하는 것을 목표로 현재는 리모컨이 아닌 홈 패드인 인터폰 등을 이용한 제어로 발전 중에 있다.
- 모든 기기는 네트워크에 연결되고 각종 자동화 기능 및 기기별 특정 기능을 수행하기 위해 임베디드 시스템이 탑재되어 있다.

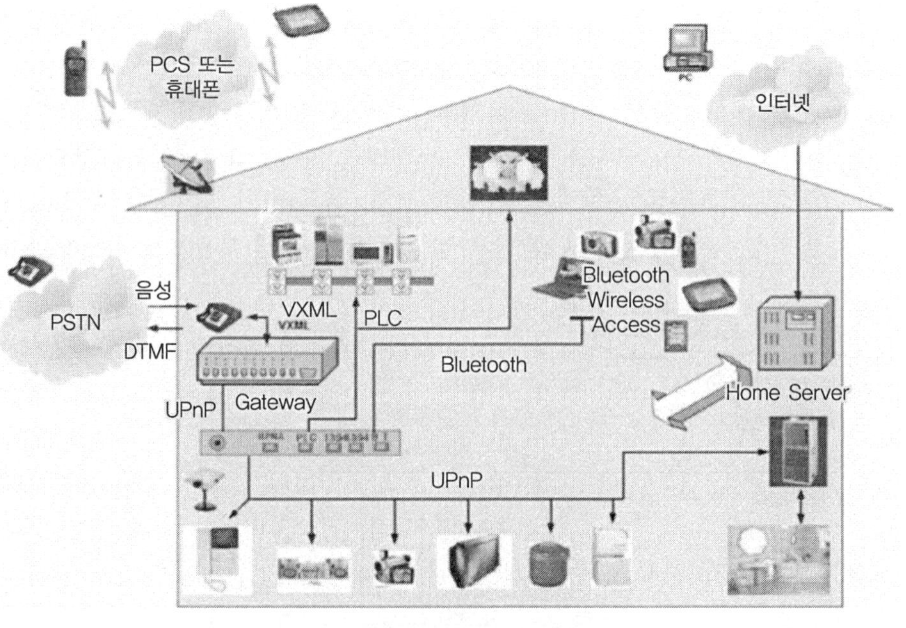

[그림 1-5] HA에서의 임베디드 시스템

(3) 공장자동화: FA(Factory Automation)

- 특정 기계나 장비를 통해 생산 과정을 자동적으로 관리하는 시스템으로 센서와 제어 시스템, 로봇 등으로 구성하여 무인시스템을 구축하고 있다.
- 공장 자동화 및 로봇은 실시간 시스템과 임베디드 시스템 발전의 원동력으로 생산성증대, 인건비감소, 오류감소, 품질의 균일화, 생산기간 단축 등의 효과를 보고 있다.
- 응용 시스템으로는 조립 하는 로봇, 컨베이 벨트 등이 있다.

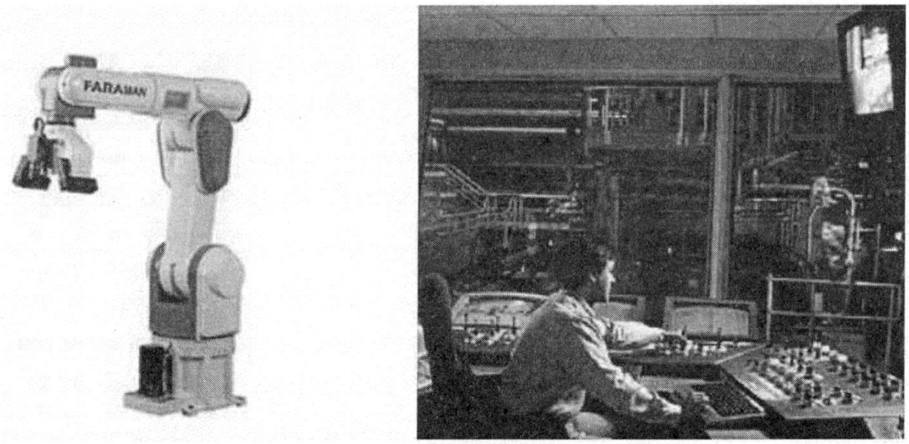

[그림 1-6] FA에서의 임베디드 시스템

(4) 정보단말기기

- 전화는 단순한 통화 중심의 이동 전화기에서 각종 정보검색, 오락, 메시징 등의 복합 기능이 수행되는 디지털 정보단말기기로 발전하고 있다.
- 단말기기 각각의 기능에 맞는 마이크로프로세서, 메모리, 운영체제, 응용 프로그램 등으로 구성되며, 앞으로는 다양한 단말기기가 하나의 기기로 통합될 것으로 예상된다.
- 응용 상품으로는 핸드폰, PDA, 스마트 폰, MP3 플레이어, 게임기기 등이 속한다.

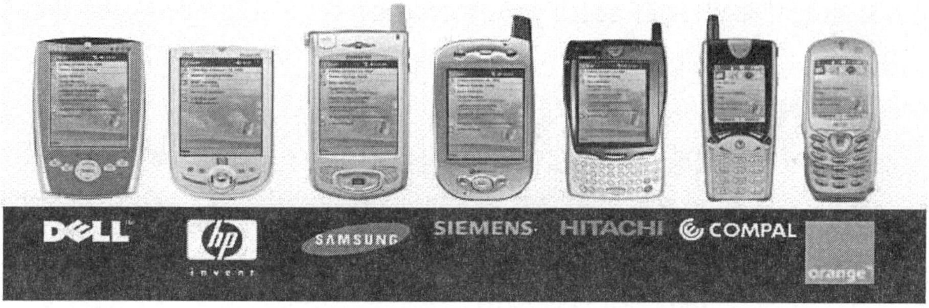

[그림 1-7] 정보단말기기에서의 임베디드 시스템

(5) 우주왕복선

- 패스 파인더(Pathfinder) - 실시간 운영체제인 VxWorks가 탑재된 것으로 유명한 지능형 우주 로봇이다. 대표적인 실시간 시스템의 하나로 영상처리, 통신 등 모든 처리기능을 복합적으로 가지고 있다.

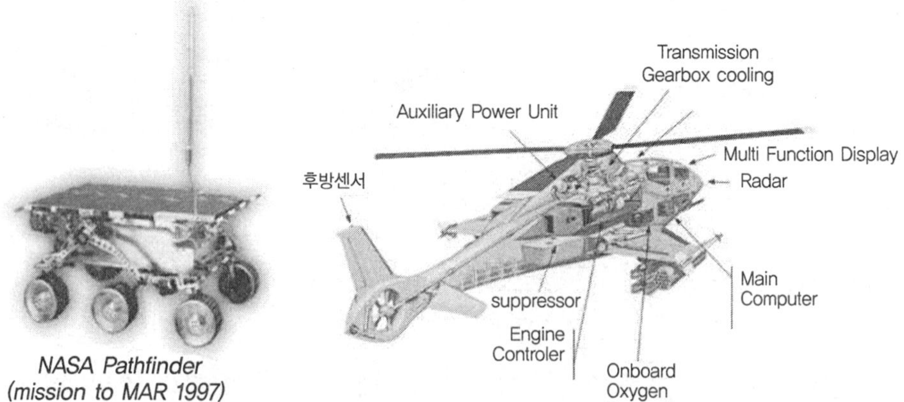

[그림 1-8] 우주왕복선에서의 임베디드 시스템

(6) 교통

- 자동차의 엔진 및 자동차 제어 시스템 등을 적용한 텔레매틱스 기술과 다양한 교통 정보 등을 제공하는 지능형 교통시스템(ITS: Intelligent

Transport Systems)으로 구분해 볼 수 있다.

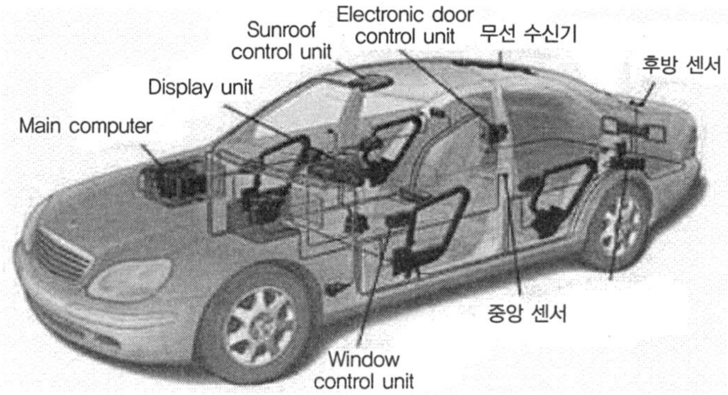

[그림 1-9] 자동차에서의 임베디드 시스템

(7) 지능형 장난감

- 단순한 장난감의 형태에서 지능성을 갖는 형태로 변하 있으며 사람과 동일한 휴먼 로봇도 등장하고 있다.

[그림 1-10] 애완 로봇에서의 임베디드 시스템

(8) 물류/금융

- 물류의 POS 단말기와 금융에서의 자동 현금 입출금기 혹은 ATM 단말기

등에도 임베디드 기술이 접목되어 있다.

(9) 사무용기기

- 프린터, 스캐너, 팩스, 복사기, 이들의 기능을 하나로 모은 복합기 등에 임베디드 기반 기술이 탑재되어 있다.

[그림 1-11] 사무용 기기에서의 임베디드 시스템

(10) 정보통신기기

- 디지털 교환기, PABX(Private Automatic Branch Exchange) 등의 음성 서비스 통신기기나 라우터, 게이트웨이, 공유기 등의 유무선 데이터 통신 장비에 응용된다. 대표적인 게이트웨이 장비로는 집에서 지금 볼 수 있는 셋탑박스가 이에 속한다.

좋은 시스템의 성능 (Performance) 척도

1. 처리량 (Throughput): 단위 시간내에 처리하는 일의 양, 작업 수 / second
2. 응답 시간 (Turnaround, Response Time): 어떤 일이 제출된 시간으로부터 얻을 때까지 시간으로 짧을수록 좋음
3. 사용 가능도 (Availability): 정확한 시스템의 동작 비율
4. 신뢰도 (Reliability): 주어진 문제에 대한 정확도

성능을 측정하는 방법

1. 벤치마크 (Benchmark): 대표적인 프로그램을 수행하여 성능을 측정
2. 시뮬레이션 (Simulation): 시스템의 내부 특성을 프로그램으로 표현하여 성능 측정
3. 수학적 모델 (Analytic Model): 수학적 공식으로 성능을 추정

연 / 습 / 문 / 제

1. 주변의 임베디드 시스템 적어보기

2. 프로세서의 성능향상을 위한 척도로 CPI(Clock Per Instruction)를 사용하는데, CPI 〈 1 을 실현하기 위한 고성능 프로세서 기술의 종류를 나열하고 각각에 대하여 CPI 〈 1 이 어떻게 실현될 수 있는가 하는 측면의 기술적 차이점을 설명하시오.

3. 각자의 PC 클럭 수를 알아보자.

4. PC의 입출력 인터페이스 종류를 5개 이상 들고 설명하시오.

CHAPTER 2

이번 장에서는 임베디드 하드웨어의 기본에 대해서 다룰 것이다. 소프트웨어를 작성하고 하드웨어 엔지니어와 토론할 수 있고, 임베디드 시스템의 회로도를 읽을 수 있는 수준으로 업그레이드 해 보자.

임베디드 시스템

2.1 임베디드 하드웨어 맛보기

2.2 용어 소개

2.3 논리 게이트

2.4 기타 하드웨어

CHAPTER 02

임베디드 시스템

2.1 임베디드 하드웨어 맛보기

소프트웨어 엔지니어이기 때문에 대부분의 시간을 응용 프로그램을 작성하는데 보내고, 하드웨어에 대해서는 배울 필요가 없다고 생각할지도 모른다. 하지만, 임베디드 시스템을 다루는 소프트웨어 엔지니어는 정확한 소프트웨어를 작성하기 위해서 하드웨어를 알아야만 하고, 소프트웨어를 하드웨어에 설치할 줄 알아야 한다. 뿐만 아니라, 버그가 소프트웨어 때문에 발생했는지, 하드웨어 때문에 발생했는지를 파악해야 하며, 심지어는 회로도를 읽고 조언도 해줄 수 있어야 한다. 따라서, 이번 장에서는 임베디드 시스템의 하드웨어에 대해 알아보도록 하자.

(1) 하드웨어 맛보기

임베디드 시스템 중에서는 무엇보다도 우리 인간의 뇌에 해당하는 프로세서가 가장 중요하다. 이 프로세서로 원하는 결과값을 얻기 위해서는 입력되는 데이터들을 처리하게 된다. 여기에 데이터들을 저장할 수 있는 기억공간이 필요한데 이것이 메모리이다. 입력데이터들은 입력장치들로부터 입력되고 이것을 프로세서가 가공하여 출력장치들이 원하는 데이터를 출력하게 된다. 이런 출력 데이터들을 원거리에서도 활용하기 위해서는 네트워크 지원이 필수이다. 이렇게만 보면 일반PC의 하드웨어와 별반 차이가 없지만 다음 표를 통해보면 범용이 아니라 특수목적용이기 때문에 범용 PC처럼 다기능을 요구하지 않으므로 고성능일 필요는 없다.

〈표 2-1〉 PC와 임베디드 시스템에서의 하드웨어 비교

H/W 항목	PC	임베디드 시스템
프로세서	고성능 탑재	최소한의 성능 탑재
메모리	대용량 메모리	최소한의 메모리 사용
보조기억장치	다양함 (HDD, ODD, DVD)	거의 사용 안 함 또는 플래시 메모리
주변 장치	다양함 (KBD, MOUSE, SPKR)	필요한 장치만 사용

(2) 임베디드 프로세서

RISC

RISC(Reduced Instruction Set Computer)는 CPU 명령어의 개수를 줄여 하드웨어 구조를 좀 더 간단하게 만드는 방식으로, 마이크로프로세서를 설계하는 방법 가운데 하나이며, SPARC[1), MIPS[2) 등의 아키텍처에서 사용된다.

기존의 CISC (Complex Instruction Set Computer) CPU에는 프로그래밍을 돕기 위한 많은 수의 명령어와 주소 모드가 존재했다. 그러나 그 중에서 실제로 쓰이는 명령어는 몇 개 되지 않는다는 사실을 바탕으로, 적은 수의 명령어만으로 명령어 집합을 구성한 것이 RISC이다. 그래서, RISC는 CISC보다 구조가 더 단순하다. 복잡한 연산도 적은 수의 명령어들을 조합하는 방식으로 수행 가능하다.

그리고 CISC형식의 CPU내 ROM에 소프트웨어적으로 적재된 내부 명령어들을 하드웨어적으로 구성하여 제어기가 제거된 부분에 프로세서 레지스터 뱅크와 캐시를 둔다. 이렇게 함으로써 CPU가 상대적으로 느린 메인 메모리에 접

1) SPARC (스팍, Scalable Processor ARChitecture - 확장형 프로세서 아키텍처)는 1985년 썬 마이크로시스템즈가 개발한 빅 엔디안 RISC 마이크로프로세서이다.이 아키텍처는 초기에는 썬이나 후지쯔의 대형 SMP서버나 워크스테이션을 위해 개발되었다.

2) MIPS(Microprocessor without Interlocked Pipeline Stages)는 밉스 테크놀로지에서 개발한 RISC 마이크로프로세서이다. MIPS 디자인은 실리콘 그래픽스 사의 컴퓨터 시스템, 많은 임베디드 시스템과 윈도 CE 장치, 시스코 시스템즈 라우터에 사용되었다. 그 외에도 소니 플레이스테이션, 플레이스테이션 2, 플레이스테이션 포터블 같은 게임 콘솔에도 사용되었다. 한편 국내에서는 디지털큐브사의 아이스테이션 T43제품에 쓰인 바 있다.초기 MIPS 아키텍처는 32비트를 사용하였다. 이들은 32비트 레지스터와 데이터 경로를 가지고 있었다. 그 이후의 MIPS 프로세서들은 64비트 구현을 사용하였다. MIPS 디자이너들이 명령어 세트를 깔끔하게 설계했기 때문에 많은 대학의 컴퓨터 아키텍처 강좌에서 MIPS 아키텍처를 가르쳤고, MIPS 프로세서의 디자인은 후기 RISC 아키텍처에 큰 영향을 주었다.

〈표 2-2〉 CISC와 RISC의 차이점

구 분	CISC	RISC
전력소모	많다	적다
처리속도	느리다	빠르다
명령어 형식	가변적	고정적
명령어의종류	많다 (300~400개)	적다 (50~60개)
프로그래밍	간단하다	복잡하다
설계및생산	복잡하다	간단하다

근하는 횟수를 줄여 시스템 수행속도가 전체적으로 향상된다.

CISC

CISC에서는 하드웨어가 스택을 지원한다. 스택 제어 처리는 단순한 명령을 조합하여 소프트웨어로 구현된다. 하지만, 명령어가 복잡하기 때문에 명령어를 해석하는데 시간이 오래 걸리며, 명령어 해석에 필요한 회로도 복잡하다. 연산에 대해서는 레지스터와 레지스터 연산, 레지스터와 메모리 연산, 메모리와 메모리 연산을 모두 갖추고 있는 것이 보통이다. 피연산자(operand)는 2개에서 3개까지 지정할 수 있는 경우가 많다. 즉, 메모리 1의 내용과 메모리 2의 내용의 논리곱을 취해 메모리 3에 넣는 일을 하나의 명령어로 수행할 수 있다.

주로 메인 프레임이나 X86 호환 프로세서, 모토로라사의 MC 680x0 (68K) 계열 프로세서에서 이 방식을 사용하고 있다. 펜티엄 시리즈와 같은 CISC CPU도 내부적으로는 복잡한 명령들을 다시 단순한 명령들로 나누어 명령어 파이프라인에서 처리하기 때문에, 실제 내부 작동원리는 RISC와 같다고 할 수 있다.

임베디드 시스템에 사용되는 프로세서는 ARM, MIPS, 콜드파이어/68K, PowerPC, X86, PIC, 마이크로컨트롤러, 8051 등이 있고 그 중에 ARM (Advanced RISC Machine) 프로세서가 가장 점유율이 높다.

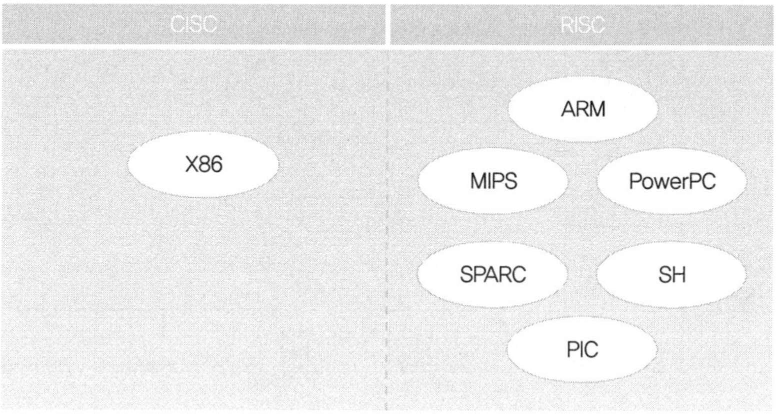

[그림 2-1] 임베디드 프로세서 종류

임베디드 프로세서는 보통 PC 프로세서보다 작지만 사용자와 가장 밀접한 PDA나 핸드폰에 들어가는 프로세서들은 저전력을 지향하면서 속도는 점차 높아지는 형태로 가고 있다. 한번에 처리할 수 있는 데이터량을 정의하는 데이터 버스의 속도도 마음대로 조절할 수 있어 목적에 맞게 사용할 수 있다. 기존에는 데이터부와 제어부로만 구성된 CPU core만 탑재한 마이크로프로세서를 사용했다면 SoC (System On Chop) 즉, CPU, 메모리, DSP, I/O 등을 하나의 칩으로 만드는 기술로써 주변장치들만 추가하면 되기 때문에 조립과정을 단순화하여 비용을 줄일 수 있고 소형화를 할 수 있는 이점이 있다,

(3) 메모리

임베디드 시스템에서 필요한 운영체제와 응용소프트웨어를 담기 위한 그릇으로써 메모리는 필요한 크기를 고려하여 선택해야 한다. 일반적으로 메모리의 용량이 모자라게 되면 확장성 측면에서 제한적인 요소가 되기 때문에 신중하게 모든 사항을 고려하여야 한다. 메모리에는 크게 RAM과 ROM으로 구분된다.

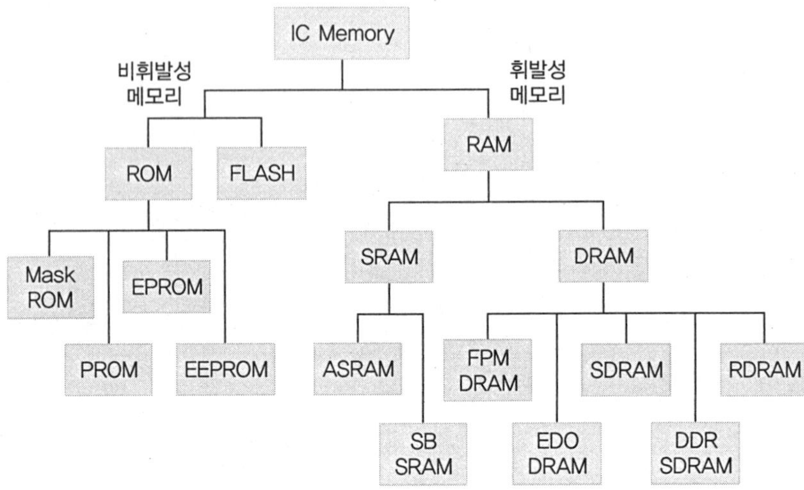

[그림 2-2] 메모리 종류

ROM (Read Only Memory)

ROM은 비휘발성 메모리로 전원이 꺼져도 데이터를 유지하는 메모리를 말한다. 종류로는 크게 Mask Rom과 EPROM (erasable programmable ROM)으로 나눌 수 있는데 Mask ROM은 공장출하 시에 생성되어 나오는 것으로 수정이 불가능하고 읽기만 가능한 반면 EPROM은 수정이 가능하다. 일반 PC에서는 BIOS (Basic Input Output System)라고 하는 프로그램이 EPROM에 상주하여 부팅(booting)시 시작되어 PC의 각종 입출력 장치 등의 주변 장치들을 초기화하는데 사용된다. 그 이후에 BIOS는 운영체제를 하드디스크에서 읽어서 RAM에 저장하고 그 이후에는 운영체제가 RAM에서 실행을 시작하고 그 운영체제 위에서 각종 응용 프로그램이 실행되어 사용자의 입력을 기다리게 된다.

ROM의 특성은 다음과 같다.

- 마이크로프로세서는 ROM에 새로운 데이터를 저장할 수 없다.
- 데이터는 변경될 수 없다.
- 전원이 꺼져도 ROM 데이터는 기억된다.

마이크로프로세서가 ROM으로부터 데이터를 읽는 일반적인 단계는 다음과 같다.

- 마이크로프로세서는 ROM으로부터 읽기 원하는 데이터가 있는 주소를 어

드레스 신호 선에 나타낸다.

- 동시에 칩 인에이블 신호가 활성화된다.
- 약간의 시간이 지난 후, 마이크로프로세서는 리드 인에이블 신호를 활성화 시킨다.
- 전달 지연 시간이 지난 후, ROM은 마이크로프로세서가 읽기를 원하는 데이터를 데이터 신호 선에 올려 놓는다.
- 마이크로프로세서가 데이터 신호 선에서 데이터를 다 읽은 후 마이크로프로세서는 칩 인에이블 신호, 리드 인에이블 신호를 비활성화 상태로 되돌린다.
- ROM은 데이터를 데이터 신호에 올리는 것을 중지한다.

Flash Memory

임베디드시스템에서 ROM이 중요한 이유는 ROM의 발전형태인 FLASH 메모리의 등장 때문이다. 이 FLASH메모리는 SSD (Solid State Disk)[3]라고 불리며 기존 기계적인 HDD를 대체할 새로운 보조기억장치로써 각광을 받고 있다.

RAM (Random Access Memory)

RAM은 휘발성 메모리로 전원이 꺼지면 그동안 저장된 데이터들이 다 날아가는 메모리이다. Random Access란 데이터를 읽을 때 CD나 HDD처럼 접근 시간이 다르지 않고 어떤 데이터에 접근을 하던지 접근 시간이 같아서 붙여진 이름이다. RAM을 쓰는 이유는 프로세서의 속도를 보조기억장치가 따라가질 못하여 그 중간에서 중재역활을 하기 위한 것이다. 주기억장치로 불리며 보조기

3) 솔리드 스테이트 드라이브(Solid State Drive) 또는 솔리드 디스크 드라이브(Solid Disk Drive)는 반도체를 이용하여 정보를 저장하는 장치로 줄여서 SSD라고도 일컫는다. SSD는 기본적으로 하드 디스크 드라이브와 비슷하게 동작하도록 이루어져 있으며, ATA와 호환되므로 기존의 하드 디스크를 그대로 대체하기도 쉽다. 솔리드 스테이트 디스크는 기계적으로 움직이는 부분이 없기 때문에, 하드 디스크 드라이브의 문제점인 긴 탐색 시간(시크 타임), 레이턴시, 기계적 지연, 실패율을 크게 줄여 준다. 반면에 DRAM이 아닌 플래시 메모리를 사용한 SSD의 경우, 데이터 엑세스 시간이 아닌 연속적인 읽기와 쓰기에 대해 HDD보다 속도가 떨어지는 경우가 대부분이다. 하지만 매우 고가의 SSD의 경우, HDD의 읽기 쓰기 속도를 따라잡기도 한다. SSD는 보통 비휘발성 NAND 플래시 메모리나 휘발성 DRAM을 사용한다. 플래시 드라이브라고도 하는 플래시 메모리 기반의 SSD는 배터리가 필요하지 않으며, 1.8, 2.5, 3.5 인치 크기의 하드 디스크의 대체품으로 사용할 수 있다. 더욱이 비휘발성 메모리를 사용하기 때문에, 갑작스런 정전에서도 데이터 손상이 없다. 디스크라고도 하는 DRAM기반의 SSD는 빠른 접근에 특화되어 있다. 읽기 지연이 0.01ms 이내인 특징을 이용하여 응용 프로그램의 실행 속도를 빠르게 하기 위해 사용될 수 있다. 대부분의 DRAM기반의 SSD는 데이터 유지를 위해 내부 배터리와 백업 디스크를 장착하고

억장치보다 기억용량은 적지만 빠른 것이 장점이다. RAM은 크게 두 가지로 나눌 수 있다. DRAM (Dynamic Random Access Memory)과 SRAM (Static Random Access Memory)으로 나눌 수 있다. DRAM은 상대적으로 값이 싸고 용량이 크지만 속도가 느리다. 일반PC에서 말하는 메모리란 이것을 얘기하는 것이고 SRAM은 상대적으로 속도가 빠르지만 비싸서 용량이 작다. 이것은 프로세서 내에 위치하여 프로세서와 DRAM사이의 속도차를 중재하는 역할을 한다.

RAM의 특성은 다음과 같다.

- 마이크로프로세서는 ROM보다 빠르게 RAM으로부터 데이터를 읽을 수 있다.
- 마이크로프로세서는 빠르게 데이터를 지울 수도 있고, 새로운 데이터도 쓸 수 있다.
- RAM은 전원이 나가는 순간 모든 데이터를 잃어버린다.

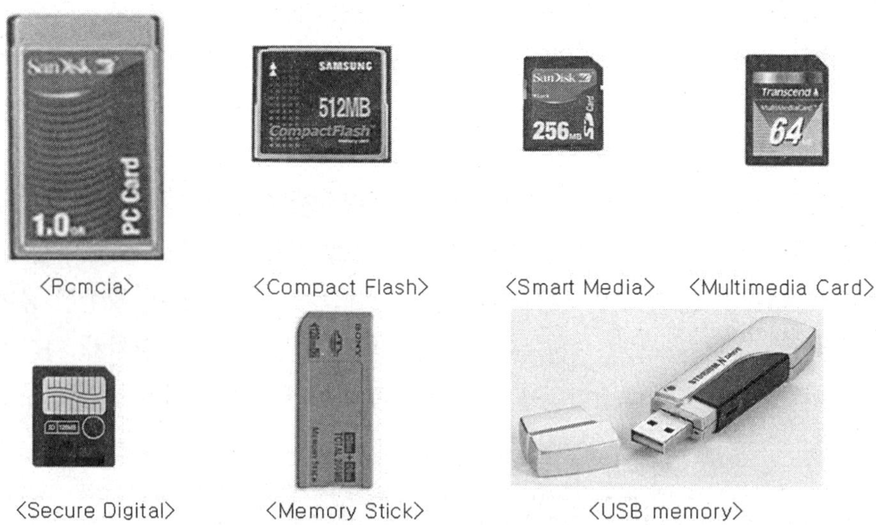

[그림 2-3] 임베디드 시스템의 메모리

〈표 2-3〉 SRAM과 DRAM의 비교

구 분	SRAM	DRAM
구성요소	Flip-Flop 논리 게이트	Capacitor
전기공급 방식	지속적 재충전	주기적 전기 공급
공통점	휘발성	
다른 특징	DRAM보다 빠르지만 비쌈	더 간단하고, 크기가 작음 밀도가 높음 재충전 회로의 지원이 필요 대용량 기억장치에 주로 사용

(4) 주변장치

주변장치는 임베디드 시스템에 입력을 하는 입력장치와 임베디드 시스템에서 출력하는 출력장치로 구분할 수 있다. 입력을 처리하는 방식에는 폴링(Polling)의 Simple Implementations방식과 인터럽트 (Interrupt)의 Efficient Implementations방식이 있다.

◎ 폴링 (Polling)의 Simple Implementations

폴링 (polling)이란 하나의 장치 또는 프로그램이 충돌 회피 또는 동기화 처리 등을 목적으로 다른 장치 또는 프로그램의 상태를 주기적으로 검사하여 일정한 조건을 만족할 때 송수신 등의 자료처리를 하는 방식을 말한다. 이 방식은 버스, 멀티포인트 형태와 같이 여러 개의 장치가 동일 회선을 사용하는 상황에서 주로 사용된다. 서버의 제어 장치 또는 프로그램은 순차적으로 각 단말 장치 또는 프로그램에 회선을 사용하기 원하는지를 물어본다.

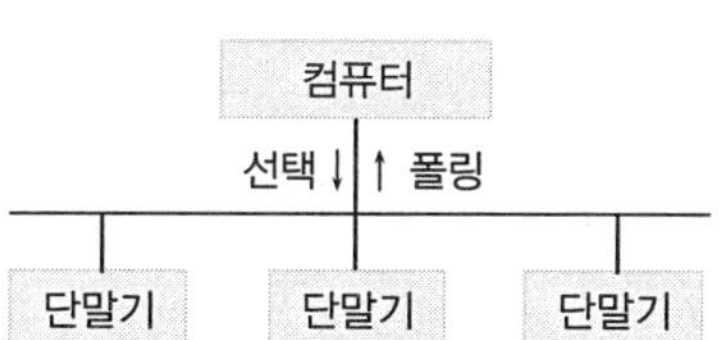

[그림 2-4] 폴링

◎ 인터럽트 (Interrupt)의 Efficient Implementations 인터럽트(Interrupt)

Efficient Implementations방식은 폴링 방식과는 다르게 주변장치가 자신의 상태가 변하면 능동적으로 프로세서에게 알리고 다른 작업을 수행하던 프로세서는 작업을 중단하여 자신의 상태를 임시 저장하고 인터럽트신호의 종류를 파악하여 그 인터럽트처리루틴으로 제어를 넘겨 처리하고 처리가 완료되면 프로세서는 기존에 하던 작업을 불러와 처리를 계속하는 방식이다.

(5) 입출력장치

입력장치에는 일반PC에서 사용되던 키보드, 마우스, 마이크와는 다르게 외부에서 발생한 물리적인 현상, 즉 온도, 빛, 위치 등의 값 또는 변화량들을 임베디드 시스템으로 읽어 들이는 역할을 수행하는 센서나 전용 키패드 등을 사용한다. 임베디드 출력장치로는 일반 PC에 사용되는 큰 모니터 대신에 단순한 상태 정보만을 파악할 수 있는 LED나 7-segment display를 사용하고 있고, 그 크기 또한 슬림해졌다.

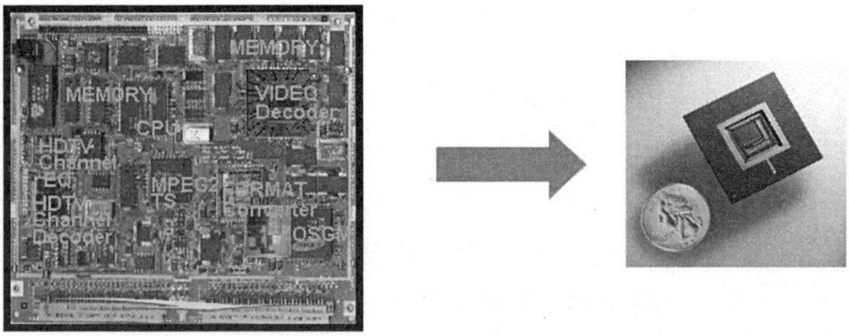

[그림 2-5] 임베디드 시스템

2.2 용어 소개

회로도를 보기위해서 아주 기본적인 용어들을 정리해 보자.

반도체 칩

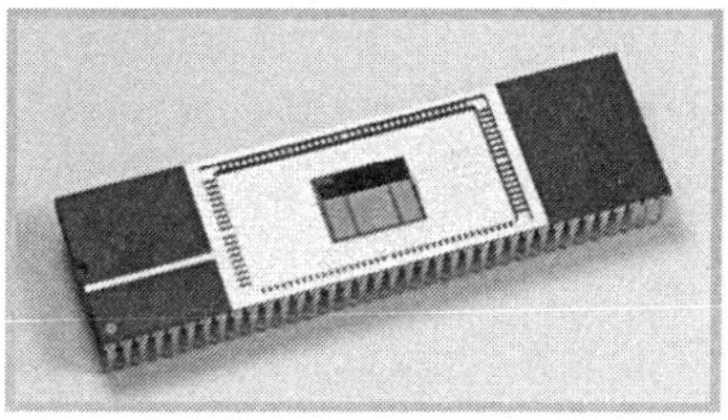

오늘날 대부분의 디지털 회로는 각각의 부품을 대량으로 생산하는 제조사로부터 구입할 수 있는 칩이라고 불리는 반도체 부품으로 구성된다. 반도체는 작고, 얇고, 정사각형 또는 직사각형 모양의 플라스틱이나 세라믹으로 된 검은 패키지 안에 들어 있다. 이 반도체를 회로에 연결시키기 위해서 각각의 패키지는 옆으로 튀어나온 형태의 금속 다리로 된 핀들을 가지고 있다. 종류에 따라 8개부터 500개의 핀들을 가진 다양한 칩들이 있다.

PCB(Printed Circuit Board)

칩과 칩을 연결하는 가장 일반적인 방법은 유리섬유 소재 바탕 위에 연결하고 싶은 곳을 구리선으로 구성하는 얇은 PCB 기판을 이용하는 것이다. 칩은 제조된 PCB 위의 정확한 자리에 납땜으로 고정된다.

회로도

하드웨어 엔지니어들은 전자 회로에 필요한 각각의 부품들과 부품들간의 연결을 그림으로 그려놓은 것이다.

Low, High

대부분의 디지털 회로는 두 종류의 전압을 사용한다. 0볼트인 경우, 그라운드(GND), 접지 또는 Low로 불리우고, 3볼트 또는 5볼트는 VCC(Voltage Connected to Collector) 또는 High로 불린다. 전체 회로의 동작은 각각의 부품의 신호 선이 Low에서 High로, High에서 Low로 바뀌는 것이다.

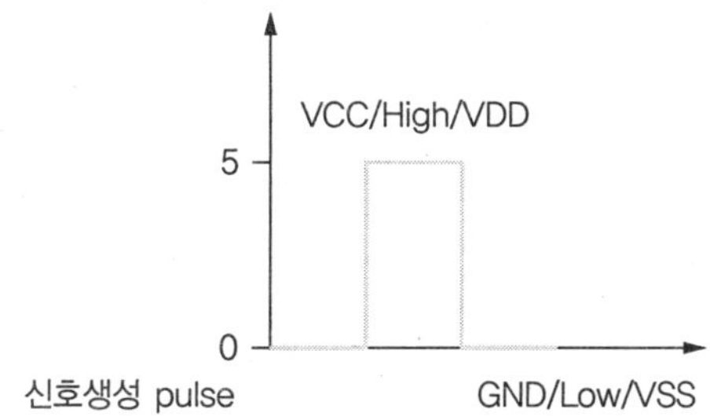

[그림 2-6] Low, High 시그널

Low Enable, Low Active

대부분의 하드웨어 엔지니어는 회로에서 각각의 신호 선에 이름을 정해준다.

데이터 신호 선들은 D0, D1, D2 등의 이름을 지어주고, 주소 신호 선들은 A0, A1, A2 등의 이름을 지어준다. '메모리칩에서 지금부터 데이터를 읽음' 을 나타내는 신호 선은 MEMREAD라고 이름을 지어준다. 많은 엔지니어들이 Low에서 활성화되는 신호 선의 이름은 특별히 아스테리스크(*)를 앞에 또는 끝에 붙이거나, 슬래시(/)를 끝에 붙이거나 이름 위에 줄을 긋는다. 예를 들면, MEMREAD/ 또는 *MEMREAD의 이름을 갖는 신호 선은 Low전압이 되었을 때, 메모리에서 데이터를 읽는 것을 의미한다. 이러한 신호를 Low Enable 또는 Low Active라고 부른다.

출력 단자

칩들은 붙어 있는 신호 선의 전압을 원하는 값으로 만드는 기능을 갖는 단자이다.

입력단자

붙어있는 신호 선의 전압을 감지하는 기능을 갖는 단자이다.

대부분의 선들은 한 쪽은 어떤 칩의 입력 단자에, 한 쪽은 어떤 칩의 출력 단자에 연결되어 있다.

Floating

출력 단자가 어떤 신호 선의 전압을 조정해서 원하는 값으로 만드는 것을 플로팅(floating)되어 있다고 표현한다. 이러한 신호 선의 값은 고정되지 않아서 매시간 값이 변한다. 또는 여러 개로 구동되는 신호를 뜻하기도 한다. 이때, 회로의 동작이 이 신호 선의 값을 다른 장치가 읽어야만 정해진다면, 전체 회로의 동작은 예측할 수 없게 되는 문제가 발생될 수 있다. 또, 선택 신호 선 중에 하나 이상이 활성화된 경우도 발생될 수 있다. 이런 문제점을 해결하기 위해서는 소프트웨어나 하드웨어 제어로 해결을 해야한다.

트라이 스테이트 출력

출력의 형태로 신호 선을 High, Low, 플로팅 세 가지 상태로 구동되며 트라이 스테이트 출력은 하나의 신호 선으로 여러 가지 장치를 구동시켜야 할 때 특히 유용하다.

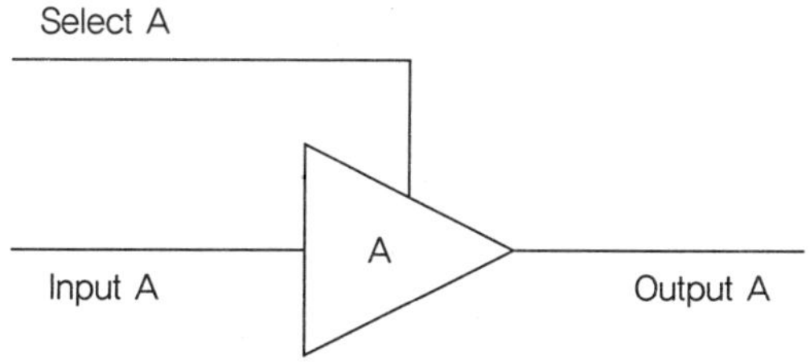

[그림 2-7] 트라이 스테이트 드라이버 기호

버스 쟁탈

두 칩이 동시에 같은 신호 선을 구동시키는 경우, 둘 다 High 또는 Low 같은 상태로 구동시킨다면 아무런 문제없이 동작하나 한 쪽은 High로 한 쪽은 Low로 동시에 구동시킨다면 칩이 파괴되는 현상이다. 여기서, 버스란 공통된 데이터 또는 어드레스 신호 선들의 묶음을 말한다.

2.3 논리 게이트

논리 게이트 (logic gate)는 여러 트렌지스터로 이루어진 디지털 하드웨어로 AND 게이트, OR 게이트 등이 있다. 기본적인 논리연산을 수행하는 전자회로이다. 다음은 디지털 논리 게이트들에 대한 이름과 회로기호, 논리식, 진리표 등을 나타내었다. 각 회로기호에서 x 또는 y로 표현된 선은 입력선이고 F로 표현된 선은 출력선이다.

〈표 2-4〉 디지털 논리 게이트

게이트 이름	회로기호	논리식	진리표	비고
AND	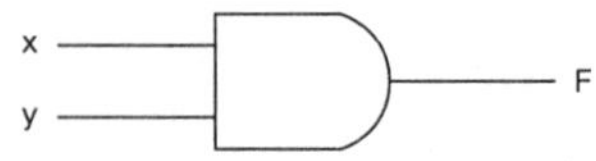	F = x y	x y / F 0 0 / 0 0 1 / 0 1 0 / 0 1 1 / 1	입력이 모두 1일 때 출력이 1
OR	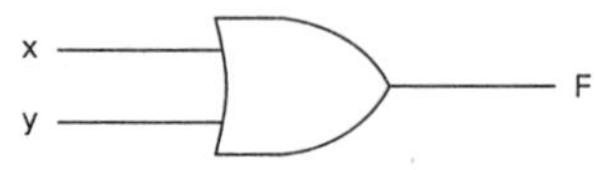	F = x + y	xy / F 0 0 / 0 0 1 / 1 1 0 / 1 1 1 / 1	입력중 하나라도 1이면 출력이 1
NOT또는 inverter	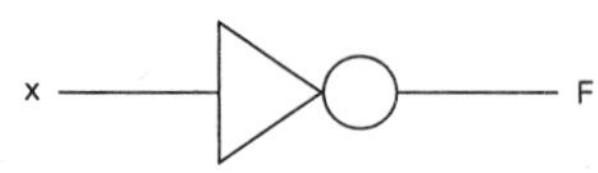	F = x′	x / F 0 / 1 1 / 0	입력이 반전되어 출력
buffer	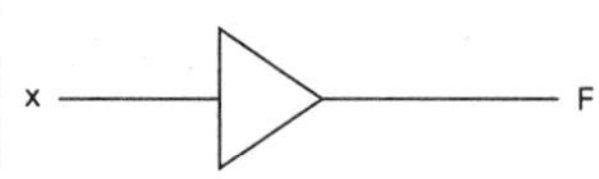	F = x	x / F 0 / 0 1 / 1	입력이 그대로 출력

게이트 이름	회로기호	논리식	진리표	비고
NAND	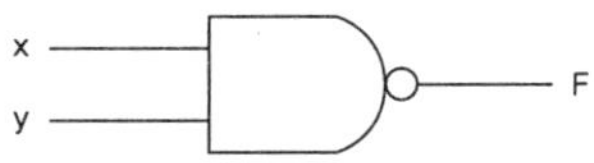	$F = (xy)'$	xy / F 0 0 / 1 0 1 / 1 1 0 / 1 1 1 / 0	입력이 모두 1일 때에만 출력이 0
NOR	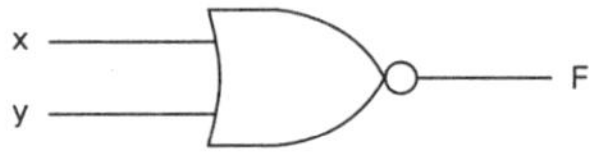	$F = (x + y)'$	xy / F 0 0 / 1 0 1 / 0 1 0 / 0 1 1 / 0	입력이 모두 0일 때에만 출력이 1
XOR (exclusive -OR)	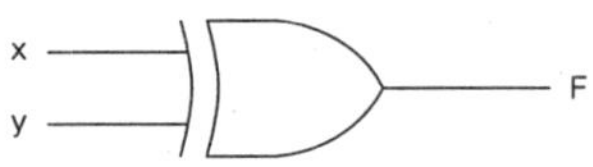	$F = x \oplus y$ $F = x'y + xy'$	xy / F 0 0 / 0 0 1 / 1 1 0 / 1 1 1 / 0	입력이 1이 홀수 개일 때 출력이 1
XNOR (exclusive -NOR 또는 equivalence)	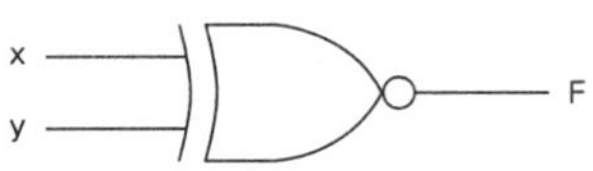	$F = x \odot y$ $F = x'y' + xy$	xy / F 0 0 / 1 0 1 / 0 1 0 / 0 1 1 / 1	입력이 0이 짝수 개일 때 출력이 1

2.4 기타 하드웨어

하드웨어 엔지니어들은 회로에 전원 공급을 원활히 하기 위해서 한쪽은 파워선에, 다른 한 쪽은 그라운드에 연결되는 컨덴서를 회로에 추가한다.

(1) 컨덴서

컨덴서는 아주 작은 충전지처럼 작은 양의 전기를 저장할 수 있는 부품으로 저장하고 있는 전기를 방출해서 파워선의 전압을 원래대로 유지하게 한다. 다음은 파워와 그라운드 기호, 그리고 컨덴서 표시이다.

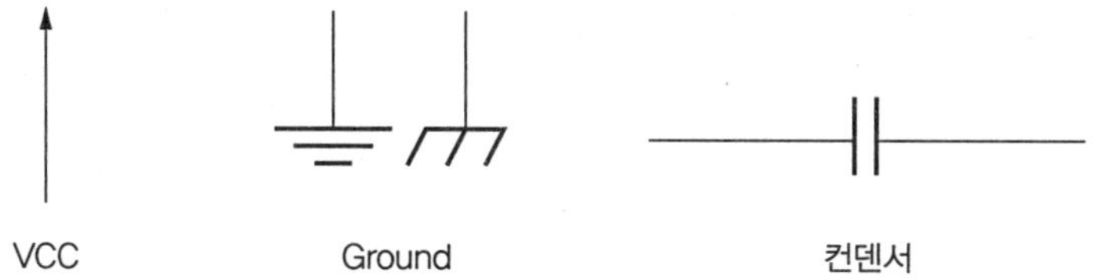

[그림 2-8] 파워, 그라운드, 그리고 컨덴서

(2) 디커플링 컨덴서

컨덴서는 다른 부분의 칩이 갑자기 많은 전력을 요구해서 전압이 떨어져도, 수 마이크로세컨드 동안은 유연하게 전력 공급 문제에 대처할 수 있다. 이러한 목적으로 사용되는 컨덴서를 디커플링(decoupling) 컨덴서라고 부른다.

디커플링 컨덴서는 필요로 하는 칩 주변에 가깝게 있을수록 효율적이기 때문에 보통 회로 여기 저기에 흩어져 있다. 다음은 디커플링 컨덴서의 기호이다.

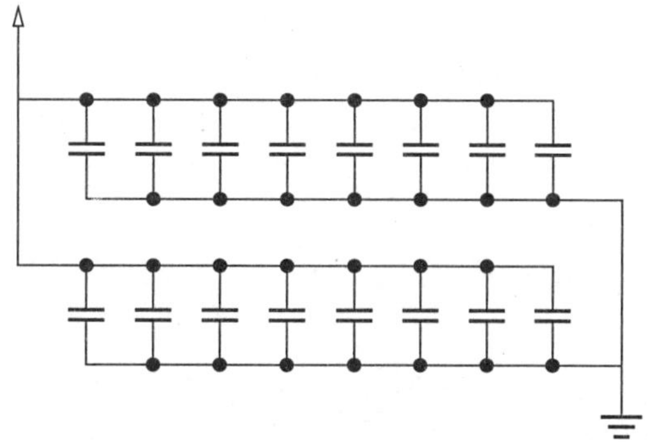

[그림 2-9] 디커플링 컨덴서

(3) 오픈 컬렉터

이 오픈 컬렉터는 여러 장치들이 결합되어 하나의 신호 선을 구동시킬 수 있도록 해준다. 예를 들어, 오픈 컬렉터 출력들이 같은 신호 선에 연결되어 있다면, 어떤 출력 하나가 Low로 될 경우, 신호 선은 Low로 구동된다. 따라서, 오픈 컬렉터 출력에서는 버스 쟁탈 문제가 없는 것이 가장 큰 특징이다. 다음 그림은 오픈 컬렉터 출력 회로도이다.

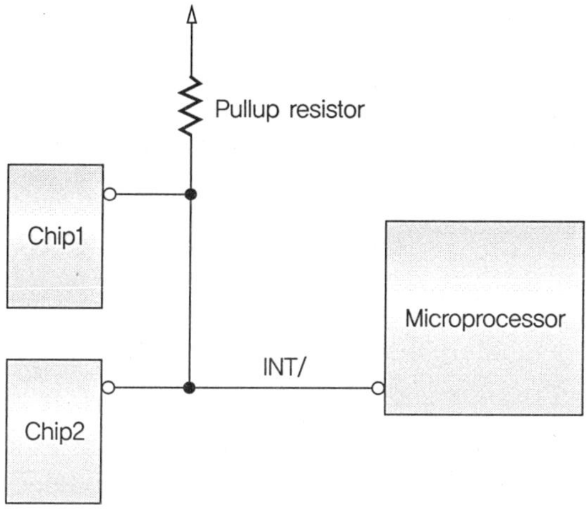

[그림 2-10] 오픈 컬렉터

오픈 컬렉터에 있는 Pullup resistor의 역할은 INT/ 신호선이 확실히 High가 되도록 만드는 역할을 한다.

(4) 타이밍 다이어그램

디지털 회로의 세계에서 어떤 것도 순간적으로 일어나지 않는다. 그래서, 제조회사가 제조한 칩의 특성을 엔지니어에게 설명하기 위해서 사용하는 도구 중의 하나가 타이밍 다이어그램이다. 다음은 NAND 게이트를 위한 간단한 타이밍 다이어그램이다.

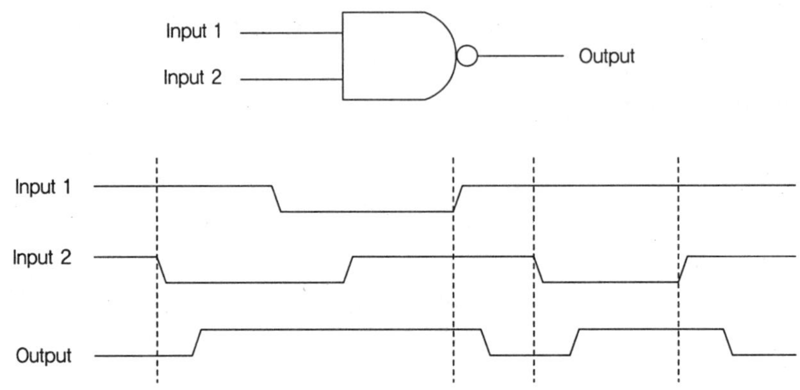

[그림 2-11] NAND 게이트와 타이밍 다이어그램

다음은 전형적인 ROM 칩의 회로도와 타이밍 다이어그램이다.

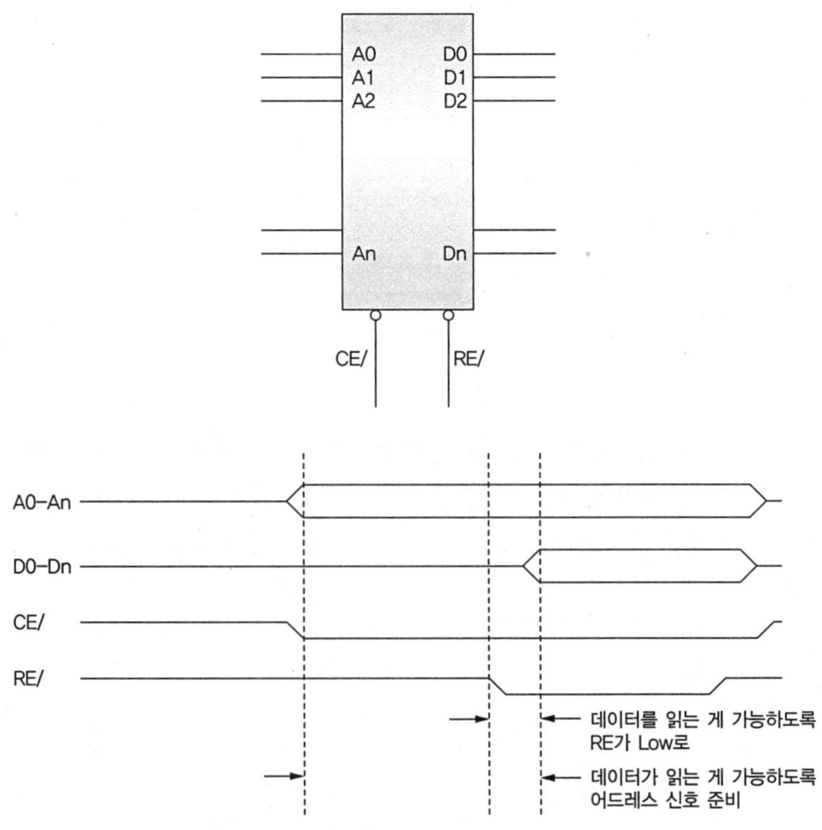

[그림 2-12] 전형적인 ROM 칩의 회로도

A0에서 An까지는 Chip Enable 신호로 Address 신호선이고, D0에서 Dn까지는 Read Enable 신호로 Data 신호선이다. 보통은 8개에서 16개로 구성된다.

연 / 습 / 문 / 제

1. 다음의 상황에 대해서 어떤 종류의 메모리를 사용하는 것이 좋을까?
   A. 회사에서는 천만 대를 팔 것이라고 기대하는 똑똑한 VCR의 프로그램을 저장하고자 한다.
   B. 전원이 끊겨도 기억이 되어야 하는 네트워크에 연결된 프린터의 이름을 저장하고자 한다.
   C. 테스트 용도로 회사에서 몇몇 병원에 보낸 x-ray 장비의 베타 버전 프로그램을 저장하고자 한다.
   D. 프로그램이 네트워크로부터 받은 데이터를 저장하고자 한다.

2. 세개의 입력을 가진 AND 게이트의 진리표를 작성해 보자.

3. 다음 회로의 역할을 무엇인가?

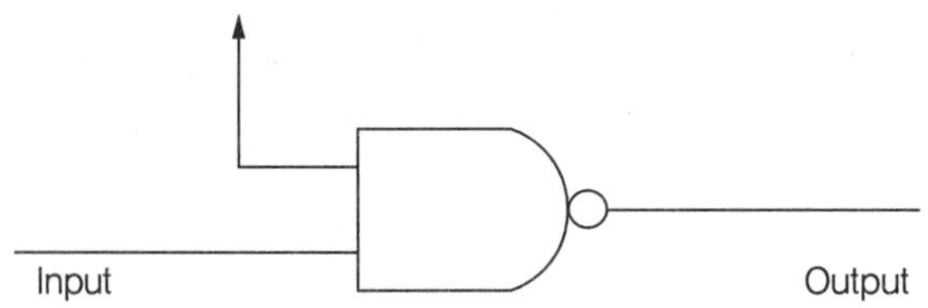

4. 마이크로 컴퓨터 시스템의 데이터 버스에서 3상태 버퍼의 효과를 설명하시오.

5. RAM disk의 장단점을 설명하고 발전 전망에 대하여 논하시오.

CHAPTER

3

이번 장에서는 마이크로프로세서와 마이크로프로세서에 내장된 것들에 대해 알아보자.

마이크로프로세서

3.1 마이크로프로세서

(1) 마이크로프로세서 회로도

마이크로프로세서는 매우 간단한 것부터 매우 복잡한 것까지 다양하지만 수행하는 기본적인 동작은 대부분 비슷하다. 다음은 간단한 마이크로프로세서의 회로도이다.

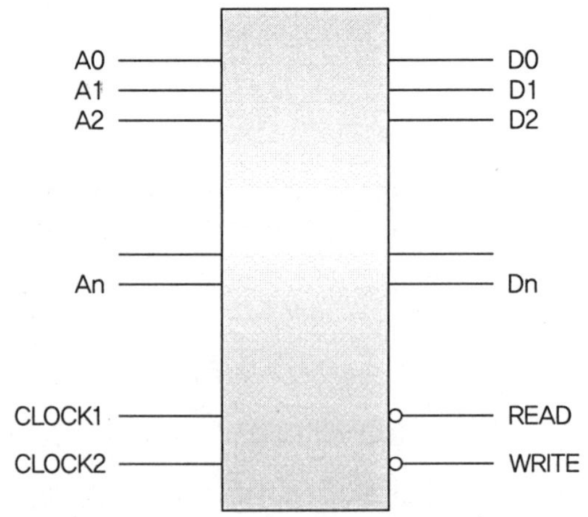

[그림 3-1] 간단한 마이크로프로세서

모든 칩에 읽고 쓸 수 있도록 하는 어드레스를 나타내는 어드레스 신호들의 묶음으로 볼 수 있다. 데이터를 읽고 싶을 때는 Low로 만드는 READ/ 신호와 쓰고 싶을 때는 Low로 만드는 WRITE/ 신호선을 사용한다.

(2) 간단한 마이크로프로세서 시스템

마이크로프로세서와 ROM, RAM을 가지고 시스템을 구성하면 다음과 같다.

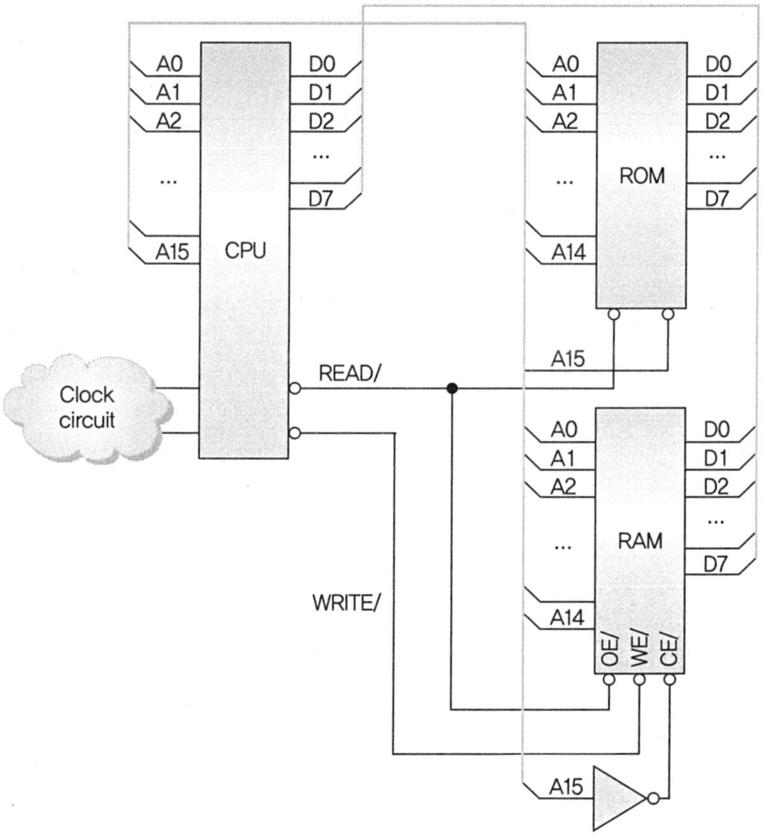

[그림 3-2] 간단한 마이크로프로세서 시스템

위의 그림에서 보면, 마이크로프로세서와 ROM, RAM 모두 D0에서 D7까지 8개의 데이터 신호 선을 가지고 있으며 마이크로프로세서는 64K[1]의 메모리 어드레스를 다룰 수 있다.

1) A0에서 A15까지 16개의 데이터 신호 선을 가진 마이크로프로세서라면, 2^{16}=65,536=64K이기 때문이다.

이때, 어드레스와 데이터 버스를 정확히 사용하기 위해서는 어드레스에 대한 논리적인 접근 외에 타이밍 문제를 해결해야만 한다. ROM과 RAM은 다양한 타이밍 조건을 고려해야 한다. 어드레스 신호 선은 특정한 시간 동안은 안정된 값을 유지해야 하고, 특정한 시간 동안은 칩 인에이블 신호 선과 리드 인에이블 신호 선이 활성화되어야 한다. 이렇게 되어야만 버스에서 데이터를 올바르게 읽을 수 있다. 마이크로프로세서는 이 모든 신호들을 조정하고, 언제 데이터를 버스에서 가져올지를 결정한다. 이러한 전체 프로세서를 버스 사이클이라고 부른다. 회로가 동작하기 위해서는 마이크로프로세서가 보내는 신호는 반드시 회로의 다른 장치의 요구 조건에 일치해야 한다. 이렇게 하기 위한 다양한 방법들을 통틀어 버스 핸드쉐이킹이라고 한다.

3.2 DMA (Direct Memory Access)

(1) DMA의 정의

소프트웨어의 도움이나 추가적인 자원 사용 없이 시리얼 포트나 네트워크 같은 I/O 장치에서 데이터를 읽어서 메모리에 직접 쓰거나, 메모리에서 읽어서 I/O장치에 직접 쓰게 해주는 회로장치이다.

(2) DMA의 고려사항

메모리는 단지 한 묶음의 어드레스 신호 선들과 데이터 신호 선들을 가지고 있기 때문에 마이크로프로세서가 이들 신호 선들을 구동시키려고 하는 동시에 DMA가 이들 신호 선을 동작시키지 않아야 한다.

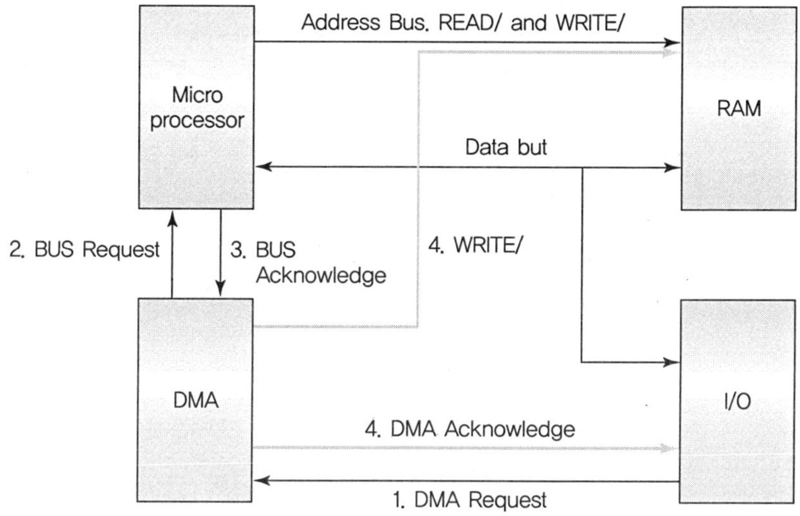

[그림 3-3] DMA를 사용한 시스템 구조

I/O장치가 RAM으로 보내야 하는 데이터를 가지고 있다면 I/O 장치는 가장 먼저 DMA Request 신호를 DMA장치에 보내게 된다. DMA는 BUS Request 신호를 마이크로프로세서에게 보내고, 마이크로프로세서가 버스를 모두 사용해서 DMA가 버스를 사용하는 기간 동안 버스를 사용하지 않을 준비가 되면 BUS Acknowledge 신호를 DMA에 보낸다. 이로서 DMA에게 사용권을 넘기게 된다. 그 다음 마지막 단계로 DMA Ackknowledge 신호를 I/O장치에 보내면서 WRITE/ 신호를 RAM에 보내 활성화시킨다. I/O 장치는 데이터를 데이터 버스에 올려서 RAM이 읽을 수 있도록 하고 라이프사이클을 종료한다.

DMA 다이밍 다이어그램을 보면 다음과 같이 표현할 수 있다.

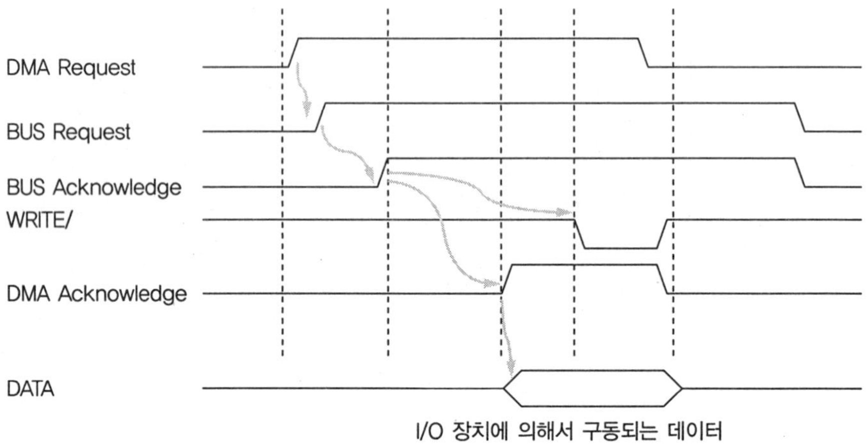

[그림 3-4] DMA 타이밍 다이어그램

데이터가 다 쓰여진 후에 DMA 장치는 DMA Acknowledge 신호를 비활성화시키고, 어드레스 버스를 하이임피던스 상태로 만들고 BUS Request 신호를 비활성화시킨다. 마이크로프로세서는 BUSACK를 비활성화시키고, 버스를 사용하여 수행하던 명령어를 계속 수행한다.

(3) DMA의 장점

메모리 직접 접근

주변장치들 (하드디스크, 그래픽 카드, 네트워크 카드, 사운드 카드 등)이 메모리에 직접 접근하여 읽거나 쓸 수 있다. 따라서, 컴퓨터 내부의 버스가 지원된다.

성능 향상

대개의 경우에 메모리의 일정 부분이 DMA에 사용될 영역으로 지정되며, DMA가 지원되면 중앙처리장치가 데이터 전송에 관여하지 않아도 되므로 컴퓨터 성능이 좋아진다.

효율성

주변장치의 데이터는 Device controller에 의해 Local buffer로 이동한다.

그러나 전송할 데이터가 많은 경우, 많은 양의 데이터의 이동으로 인한 부담이 커지는데 이러한 문제를 해결하기 위해 DMA를 이용한다. Device controller가 데이터의 한 블록을 이동시키는데 이 과정에서 DMA로 인해 CPU의 개입이 필요없게 된다. CPU에서는 데이터 이동이 완료되었다는 단 한번의 Interrupt만 발생한다. 데이터가 전송되는 동안 CPU는 다른 작업을 수행할 수 있게 되어 효율성이 높아진다.

실은 현재는 특허권이 소멸되었지만, DMA는 IBM의 특허기술이었다

보통 ISA 버스 표준에서는 DMA를 위해 메모리를 최대 16MB까지 지정할 수 있다. EISA와 MCA 표준은 (32비트 주소지정이 가능하다는 전제 하에) 전체 범위의 메모리 주소에 액세스를 허용한다. PCI는 CPU가 PCI 콘트롤러에 입출력 제어를 위임하는 버스 마스터링을 사용하여 DMA를 지원한다.

(4) DMA의 단점

◎ 회로의 복잡도 증가

데이터를 저장할 수 있는 레지스터를 포함해야 하기 때문에 DMA 회로는 좀 더 복잡해져야 한다.

◎ 버스의 과부하

먼저 DMA에 데이터를 전송한 다음에 DMA가 메모리에 전송해야 하기 때문에 데이터를 전송하기 위해서 두 배의 시간동안 버스를 사용해야 한다.

◎ DMA 채널 필요

어떤 I/O 장치들은 동시에 DMA 장치를 사용하길 원하기 때문에, 각각의 DMA 채널이 필요할 수도 있다. 어떤 I/O 장치는 내부에 DMA 채널을 갖고 있기도 한다. 네트워크 컨트롤러처럼 많은 양의 데이터를 빠르게 전송해야 하는 I/O 장치들은 특히 DMA 채널을 내부에 갖고 있다.

3.3 마이크로프로세서에 내장된 것들

(1) 기타 주변 기기

임베디드 시스템을 겨냥하고 만들어진 마이크로프로세서는 일반적으로 주변 장치를 내장하고 있는 경우가 많다. 이들 주변 장치들은 일반적으로 마이크로프로세서 코어 자체와는 독립적으로 분리되어 있지만 실리콘에 같이 담겨 있고, 마이크로프로세서와는 선으로 직접 연결되어 있는 형태로 되어 있다. 이들 내장된 장치의 장점은 설계하려는 시스템에 별도의 주변 장치를 붙일 필요가 없다는 것이다.

이들 부가회로, 또는 주변장치는 마이크로프로세서 어드레스 공간의 특정한 영역에서 보이는 레지스터 집합에 특정한 값을 써서 제어할 수 있다. 주변장치는 마이크로프로세서와 완전히 독립적으로 동작하는 것처럼, 마이크로프로세서에게 인터럽트를 걸 수 있다. 일반적으로 내장된 회로 안에서의 인터럽트와 마이크로프로세서 밖에서의 인터럽트가 같이 동작할 수 있도록 설계되어 있다.

타이머

마이크로프로세서가 하나 또는 더 많은 타이머를 내장하는 것이 흔하다. 타이머는 기본적으로 마이크로프로세서의 클럭 사이클을 세다가 정해 놓은 개수가 되면 인터럽트를 발생시킨다.

타이머는 수를 세는 것을 활성화하거나 비활성화 할 수 있게 하는 입력 핀이 있고, 타이머가 종료되었을 때 마이크로프로세서의 출력 핀을 구동시켜서 펄스를 발생시키거나 각각의 종료 점에서 상태가 바뀌는 사각파를 만들 수 있다.

워치독 타이머

임베디드 시스템에서 많이 볼 수 있는 장치 중 하나는 워치독 타이머다.

워치독 타이머는 내부 타이머가 종료되면 출력을 내보내도록 되어 있고, 기본적인 원리는 워치독 타이머가 절대로 종료되지 않도록 하는 것이다. 어떤 동작에 의해서 소프트웨어는 항상 어떤 순간에 워치독 타이머를 다시 세팅해서 타이머가 특정한 시간을 세도록 만든다.

워치독 타이머는 임베디드 마이크로프로세서 또는 마이크로컨트롤러가 유효하지 않은 소프트웨어 상태에 반응하여 리셋 (하드웨어 리셋) 되도록 한다. 이러한 상태는 소프트웨어 버그, 우주선 (cosmic ray) 또는 EMI로 인해 토글되는 레지스터 비트와 같이 간단히 발생될 수 있다. 시스템 동작이 멈추지 않아야 하는 네트워킹 애플리케이션에서 워치독 타이머는 시스템이 정지되거나 무한 루프에 빠지지 않도록 하는 핵심적인 역할을 수행할 수 있다.

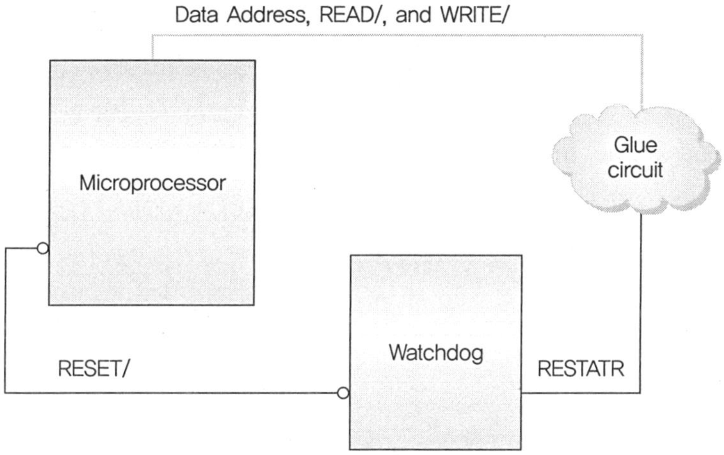

[그림 3-5] 워치독 타이머

타이머가 종료되면, 워치독 타이머의 출력이 재시작되어 소프트웨어를 다시 시작하게 한다.

I/O 핀

임베디드 시스템을 위한 마이크로프로세서는 보통 몇 개에서 십여 개 정도의 I/O 핀을 담고 있다. 각각의 핀들은 특정한 레지스터에 값을 써서 소프트웨어 High 또는 Low로 구동할 수 있는 출력으로 설정할 수도 있고, 소프트웨어에서 값을 읽을 수 있는 입력 핀으로 설정할 수도 있다. 이들 핀들은 LED를 켜고 끌 때나 워치독 타이머를 다시 세팅할 때 사용될 수 있다.

어드레스 디코딩

몇몇 마이크로프로세서는 다른 장치의 칩 인에이블에 직접 연결될 수 있는 어드레스 디코딩 출력 핀을 여러 개 가지고 있다.

일반적으로 다양한 주변 장치의 칩 인에이블을 활성화하기 위해, 소프트웨어는 마이크로프로세서에게 어떤 범위의 어드레스에서 해당 디코딩 출력 핀이 활성화되어야 하는지 알려줘야 한다.

(2) 인터페이스

UART

UART(Universal Asynchronous Receiver/Transmitter)는 많은 시스템에서 흔히 볼 수 있는 것 중의 하나이다. 이 장치의 용도는 시리얼 인터페이스로부터 얻어진 데이터를 변환시키거나, 시리얼 인터페이스로 데이터를 변환시키는 것이다. 다시 말해 시리얼 인터페이스에서는 데이터가 비트 단위로 전송되어야 하기 때문에 바이트 데이터를 순차적인 비트로 변경시키는 것이다.

UART 시스템의 구성도는 다음과 같다.

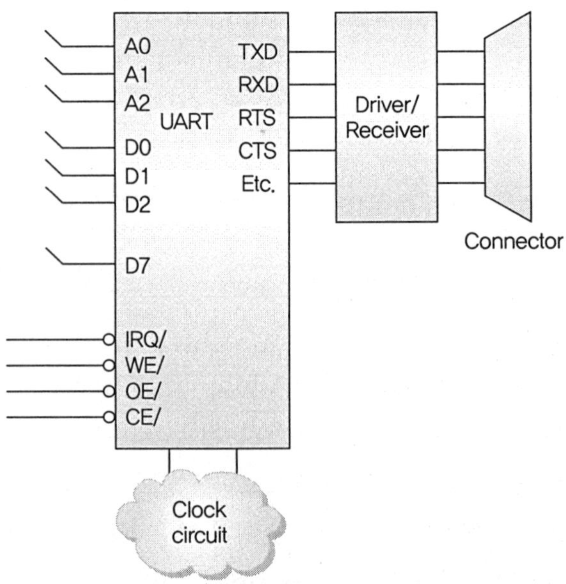

[그림 3-6] UART 시스템

위의 그림에서, 오른쪽의 신호들은 시리얼 포트에 연결되는 것이다. 비트들을 순차적으로 내보내는 선(TXD), 비트들을 받아들이는 선(RXD), RS-232 시리얼 프로토콜에서 사용되는 제어신호(RTS(Request-To-Send), CTS(Clear-To-Send) 등이다. 이 선들은 RS-232 드라이버/리시버 부분에 연결되어 있다.

매우 일반적인 시리얼 인터페이스 표준은 컴퓨터와 모뎀, 또는 컴퓨터와 마우스에서 사용되는 RS-232 인터페이스[2)]이다.

UART는 3볼트 또는 5볼트의 전압을 사용한다. 하지만 RS-232 표준은 0을 +12볼트로 표현하고, 1은 -12볼트로 나타낸다. 드라이버/리시버 부분은 UART의 출력 신호를 받아서 0에서 5볼트를 +12에서 -12볼트로 바꿔주는 역할을 한다. 그리고 물론 +12에서 -12볼트를 0에서 5볼트로 바꿔주는 역할도 한다.

많은 다른 I/O장치들처럼, 일반적인 UART는 레지스터라고 불리는 내부 저장 공간을 가지고 있다. 마이크로프로세서는 레지스터에 UART를 조정하기 위한 제어 명령어를 써넣을 수 있고, 전송할 데이터를 저장하고 받은 데이터를 저장한다.

PLD (Programmable Logic Device)

제조 후 사용자가 내부 논리 회로의 구조를 변경할 수 있는 집적 회로이다. 초기에는 사전에 프로그래밍되어 양산에 제공되어서 회로를 변경하지 않아도 되는 것이 일반적이었다. 최근에는 동작 중 회로의 정의를 다시 할 수 있어서 재설정 가능 논리 소자 (Reconfigurable Logic Device)라고도 불린다. 일반 집적회로는 대량으로 제조하는 경우 ASIC (Application-Apecific Integrated Circuit: 주문형 집적회로)를 사용하지만 개발에 걸리는 기술, 시간, 설비 등 초기 개발비가 들며 설계 자산을 다른 곳에 쓸 수 없고 조금의 실수도 용납되지 않아 개발자에게 부담이 될 수 있다. 하지만 설계 가능 논리 소자의 경우 초기 개발비가 필요없고 회로를 여러 번 고쳐 쓸 수 있기 때문에 오늘날 많은 사람들의

2) 원래 터미널 단말기와 모뎀의 접속용으로 쓰였으나미국 EI(The Electronic Industries Alliance)가 통신용으로 규격화 하였다.텔레타이프 라이터, PC 등의 DTE (Data Terminal Equipment: 데이터 단말장치), 모뎀 등의 데이터 회선 종단 장치 (DCE: Data Circuit-Terminating Equipment)를 접속해 데이터를 전송하기 위한 전기적, 기계적인 특성을 정의한 것이다. 25핀의 단자 규격은 단말 쪽은 아니고 모뎀 쪽의 연결기 규격으로 정해져 있다.현재 그 규격이 오래된 인터페이스로 분류되었고, 주변기기의 접속 용도에는 USB, IEEE1394 등과 통신 용도로는 이더넷(ethernet) 등이 그 역할을 대체하고 있다. 그러나 노이즈에 큰 영향을 받지 않고 먼 곳까지 신호가 전달되고, 단순하게 사용하기 위해서는 아직까지도 유용하다. 일반적으로 한 케이블에 10m 정도까지는 정상적으로 데이터를 통신할 수 있게 되어 있다.

지지를 받아 개발품부터 양산품까지 폭넓게 쓰이고 있다.

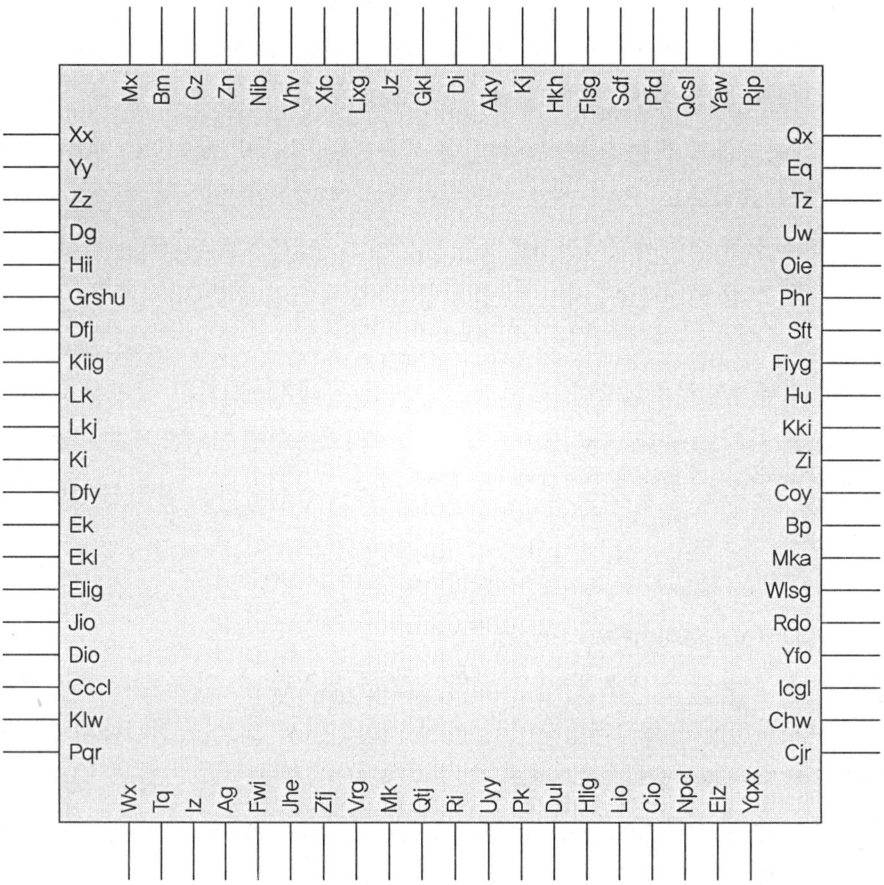

[그림 3-7] ASIC

(3) 기타 장치

메모리 캐시

캐시는 메인 메모리에서 가장 자주 사용되는 위치의 데이터를 갖고 있는 크기는 작지만 빠른 메모리이다. 대부분의 메모리 접근은 특정한 위치에서 자주 일어나는 경향이 있기 때문에, 데이터를 크기는 작지만 속도가 빠른 메모리에 자주 사용되는 데이터를 복사해 두면 평균 메모리 접근 시간을 아낄 수 있다.

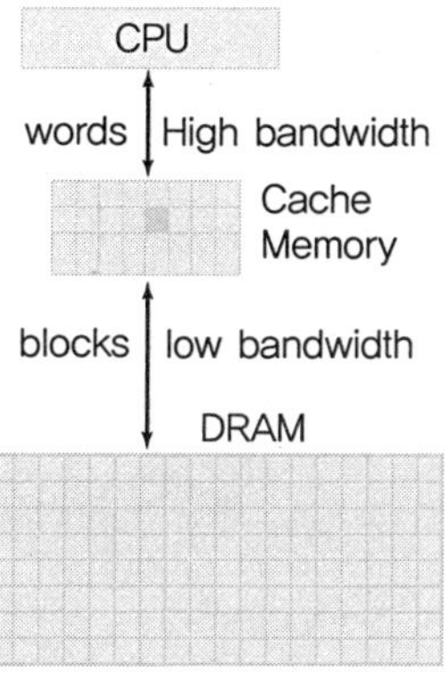

[그림 3-8] 캐시 메모리

프로세서가 메인 메모리를 읽거나 쓰고자 할 때는, 먼저 그 주소에 해당하는 데이터가 캐시에 존재하는지를 살핀다. 만약 그 주소의 데이터가 캐시에 있으면 데이터를 캐시에서 직접 읽고, 그렇지 않으면 메인 메모리에 직접 접근한다. 이때 대부분의 프로세서는 메인 메모리에 직접 접근해서 전송된 데이터를 캐시에 복사해 넣음으로써 다음 번에 같은 주소에 프로세서가 접근할 때 캐시에서 직접 읽고 쓸 수 있도록 한다.

참고로 메모리 종류에 대한 속도와 비트당 가격을 비교해 보았다.

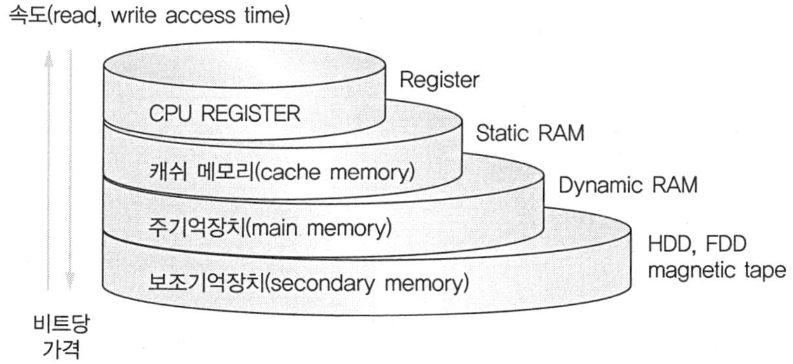

[그림 3-9] 메모리 종류

명령어 파이프라인

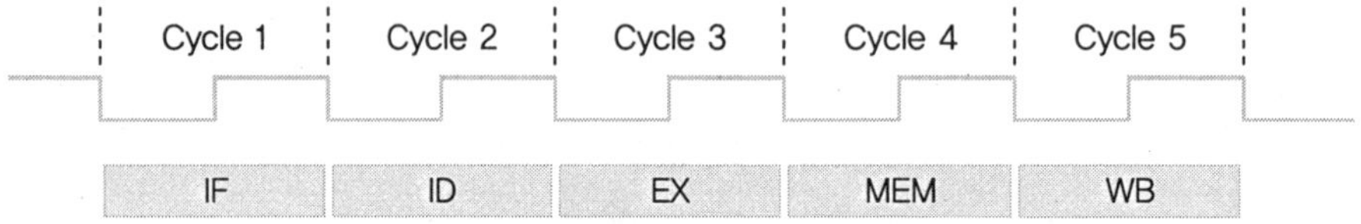

[그림 3-10] 명령어 파이프라인의 구조

- IF: Instruction Fetch로 명령어 캐시로부터 다음에 수행될 명령어를 페치한다.
- ID: (Decode/Registers Fetch로 수행될 명령어를 읽는다.
- EX: EXecution/Effective Address로 명령어의 수행, 메모리 연산 유효 주소를 계산한다.
- MEM: MEMory Access/Branch completion Cycle로 메모리 참조와, 분기명령을 수행한다.
- WB: Write-Back Cycle로 연산 결과 및 메모리 참조 내용의 레지스터를 저장한다.

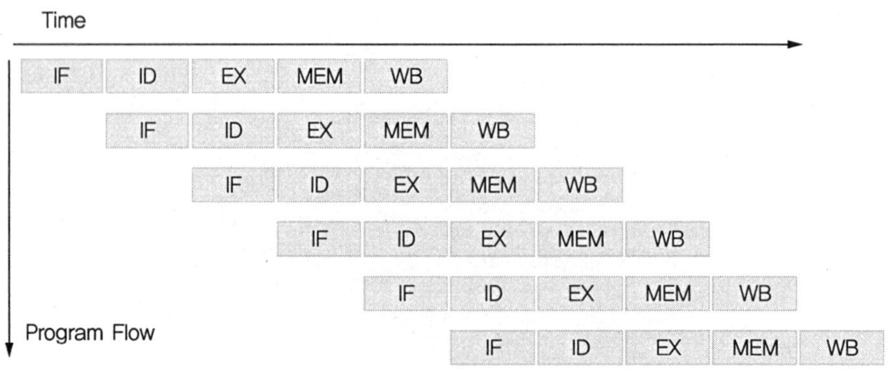

[그림 3-11] 명령어 파이프라인의 동작과정

한 번에 몇 개의 명령어를 동시에 실행시켜서 빠른 속도를 얻을 수 있는 장점이 있다. 파이프라인 아이디어는 파이프라인을 통과하는 개개의 명령어의 속도가 바로 앞의 명령어와 밀접한 관련이 있다는 점에 착안한 것이었다.

3.4 마이크로프로세서에서 사용하는 언어

(1) 어셈블리 언어

마이크로프로세서가 어떻게 동작하는지 알려면 간단하게라도 어셈블리 언어에 대해서 알아야 한다. 여기서는 간단하게 가장 많이 사용하는 명령어에 대해 알아보자.

어셈블리 언어는 마이크로프로세서가 실제로 실행시키는 기계어 코드에 대한 사람이 읽을 수 있는 형태의 언어이다. 어셈블러라 불리는 프로그램은 어셈블리 언어를 마이크로프로세서가 실행하기 전에 0과 1로 되어 있는 기계어 코드로 바꾼다. 각각의 어셈블리 언어의 명령어는 마이크로프로세서의 기계어 명령어 하나로 변환된다.

(2) 레지스터

범용 레지스터

산술 연산 같은 명령을 수행하기 위해서는 계산할 값을 범용 레지스터에 미리 저장시켜야 한다. 마이크로프로세서 패밀리는 각각 다른 수의 레지스터들을 가지고 있고, 레지스터들에 서로 다른 규칙으로 이름들을 할당한다. 보통은 R1, R2, R3 등으로 불리는 레지스터들을 갖는다.

특수 레지스터

대부분의 마이크로프로세서는 범용 레지스터 외에 약간의 특수 레지스터를 가지고 있다. 모든 마이크로프로세서는 다음 실행할 명령어의 주소를 관리하는 프로그램 카운터 (PC 레지스터, 혹은 IP(Instruction Pointer] 레지스터)를 가지고 있다. 또한, 대부분의 마이크로프로세서는 일반적인 목적으로 사용하는 스택의 최상위 주소를 가르키는 스택 포인터 (SP 레지스터)를 가지고 있다.

(3) 어셈블리 언어의 예

예를 들어,

10110000 01100001

는 x86 계열 CPU의 기계어 명령이고, 이것을 어셈블리어로 옮겨쓰면 다음과 같다.

mov a1, 061h

명령어 mov는 영어 move를 변형한 니모닉이며, a1은 CPU 안에 있는 변수를 저장하는 레지스터의 하나이다. 그리고, 061h는 16진수 61 (즉 십진수 97, 이진수 01100001)이다. 이 한 줄의 뜻은 16진수 61을 a1레지스터에 넣으라는 뜻이며, 1과 0의 반복인 기계어보다 사람이 혼동없이 이해하기 한결 쉽다. 어셈블리어는 이러한 문장들로 구성된다.

일반적인 어셈블리 언어에서 코드에 변수 이름이 나와있다면, 그것은 그 변수의 주소를 참조하고 있는 것이다. 주소가 아닌 변수의 값을 참조하기 위해서는 변수 이름을 괄호로 감싸야한다. 그리고, 대부분의 어셈블리 언어에서 세미콜론 뒤에 오는 것은 모두 주석으로 처리되기 때문에, 어셈블러는 번역할 때 세미콜론 뒤부터 해당 라인 끝까지 무시한다.

다음은 가장 많이 쓰이는 명령어의 예이다.

MOVE R3, R2

이 명령어는 레지스터 R2에서 데이터를 읽어서 R3로 값을 복사한다.

MOVE R5,(iTemperature)

이 명령어는 메모리로부터 iTemperature의 값을 읽어 레지스터 R5에 값을 저장한다.

어떤 마이크로프로세서는 어큐뮬레이터 (누산기)라고 불리는 특수 레지스터를 이용해서만 산술 연산을 하기도 하지만, 많은 마이크로프로세서는 일반 레지스터를 이용해서 기본적인 산술 연산과 비트 연산을 수행할 수 있다.

ADD R7, R3

이 명령어는 레지스터 R3의 값을 레지스터 R7의 값에 더한다.

NOT R4

이 명령어는 레지스터 R4의 모든 비트들을 반전시킨다.

연 / 습 / 문 / 제

1. 다음 회로도를 분석해 보자.

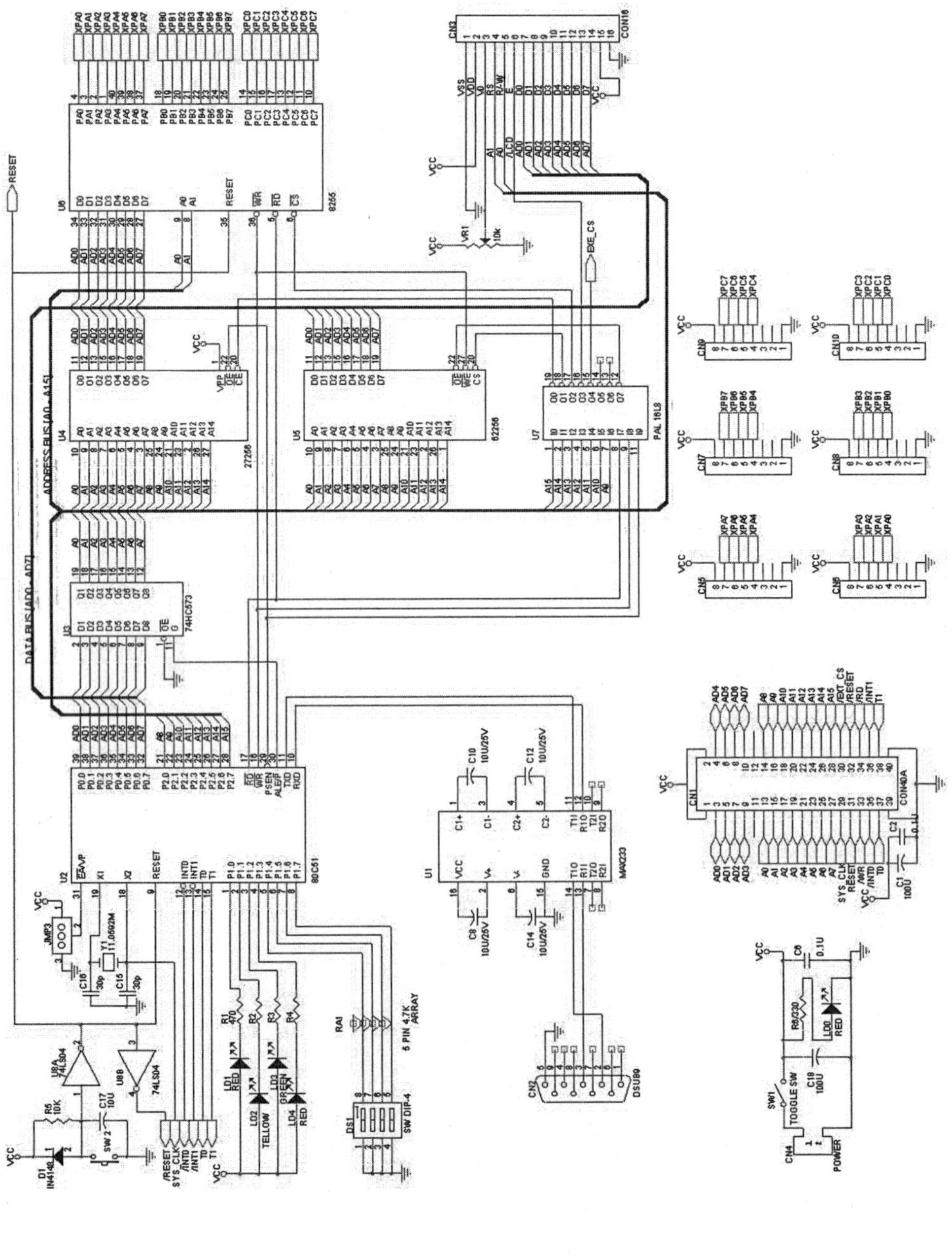

신호 선들은 항상 이어진 선으로 나타나지는 않는다. 각각의 신호 선들은 이름을 가지고 있다. 만약, 두 개의 선이 같은 이름을 가지고 있다면, 명시적으로 나타나지 않더라도 두 선은 서로 연결된 것이다. 예를 들어, 마이크로프로세서로부터 나오는 어드레스 선의 이름이 'A15'라면, 다른 모든 A15라고 이름 붙은 신호 선들은 같은 어드레스 신호 선을 의미하는 것이다.

최종 회로에서 사용될 실제 핀 넘버는 각각의 칩에서 나오는 신호 선 옆에 나타낸다.

P1, P2, P3 등으로 이름 붙여진 부품은 회로를 외부의 장치와 연결할 수 있도록 해주는 커넥터이다.

J1, J2 등으로 이름 붙여진 부품은 회로를 어떻게 사용하느냐에 따라서 사용자가 신호 선들을 함께 연결하거나 연결하지 않도록 해주는 점퍼이다.

2. UART에서 데이터를 받을 때 FIFO 방식을 사용한다고 한다. 그 이유가 무엇인지 조사해 보자.

3. RS232 (UART)와 I2C 통신 인터페이스 방식을 비교 설명하시오.

4. 명령어 파이프라인의 해저드 발생 유형 3가지에 대하여 원인 및 해결책을 설명하시오.

CHAPTER 4

이번 절에서는 인터럽트가 무엇이고, 인터럽트가 발생했을 때 마이크로프로세서는 일반적으로 어떻게 행동을 하고, 인터럽트 루틴은 어떤 일을 수행하고, 주로 어떻게 작성되는 지에 대해서 다룰 것이다.

인터럽트의 기초

CHAPTER 04

인터럽트의 기초

4.1 인터럽트의 개요

지금까지 임베디드 시스템에서 사용하는 하드웨어에 대해서 공부했다. 이제 시스템의 응답 문제에 대해 알아보자. 시스템이 뭔가 다른 일을 하고 있는 동안 외부 이벤트에 대해서 빠르게 반응하도록 하는 것은 매우 어려운 일이다.

시스템의 응답 문제에 접근하는 첫 번째 방법이 인터럽트를 사용하는 것이다. 인터럽트는 임베디드 시스템 안에 마이크로프로세서가 어떠한 일을 수행하든지 정지시키고 인터럽트를 발생시킨 이벤트에 대한 응답으로 다른 코드를 실행시킨다. 인터럽트는 시스템의 응답 문제를 해결할 수는 있지만, 인터럽트 자신이 시스템에 새로운 문제를 일으킬 수 있다는 점을 고려해야 한다.

(1) 인터럽트 정의

앞에서도 언급했듯이 어떤 장치가 다른 장치의 일을 잠시 중단시키고 자신의 상태 변화를 알려 주는 것으로 인터럽트가 걸리면 인터럽트를 받은 장치는 현재 자신의 상태를 기억시켜두고 인터럽트 처리를 진행한다. 현재 자신의 상태는 스택[1]에 저장된다.

1) 스택(stack)은 제한적으로 접근할 수 있는 나열 구조이다. 그 접근 방법은 언제나 목록의 끝에서만 일어난다. Pushdown list라고도 한다.스택 한 쪽 끝에서만 자료를 넣거나 뺄 수 있는 선형 구조로 되어 있다. 자료를 넣는 것을 '밀어넣는다' 하여 푸시(push)라고 하고 반대로 넣어둔 자료를 꺼내는 것을 팝(pop)이라고 하는데, 이 때 꺼내지는 자료는 가장 최근에 보관한 자료부터 나오게 된다. 이처럼 나중에 넣은 값이 먼저 나오는 것을 LIFO 구조라고 한다.

스택의 구조는 다음과 같다.

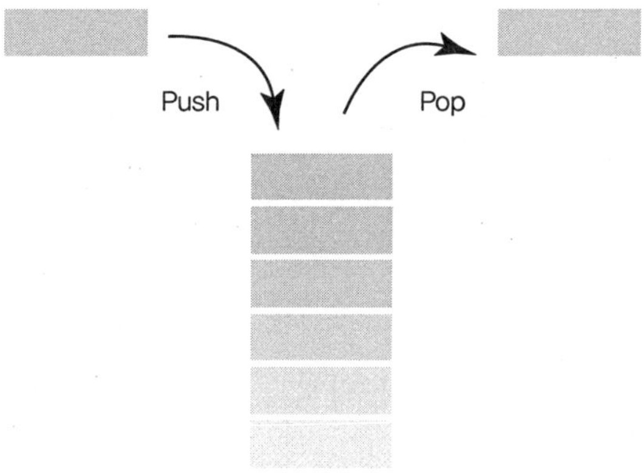

[그림 4-1] 스택의 구조

마이크로프로세서에게 인터럽트 루틴을 실행시켜야 하는 시간이라고 알려주는 신호를 인터럽트 요구 신호 또는 IRQ라고 부른다. 하드웨어 설계자는 I/O 장치가 인터럽트를 걸 수 있도록 I/O 장치의 인터럽트 요구 핀을 이 입력 핀에 연결할 수 있다.

(2) 인터럽트의 기능

인터럽트는 모든 서비스 루틴들의 주소를 가지고 있는 인터럽트 벡터를 통해 인터럽트 서비스 루틴으로 제어 신호를 전송한다. 인터럽트 아키텍처는 인터럽트된 명령의 주소를 보존해야 한다. 어떤 인터럽트를 처리하고 있는 중에는 그 인터럽트를 잃어버리지 않기 위해 새로운 인터럽트를 받아들이지 않는다. 레지스터와 프로그램 카운터를 보관함으로써 CPU의 상태를 보존한다. 인터럽트가 폴링, 벡터 인터럽트 중 어떤 형식인지 판단한다.

(3) 인터럽트 처리 과정

- 수행 상태를 보관한다.

- 인터럽트 서비스 루틴으로 점프한다.
- 저장된 상태를 복구한다.
- 수행을 재개한다.

(4) 인터럽트의 종류

- 슈퍼바이저 호출 인터럽트(Superviser Call Interrupt)
- 입출력 인터럽트(I/O Interrupt)
- 외부 인터럽트(External Interrupt)
- 재시작 인터럽트(Restart Interrupt)
- 프로그램 검사 인터럽트(Program Check Interrupt)

일반적으로 인터럽트 요구 신호는 Low에서 활성화되도록 되어 있고, I/O 장치의 인터럽트 요구 핀은 오픈 컬렉터로 되어 있어서 여러 개의 인터럽트 장치들이 마이크로프로세서의 인터럽트 입력 신호를 공유하도록 되어 있다.

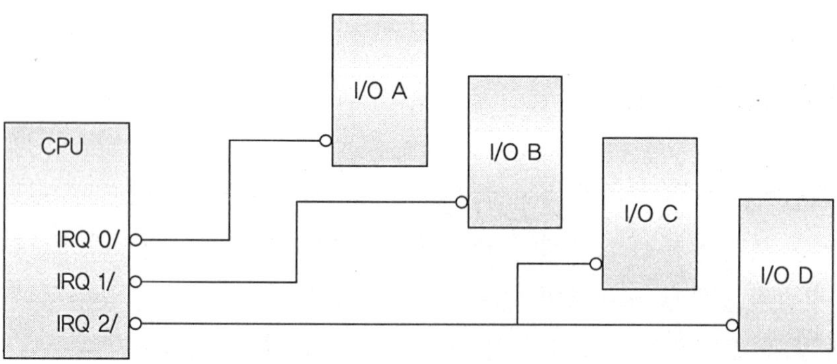

[그림 4-2] 인터럽트 연결

IRQ 0, IRQ 1, IRQ 2인 인터럽트 요구 신호는 Low Enable로 활성화되도록 되어 있다.

I/O 장치 A는 IRQ 0/ 신호 선을 Low로 만들어서 인터럽트를 걸 수 있다. I/O 장치 B는 IRQ 1/을 이용해서 인터럽트를 걸 수 있다. I/O 장치 C와 D는 IRQ 2/를 오픈 커넥터로 공유해서 인터럽트를 걸 수 있다. 공유했을 때 두 개의

디바이스가 동시에 인터럽트에 걸리게 되어 루틴 처리 속도도 느리다. 하지만 I/O 디바이스를 인터럽트 핀보다 더 많이 가질 수 있다.

4.2 컨텍스트의 저장과 복원

(1) 컨텍스트 저장과 복원

마이크로프로세서가 어떤 레지스터도 사용하지 않고 작업을 하는 경우는 거의 없다. 대부분의 마이크로프로세서는 어떠한 작업을 하기 전에 데이터 값을 레지스터에 저장해야만 한다.

각각의 태스크는 레지스터 값들, 프로그램 카운터[2], 스택 등을 포함하는 고유의 컨텍스트(Context)를 가지고 있다.

인터럽트 루틴이 시작할 때 모든 레지스터 값을 저장하는 것을 컨텍스트 저장이라고 한다. 또, 끝에서 레지스터 값들을 다시 복원하는 것을 컨텍스트 복원이라고 한다.

(2) 컨텍스트 스위칭 (context switching)

이때, 태스크 1이 중단되기 전에 레지스터 값들을 태스크 1의 스택에 보관을 하고 태스크 2가 수행되고 다시 태스크 1이 수행될 시점이 오면 스택에 저장되었던 값들을 레지스터로 옮겨와서 태스크 1을 다시 수행하게 된다. 이를 컨텍스트 스위칭이라 한다.

2) Program counter, PC라고 하며 프로세서 내부에 있는 레지스터 중의 하나이다. 이 프로그램 카운터는 다음에 실행될 명령어의 주소를 가지고 있기 때문에 명령어 포인터라고도 한다. 프로그램카운터는 각 명령어 사이클에 따라 자동으로 증가하여, 메모리에 있는 명령어들이 순차적으로 실행될 수 있도록 한다. 단, 분기 또는 서브루틴 호출/복귀 등의 특정 명령어는 순차적 흐름을 중단시키고 프로그램 카운터에 새로운 값이 들어가도록 한다. 대부분 프로세서에서는 명령어를 반입하고 난 직후에 명령어 포인터를 증가시킨다. 즉, 다음에 실행될 명령어의 주소는 항상 명령어 포인터 내부에서 찾을 수 있다.

컨텍스트 스위칭이 이루어지는 동안은 실제 응용 프로그램에서 원하는 작업은 이루어지지 않기 때문에 오버헤드라고 볼 수 있다. 이것은 저장할 레지스터의 개수에 따라 쓰는 프로세서 등에 따라 달라진다.

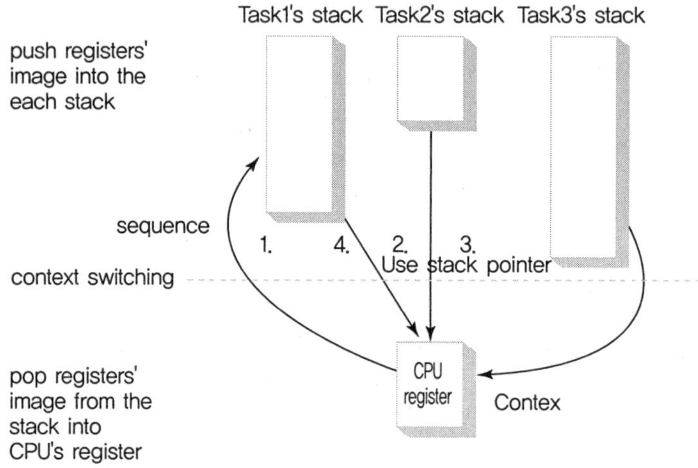

[그림 4-3] 컨텍스트 스위칭

(3) 인터럽트 금지

논마스커블 인터럽트

대부분의 I/O칩은 마이크로프로세서에게 인터럽트를 알릴 필요가 있더라도, 프로그램이 인터럽트를 금지시키는 것을 허용한다. 이것은 인터럽트를 소스에서 금지시키는 것을 의미한다. 또한, 대부분의 마이크로프로세서는 프로그램이 인터럽트 요구 핀으로부터 들어오는 신호를 무시하도록 허용한다. 대부분의 경우, 프로그램은 특별한 레지스터에 값을 써넣어서 마이크로프로세서가 어떤 인터럽트 요구 신호를 주목할지 또는 무시할지를 선택할 수 있다.

대부분의 마이크로프로세서는 절대로 금지되지 않는 논마스커블(Nonmaskable) 인터럽트[3] 핀을 가지고 있다. 인터럽트 루틴이 작업 코드와 어

3) 마스커블 인터럽트(Maskable interrupt): 프로그램 실행 중에 인터럽트 요청이 들어왔을 경우 소프트웨어로 제어가 가능한 인터럽트로 인터럽트를 받을 것인가 아니면 받지 않을 것인가를 소프트웨어 상으로 미리 설정해 놓는다. 컴퓨터에서도 이런 인터럽트를 마스커블 인터럽트(Maskable interrupt)라 부르며, 8051에서는 모두 마스커블 인터럽트만 사용하고 있다.

떤 값을 공유하게 되면 인터럽트를 반드시 금지시켜야만 하는 시간이 필요하게 된다. 논 마스커블 인터럽트의 경우는 절대로 금지시킬 수 없기 때문에, 연관된 인터럽트 루틴은 절대로 작업 코드와 데이터를 공유해서는 안 된다. 이러한 점 때문에, 논 마스커블 인터럽트는 일반적인 동작의 범위를 벗어나는 이벤트인 전원 이상이나 기타 비상시의 상황에 시스템이 반응하도록 하는데 사용할 수 있다.

우선 순위 설정

마이크로프로세서들은 각각의 인터럽트 요구 신호에 우선순위를 매기고 어떤 우선순위 이상의 인터럽트들은 가능하도록 설정할 수 있다. 인터럽트 가능한 우선순위를 모든 인터럽트보다 높게 설정해서 논마스커블 인터럽트 외에는 모든 인터럽트가 금지되게 설정할 수도 있고, 인터럽트 가능한 우선순위를 매우 낮게 설정해서 모든 인터럽트가 가능하도록 할 수도 있고, 인터럽트 가능한 우선 수위를 적당한 값으로 설정해서 선택적으로 인터럽트가 가능하도록 할 수도 있다. 이러한 우선순위 방법은 각각의 인터럽트를 가능하게 하거나 금지하는 것보다 좋은 경우가 많다.

4.3 공유 데이터 문제와 해법

(1) 공유 데이터 문제

인터럽트를 사용하자마자 발생하는 첫 번째 문제는 인터럽트 루틴이 프로그

논 마스커블 인터럽트(Non maskable interrupt): 긴급 상황(전원 이상 등)에 사용하기 위하여 소프트웨어적으로 제어할 수 없는 인터럽트로 8051에서는 사용하지 않는다.
논 마스커블 인터럽트를 사용하려면 다음과 같은 준비가 필요하다. 프로그램 카운터를 푸시(PUSH)/팝(POP) 할 수 있도록 스택이 지정되어 있어야 한다. 인터럽트를 요청하였을 경우 어떤 일(인터럽트 처리 함수)을 할 것인가를 미리 준비하여야 한다. 인터럽트 처리 함수로 들어가기 전에 C컴파일러에서 필요한 정보를 스택에 저장하였다가 인터럽트 처리함수가 끝날 때 다시 돌려 주어야 한다. 사용할 인터럽트가 인터럽트 요청이 가능하도록 설정되어야 한다.

램의 다른 부분과 정보를 나눌 필요가 있다는 것이다. 다양한 이유 때문에, 마이크로프로세서가 모든 작업을 인터럽트 서비스 루틴 안에서 수행하는 것은 가능하지도 않고 바람직하지도 않다. 인터럽트 루틴은 작업의 동기를 맞추기 위해서 작업 코드와 신호를 교환해야 한다. 이렇게 작업 코드와 인터럽트 루틴 간에 정보를 교환하기 위해서 하나 또는 여러 개의 변수를 공유한다.

인터럽트를 사용하기 시작할 때 만날 수 있는 고전적인 공유 데이터 문제다.

(2) 공유 데이터 문제의 해법

공유 데이터 문제를 해결하는 첫 번째 방법은 작업 코드가 공유 데이터를 사용할 때마다 인터럽트를 금지시키는 것이다.

임베디드 시스템을 위한 C컴파일러는 언제나 인터럽트를 금지시키거나 다시 가능하게 하는 함수를 포함하는 라이브러리를 가지고 있다. 어셈블리 언어에서는 인터럽트를 금지시키거나 가능하게 하는 프로세서의 명령어를 사용할 수 있다.

아토믹 (Atomic)

인터럽트가 걸리지 않는 프로그램의 영역을 아토믹이라고 부른다.

공유 데이터 문제를 좀 더 정확하게 얘기하면 인터럽트 루틴과 작업코드가 데이터를 공유하면서, 작업 코드가 아토믹되지 않은 상태로 공유 데이터를 사용할 때 공유 데이터 문제가 발생한다고 할 수 있다. 공유 데이터를 사용하는 작업 코드 영역의 인터럽트를 금지시킬 때 해당 영역은 아토믹된 것이고, 따라서 공유 데이터 문제를 해결하게 된 것이다.

크리티컬 섹션 (Critical Section)

시스템이 정확하게 동작하기 위해서 아토믹되어야 하는 명령어들의 묶음을 종종 크리티컬 섹션이라고 부른다.

흔히 임계 영역이라고 부르는데, 다중 프로그래밍 운영체제에서 여러 프로세스가 자원을 공유하면서 수행될 때 각 프로세스에서 공유 자원을 액세스하는 프로그램 코드 부분을 일컫는다.

다른 task에 의해서 중단되어서는 안되는 일련의 명령 혹은 코드의 블럭을 말한다. 예를 들어 공유 메모리를 접근하는 부분에서는 중단이 되는 경우 그 결과를 보장할 수 없다. 이를 해결하기 위해서는 상호배제[4)]가 보장되어야 한다.

volatile 키워드

대부분의 컴파일러들은 프로그램이 특별히 바꾸지 않는 한 변수들은 메모리에 저장된다고 가정하고, 최적화를 할 때 이 가정을 사용한다. 이것은 문제를 발생시킬 수 있다.

volatile 키워드는 C 기본 문법 중의 하나로, 컴파일러에게 특정한 변수의 값이 인터럽트 루틴이나 컴파일러가 모르는 어떤 원인으로 해서 변경될 수 있다는 것을 알려주는 역할을 한다.

Ex) Static volatile long int i;

선언할 때 volatile 키워드를 포함하면, 컴파일러는 마이크로프로세서가 i값을 읽을 때마다 메모리에서 직접 읽어와야 한다는 것을 의미한다고 생각한다. 따라서, 컴파일러가 i로부터 읽거나 쓰는 것을 최적화를 위해 생략하는 것이 허용되지 않는다.

4) Mutex, 뮤텍스라고도 불리운다. 동시 프로그래밍에서 공유 불가능한 자원의 동시 사용을 피하기 위해 사용되는 알고리즘으로, 임계 구역(critical section)으로 불리는 코드 영역에 의해 구현된다. 공유 불가능한 자원의 예로는 동시에 실행되고 있는 프로그램간의 통신에 사용되는 비트 단위의 깃발, 계수기, 큐 등이다. 문제는 스레드가 언제라도 정지되거나 시작될 수 있다는 것이다. 예를 들어 프로그램의 일부분이 여러 단계를 거치면서 데이터를 읽고 쓰고 있다고 하자. 그런데 예상치 못한 사건 등에 의해 다른 스레드가 동작하기 시작했다. 첫 번째의 스레드가 쓰고 있는 영역에서, 이 두 번째의 스레드가 또 다른 작업을 시작한다면, 해당 영역의 값은 부적절하며 예상할 수 없는 상태에 놓이게 된다. 게다가 두 번째의 스레드가 값을 덮어 써버리기라도 한다면, 복구 불가능한 상태로 되고 만다. 그러므로 공유 데이터를 접근하는 프로그램 내부의 이른바 임계 구역이라는 부분은 홀로 수행되도록 보호되어야 하며, 다른 스레드가 동일한 부분의 프로그램을 수행해서 동일한 공유 데이터를 접근하는 것을 막아야 한다. 단 프로세서 시스템에서, 상호 배제를 구현하는 가장 단순한 방법은 인터럽트를 억제해서 공유 데이터가 손상되는 것을 막는 것이다. 성능에 최소한의 영향을 주기 위해 인터럽트가 발생하지 않을 명령어 집합의 수는 가능한 최소로 유지시키는 것이 좋다. 상호배제를 처음으로 소프트웨어를 통해 해결한 사람은 네덜란드 수학자 데커(Dekker)이며 그 알고리즘을 데커의 알고리즘이라 한다. 상호배제 교착상태의 4가지 필요조건 중 하나이다.

내 시스템은 각각의 인터럽트에 대해 얼마나 빠르게 응답할까?

1. 해당하는 인터럽트가 금지되는 가장 긴 시간
2. 해당하는 인터럽트보다 높은 우선순위를 가진 인터럽트를 위한 인터럽트 루틴 수행 시간
3. 마이크로프로세서가 수행하던 일을 멈추고, 인터럽트 루틴으로 점프하기 위해 필요한 준비 작업을 하고, 인터럽트 루틴의 명령어를 실행시키기 시작할 때까지의 시간
4. 인터럽트 루틴이 컨텍스트를 저장하고 나서 '응답'이라고 여겨지는 일들을 수행하는데 걸리는 시간

세 번째 요인에 대한 시간은 제조 회사가 제공한 마이크로프로세서 데이터 시트에서 얻을 수 있다. 다른 세 가지 요인에 대해서는 코드를 작성하고 실행시간을 측정하거나 다양한 종류의 명령어의 개수를 세고, 각 종류별로 수행시간을 마이크로프로세서 데이터 시트에서 찾는 방법이다.
네 가지 요인들은 인터럽트 지연과 응답 시간을 결정한다.

결론은 인터럽트 루틴은 짧을수록 좋다.

4.4 인터럽트 금지에 대한 대안

(1) 태스크와 태스크 상태

태스크

운영체제로 작성되는 소프트웨어의 가장 기본적인 단위는 태스크(Task)이다. 태스크는 앞에서도 정의를 내리지 않고 바로 사용한 용어지만, 아마도 익숙한 용어라 생각이 든다. 태스크를 작성하는 것은 매우 쉽다. 대부분의 운영체제에서 태스크는 단순히 서브루틴이다. 프로그램의 어떤 부분에서, 각각의 태스크에 대해서 어떤 서브루틴이 시작점인지, 조금 후에 다룰 내용이 태스크의 우선순위 같은 변수, 그리고 태스크를 위한 스택이 메모리에 어디에 위치하고 있는지 등의 내용을 가지고 태스크를 시작하는 RTOS의 함수를 한번 또는 여러 번 호출할 수 있다.

태스크의 상태

각각의 태스크는 항상 다음의 세 가지 상태 중의 하나이다.

1. 실행(Running)

마이크로프로세서가 이 태스크 명령어를 수행하고 있다는 것을 의미한다. 시스템이 여러 개의 프로세서들을 가지고 있지 않는 한, 하나의 마이크로프로세서가 존재하기 때문에, 어느 주어진 순간엔 하나의 태스크가 실행된다.

2. 준비(Ready)

다른 태스크가 동작을 하고 있지만, 이 태스크도 마이크로프로세서를 사용할 수 있다면 뭔가 실행시킬 것을 가지고 있다는 것을 의미한다. 어떤 태스크도 이 상태에 있을 수 있다.

3. 대기(Blocked)

마이크로프로세서를 사용할 수 있다고 해도, 바로 당장 실행시킬수 없는 상태를 의미한다. 어떤 외부의 이벤트를 기다리고 있을 때, 태스크는 이 상태로 된다. 예를 들어, 네트워크로부터 들어오는 데이터를 처리하는 태스크의 경우, 들어오는 데이터가 없다면 아무런 일도 하지 않는다. 사용자로부터 입력을 받아서 뭔가를 응답하는 태스크의 경우도, 사용자가 버튼을 누를 때까지는 아무 일도 하지 않는다. 역시, 어떤 태스크도 이 상태에 있을 수 있다.

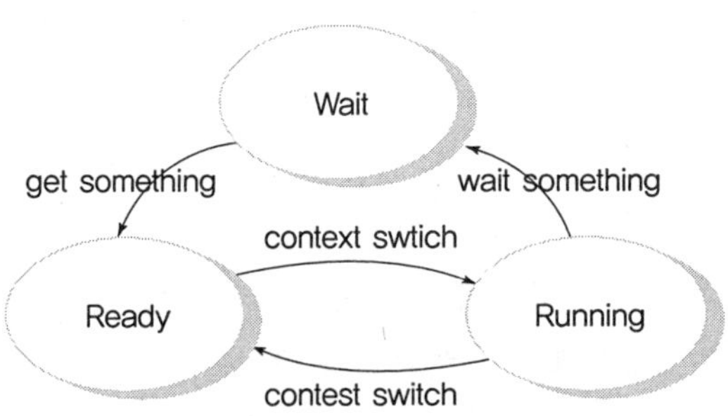

[그림 4-4] 태스크의 간단한 상태

대부분의 운영체제들은 더 많은 다른 태스크 상태를 제공하는 것처럼 보인다. 서스펜드(Suspended), 펜드(Pended), 웨이트(Waiting), 동면(Dormant), 지연(delayed)등이 포함될 것이다.

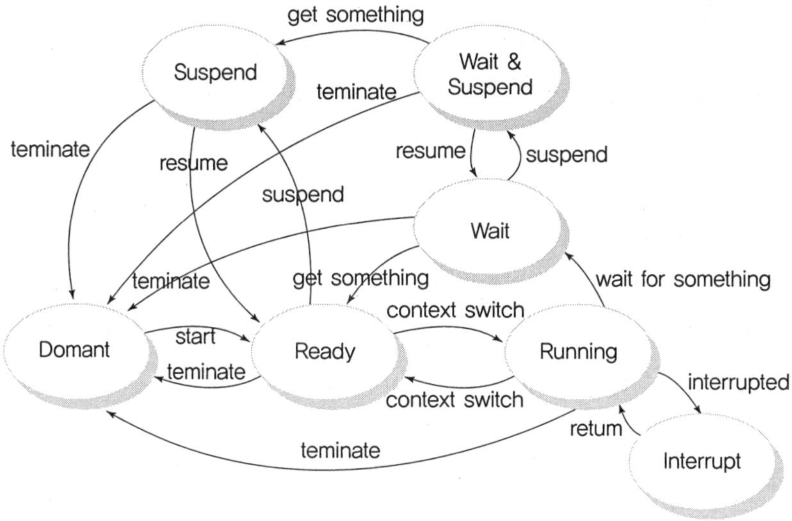

[그림 4-5] 복잡한 운영체제의 태스크 상태

이러한 것들은 대기와 준비 상태에 대한 다양한 세부 분류라고 생각하면 된다.

(2) 스케줄러

스케줄러라고 불리는 기능은 태스크들의 상태를 관리하고 어떤 태스크가 실행 상태로 되어야 하는 지를 결정하는 일을 한다. 스케줄러들은 어떤 태스크를 다음에 실행시켜야 하는지에 대해서 매우 단순한 전략을 가지고 있다. 스케줄러는 태스크 할당된 우선순위를 보고, 대기 상태가 아닌 태스크들 중에서, 가장 우선순위가 높은 태스크를 실행시키고, 다른 태스크들은 준비 상태로 둔다. 스케줄러는 프로그래머가 태스크의 우선순위를 할당할 때, 어떤 일이 일어날지에 대해서 모두 알고 있다고 가정한다.

단지 태스크가 스스로 판단해서 해야 할 일이 없을 때, 대기하게 될 것이다. 시스템에 있는 다른 태스크들이나 스케줄러는 태스크가 무엇인가를 기다릴 필요가 있는지 없는지를 결정할 수 없다. 이러한 이유로 인해서, 태스크는 대기하기 전에 반드시 실행되고 있어야 한다. 태스크는 더 이상 할 것이 남아 있는지를 알기 위해서 명령어를 수행해야 하기 때문이다.

태스크가 대기하고 있는 동안, 그 태스크는 마이크로프로세서를 사용할 수 없다. 그러므로, 인터럽트 루틴이나 시스템이 있는 다른 태스크가 그 태스크가 기다리고 있는 무엇인가가가 발생했을 때 시그널을 줘야 한다. 그렇지 않으면, 그 태스크는 영원히 잠을 자야만 한다.

태스크들 사이의 준비와 실행 상태의 전환은 완전히 스케줄러의 몫이다. 태스크들은 스스로 대기 상태로 들어갈 수 있고, 다른 태스크들이나 인터럽트 루틴은 다른 태스크 대기 상태로부터 준비 상태로 만들 수 있지만, 스케줄러는 실행 상태를 제어한다.

(3) 재진입

사람들은 때때로 재진입이 가능하지 않다고 말하기도 한다. 재진입이 가능한 함수를 하나 이상의 태스크에서 호출될 수 있고, RTOS가 함수를 수행하는 도중에 태스크를 전환해도 언제나 올바른 동작을 하는 것을 의미한다.

함수가 재진입이 가능한지 결정하기 위해서 아래의 세 가지 규칙을 적용할 수 있다.

1. 재진입이 가능한 함수는 변수들이 그 함수를 호출한 태스크의 스택에 저장되거나 또는 그 태스크만 유일하게 사용하는 경우를 제외하고는, 아토믹하지 않은 방법으로 변수들을 사용하지 않는다.
2. 재진입이 가능한 함수는 재진입이 가능한 함수가 아닌 어떠한 함수도 호출하지 않는다.
3. 재진입이 가능한 함수를 아토믹하지 않은 방법으로 하드웨어를 사용하지 않는다.

(4) 세마포어 (Semaphore)

교착상태[5]는 시스템이 더 이상 진행될 수 없는 상태에 도달하는 것을 말한다.

Dijkstra가 예로 든 '저녁식사하는 5명의 철학자' 이야기가 있다. 5명의 철학자가 식탁에 앉아서 식사를 한다. 포크는 모두 5개가 있다. 음식은 스파게티인데 매우 미끄러워 2개가 필요하다. 철학자들은 각각 생각을 하다가 먹고 다시 또 생각한다. 이를 프로그램으로 시뮬레이션할 때 계속해서 진행되도록 할 수 있는가? 간단하게 다음처럼 생각해 볼 수 있을 것이다.

5) 교착상태(膠着狀態, deadlock)란 두 개 이상의 작업이 서로 상대방의 작업이 끝나기만을 기다리고 있기 때문에 결과적으로 아무것도 완료되지 못하는 상태를 가리킨다.

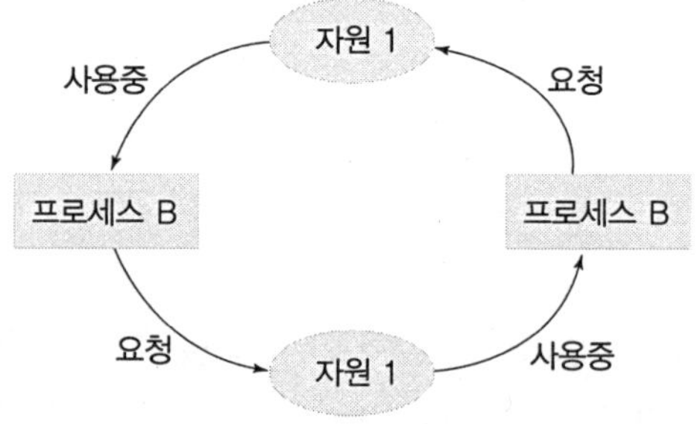

교착상태의 조건

1971년에 E. G. 코프만 교수는 교착상태가 일어나려면 다음과 같은 네 가지 필요 조건을 충족시켜야 함을 보였다.

1. 상호배제(Mutual exclusion) : 프로세스들이 필요로 하는 자원에 대해 배타적인 통제권을 요구한다.
2. 점유대기(Hold and wait) : 프로세스가 할당된 자원을 가진 상태에서 다른 자원을 기다린다.
3. 비선점(No preemption) : 프로세스가 어떤 자원의 사용을 끝낼 때까지 그 자원을 뺏을 수 없다.
4. 순환대기(Circular wait) : 각 프로세스는 순환적으로 다음 프로세스가 요구하는 자원을 가지고 있다.

이 조건 중에서 한 가지라도 만족하지 않으면 교착 상태는 발생하지 않는다. 이중 순환대기 조건은 점유대기 조건과 비선점 조건을 만족해야 성립하는 조건이므로, 위 4가지 조건은 서로 완전히 독립적인 것은 아니다.

교착상태의 해결 방안

1. 교착상태 예방
2. 교착상태 회피
3. 교착상태 발견
4. 교착상태 회복

```
#define N       5
philosohper(int i)
{
  while (TRUE)
  {
      think();
      take_fork(i);
      task_fork((i+1) % N);
      eat();
      put_fork(i);
      put_fork((i+1) % N);
  }
}
```

이때 자신의 왼쪽 포크를 잡으면 오른쪽 포크를 찾아서 식사를 하게 한다. 만약 모두 왼쪽 포크를 들고 오른쪽 포크를 찾는다면?

이 사람들은 모두 자신의 오른쪽에 있는 포크가 내려질때까지 기다릴 것이고 그런 상황은 언제까지나 오지 않을 것이다. 이는 서로 남이 소유한 자원을 얻으려고 하기 때문에 일어난다.

이제 이를 조금 바꿔서 자신의 오른쪽 포크가 없다면 왼쪽 포크를 내려놓고 얼마간 기다린 후 다시 왼쪽 포크를 집도록 바꿔 보자. 만약 왼쪽 포크를 동시에 들었다면, 동시에 내려 놓을 것이고 얼마간 지나서 다시 동시에 다시 왼쪽 포크를 들 것이다.

이를 해결하기 위해서 세마포어를 쓴다.

```
#define N       5
#define LEFT  (i-1) % N
#define RIGHT           (i+1) % N
semaphore mutex = 1;
semaphore s[N];
```

```
philosopher (int i)
{
   while (TRUE)
   {
      think();
      take_forks(i);
      eat();
      put_forks(i);
   }
}
take_forks(int i)
{
   get_semaphore(mutex);
   state [i] = HUNGRY;
   test(i);
   release_semaphore(mutex);
   get_semaphore(s[i]);
}
put_forks(int i)
{
   get_semaphore(mutex);
   state[i] = THINKING;
   test(LEFT);
   test(RIGHT);
   release_semaphore(mutex);
}
test(i)
{
    if (state[i] == HUNGRY && state[LEFT] != EATING &&
state[RIGHT] != EATING)
   {
      state[i] = EATING;
      release_semaphore(s[i]);
   }
}
```

프로그램이 약간 복잡해 진 것은 포크 5개로 2명이 먹을 수 있도록 하기 위해서이다. 만약 한번에 한사람만 먹을 수 있도록 한다면 포트를 얻을 때 세마포어 걸고 먹고 나서 포크를 내려놓으면서 세마포어를 풀면 된다.

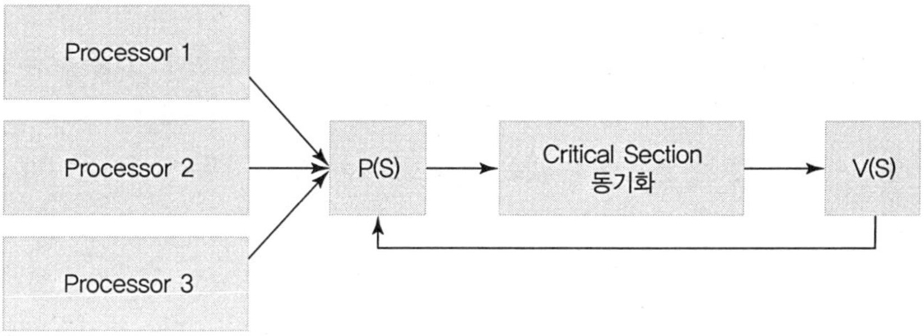

[그림 4-6] 세마포어

P(S)와 V(S)는 제한된 명령어에 의해서만 액세스될 수 있는 변수이다.

- P(S): 세마포어 S에 대한 P 연산

  IF S > 0

  THEN S = S - 1
- V(S): 세마포어 S에 대한 V 연산

  S = S + 1

  세마포어는 2진 세마포어 (Binary Semaphore)와 계수 세마포어 (Counting Semaphore)로 나뉜다.
- 2진 세마포어는 0과 1의 값만을 가지며 0일때는 임계 구역에 들어갈 수 있는 상태가 되고, 1일 때는 임계 구역에 들어갈 수 없다.
- 계수 세마포어는 0과 양의 정수 값을 갖는다.

그러나 세마포어가 만병통치약은 아니다. 2개의 공유 자원이 있어 각각을 세마포어로 접근하도록 했다고 하자. 2개의 공유 자원이 모두 있어야지만 태스크가 진행된다. 만약 두 태스크가 하나씩 세마포어를 얻었다면 이 둘은 더이상 진행할 수 없다.

이 교착상태(Deadlock)을 해결하는 방법은 몇 가지가 있는데 교착상태가 아예 일어나지 않게 하는 방법이 있고 교착상태가 일어났을 때 이를 해소시켜 주는 방법이 있다.

가장 간단한 방법은 교착상태 상황이 일어나지 않도록 미연에 방지하는 것인데 이렇게 하려면

- 모든 자원을 얻고 나서 수행을 하면서 이때 모든 자원을 동일한 순서로 갖는다. 즉 공유 자원이 A, B가 있다면 A를 먼저 얻고 B를 얻도록 하는 것이다. 이렇게 되면 어떤 task는 A를 갖고 있고 다른 task는 B를 갖고 있는 상황은 발생하지 않을 것이다.
- 여기에서 자원을 얻는다는 것은 세마포어를 쓰는 경우가 많다. 이때 세마포어가 일정시간이 지나면 expire되게 한다.
- 하나의 태스크가 하나의 세마포어만 갖도록 한다.

  이 방법은 모두 태스크를 어떻게 설계하는가에 달려있다. 즉 운영체제가 근본적으로 막는 것이 아니고 사용자가 이런 상황이 일어나지 않도록 설계한다는 것이다.

다음은 공유 데이터를 보호하는 세 가지 방법

1. 인터럽트를 금지시키는 것은 시스템의 모든 인터럽트 루틴과 다른 태스크들의 응답 시간에 영향을 끼치는 가장 극단적인 조치이다 (만약 인터럽트를 금지시키면, 스케줄러는 마이크로프로세서의 제어권을 가져올 수 없기 때문에, 태스크 전환 역시 금지된다). 다른 한편으로는, 인터럽트를 금지시키는 것은 두 가지 장점을 가진다.

   첫째, 데이터가 태스크 코드와 인터럽트 루틴 사이에서 공유된다면, 인터럽트 금지가 유일한 방법이다. 인터럽트 루틴은 세마포어를 가질 수 없고, 태스크 전환을 금지시키는 것은 인터럽트를 금지시킬 수 없다.

   둘째, 대부분의 프로세서에서 인터럽트를 금지시키거나 다시 가능하게 하는 것은 한 명령어로 처리된다. 모든 RTOS의 함수들은 많은 명령어로 이루어져 있다. 만약 태스크가 공유 데이터에 매우 짧은 시간 동안 접근한다면, 예를 들어 변수 하나의 값을 증가시키는 등의 때때로 이 방법은 세마포어나 태스크 전환을 금지시키는 것보다 인터럽트 서비스 응답에 더 짧은 시간 동안의 영향을 준다.
2. 세마포어를 이용하는 것은 같은 세마포어를 원하는 태스크에만 영향을 미치기 때문에, 데이터를 보호하는데 가장 정확한 방법이다. 그 세마포어를 필요로 하지 않는 인터럽트 루틴과 태스크들은 전혀 영향을 받지 않는다. 다른 한편으로, 세마포어는 대부분의 RTOS에서는 대단히 작은 시간이지만, 어느 정도의 마이크로프로세서의 시간을 소비한다. 그리고, 인터럽트 루틴에는 적용할 수 없다.
3. 태스크 전환을 금지시키는 방법은 어떤 면에서는 두 방법의 중간에 있다. 이 방법은 인터럽트 루틴에는 전혀 영향을 끼치지 않지만, 모든 다른 태스크의 응답은 정지시킨다.

연 / 습 / 문 / 제

1. 인터럽트에 대해 적어보자.

2. 인터럽트를 처리하고 있는 프로세서에 또 다른 인터럽트가 발생하였을 때, 조건에 따른 그 처리 방법에 대해서 설명하시오.

3. 우선순위 스케줄링에서 기아현상의 발생원인과 방지 기법에 대하여 설명하시오.

CHAPTER

5

이번 장에서는 임베디드 시스템에 사용되는 소프트웨어 구조에 대해 배워보자

임베디드 시스템에 사용되는 소프트웨어 구조

CHAPTER 05

임베디드 시스템에 사용되는 소프트웨어 구조

5.1 임베디드 소프트웨어의 개요

(1) 임베디드 소프트웨어의 정의

임베디드 소프트웨어는 무엇인가? 범용 컴퓨터 소프트웨어와는 달리 임베디드 소프트웨어는 임베디드 시스템 내의 마이크로프로세서 및 비휘발성 메모리(ROM, Flash 메모리 등)에 내장되어 동작하는 운영체제, 미들웨어 및 응용 프로그램을 총칭할 수 있다.

아주 작은 칩에서부터 대형 시스템까지 임베디드 시스템이기 때문에 모든 시스템에 운영체제가 존재하는 것은 아니다.

임베디드 소프트웨어는 하드웨어를 제어하고 개발의 편의성을 제공하는 시스템 S/W와 OS 위에 탑재되어 각 목적에 맞게 개발된 응용 S/W로 나눌 수 있다.

교차 개발 환경에 대해서는 다음 장인 리눅스 운영체제에 대해 설명한 후 뒷부분에서 다루도록 하겠다.

〈표 5-1〉 PC와 임베디드 시스템에서의 소프트웨어 비교

S/W 항목	PC	임베디드 시스템
OS	Windows	Real-Time OS, Linux
시스템 S/W	Windows API	Real-Time OS & Linux API
응용 S/W	HDD에서 읽어 옴	메모리에서 읽어 옴
개발 환경	Visual Studio . NET	교차 개발 환경

(2) 임베디드 소프트웨어의 특징

◎ 크기

임베디드 시스템의 특성상 소형화와 경량화를 달성하기 위하여 하드웨어의 크기가 작아지는데 이에 따라 상대적으로 적은 메모리 용량으로 인해 소프트웨어의 크기는 최대한 작게 만들어야 한다.

◎ 특수성

범용이 목적이 아닌 특수용도로 사용하기 때문에 그 목적에 맞는 작은 사이즈의 소프트웨어만 작성하면 된다.

◎ 실시간성

센서나 기계를 다루는 특히 인명이나 돈에 관련된 장비의 실시간성이 깨지면 엄청난 손해가 나기 때문에 설계단계에서 충분한 테스트와 검증을 거쳐야 한다.

◎ 오류처리

임베디드 시스템은 사용자의 개입이 적을뿐더러 인명피해나 엄청난 재산피해를 입힐 수 있는 실시간 시스템의 오류발생 시 대처방안을 철저히 마련해두어야 한다. 이러한 오류를 처리하기 위한 오류처리루틴 작성은 복잡성과 정밀성 요구로 인하여 상당히 어려운 작업이다.

위와 같은 특성을 갖는다. 임베디드 소프트웨어는 다음과 같이 분류할 수 있다.

(3) 임베디드 소프트웨어의 분류

◎ 시스템 소프트웨어

시스템 소프트웨어는 컴퓨터 하드웨어를 관리하고 응용 소프트웨어를 실행하는데 필요한 프로그램들을 말한다. 적응형 RTOS, 메모리 상주 DBMS, 디바이스 드라이버, 저전력 지원 등이 있고 가격 경쟁력을 갖추고 필요에 따라 실시간 처리가 가능하며 빠른 부팅속도, 작은 크기의 메모리에도 원활하게 동작하는 운영체제가 적당하다.

종류로는 ISI사의 pSOSystem, WindRiver사의 VxWorks 등 여러 가지가 있다.

또한 시스템 소프트웨어에는 각종 하드웨어 및 주변 장치들을 구동하는데 필요한 디바이스 드라이버 프로그램도 있다. TCP/IP 프로토콜을 비롯하여 시스템을 네트워크로 연결하는 데 필요한 각종 소프트웨어도 이에 포함한다.

프로그램 개발 도구로는 여러 프로그래밍 언어(C, C++, 어셈블리 언어) 컴파일러 디버거, 모니터, 쉘 스크립트 등이 있고 프로그램 개발환경은 Esto나 비주얼 스튜디오, 이클립스 등이 있다.

임베디드 미들웨어

임베디드 미들웨어에는 JVM, CORBA, COM, 무선 인터넷 플랫폼(Brew), 각종 통신 프로토콜 관리기 등이 있다.

응용 소프트웨어

임베디드 시스템의 응용 소프트웨어는 실제 임베디드 시스템의 용도와 특징을 결정하는 요소이다. 편의성을 위한 사용자 인터페이스를 제공하고 운영체제와 시스템소프트웨어를 이용하여 사용자에게 유익한 작업을 수행하는 소프트웨어들이다.

예를 들면 Desktop Publishing, Personal Information Management (PIM), Computer Aided Design (CAD), 과학 계산용 소프트웨어, 웹 브라우저, 멀티미디어 재생기 등이 있다.

일반적으로 RAM에 적재되어 동작하며 많은 경우에 작은 크기의 임베디드 시스템에서는 시스템의 전원이 꺼지더라도 다시 전원을 인가하면 바로 실행될 수 있도록 만들기 위하여 응용 프로그램을 ROM 혹은 플래시 메모리에 저장하기도 한다.

멀티미디어 재생기, MAP Viewer, 브라우저, PIM 응용, 게임, 모바일 숍, CNS (GPS, GIS) 등이 있다.

(4) 임베디드 소프트웨어의 요구사항

특별히 임베디드 소프트웨어는 요구사항이 있다. 그 요구사항을 나열하면 다음과 같다.

● 하드웨어 사양에 최적화

규모별 또는 응용별 다양한 제품에 내장될 수 있도록 가격, 크기, 소비전력, 신뢰성, 자원 관리, 기능 및 성능 등의 측면에서 우수해야 하며 제품의 하드웨어 사양에 최적화되어야 한다.

하드웨어 사양에 최적화시키려면, 시스템을 설계할 때, 전체 문제를 먼저 파악하고, 문제별로 모듈을 나누어 설계하는 것이 가장 좋다고 한다.

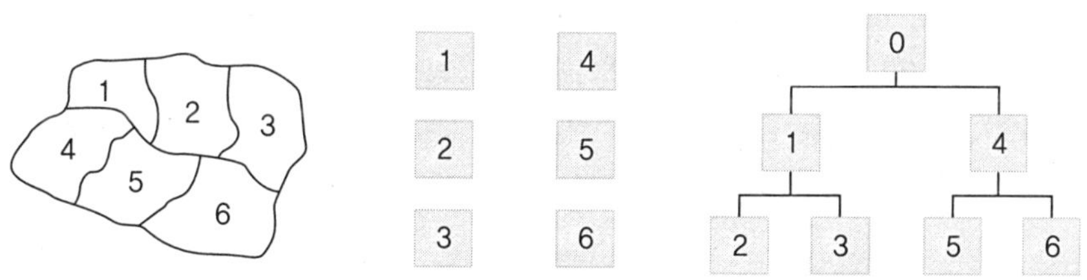

[그림 5-1] 임베디드 소프트웨어 모듈

● 실시간성

임베디드 시스템 제품의 용도에 따라 연성(Soft) 또는 경성(Hard) 실시간 처리를 지원하여야 한다.

실시간 시스템은 연성 실시간 시스템과 경성 실시간 시스템으로 나누는데, 연성 실시간 시스템은 제한 시간 (Deadline)동안 태스크 처리를 못마쳤을 때, 단순한 오류정도 발생하는 시스템이고, 경성 실시간 시스템은 제한 시간동안 태스크를 못 마쳤을 때 치명적인 오류가 발생하거나, 때에 따라서는 엄청난 경제적 손실까지 가져올 수 있는 시스템을 말한다. 무인 항공기용 비행 제어 시스템이나 항법 시스템과 같이 내장된 다양한 센서로부터 데이터를 입력받아 그 값에 따라 항공기의 제어 작업을 주어진 제한 시간 내에 반드시 처리해야 하는 시스템이 경성 실시간 시스템에 속한다.

높은 신뢰도

소프트웨어의 오동작 및 작동 중지가 허용되지 않는 임베디드 시스템에서는 고도의 신뢰성이 요구된다. 원자력 발전, 항공기 제어, 미사일 등과 같은 임베디드 시스템에서는 소프트웨어의 오동작 또는 불시의 작동 중지 등은 심각한 결과를 초래하기 때문이다.

소형화, 저전력

임베디드 시스템 제품의 크기, 가격, 발열 등의 이유로 인하여 프로세서의 성능, 메모리 용량, 전원공급장치 등 내장되는 하드웨어 자원이 제한적이므로 경량화, 저전력 소비, 효율적인 자원 관리 등 하드웨어에 최적화된 임베디드 소프트웨어 기술이 필요하다.

종합해 보면, 임베디드 소프트웨어는 다양한 산업 분야의 디지털 제품에 내장되어 하드웨어의 제어, 음성/데이터 통신, 멀티미디어, 게임, 인터넷/인트라넷 접속, 유비쿼터스 컴퓨팅 등 기본 및 부가 기능을 제공함으로써 제품의 경쟁력과 부가가치를 높여주는 중간재로서의 특성을 지니고, 규모별 또는 응용별 다양한 제품에 내장될 수 있도록 가격, 크기, 소비전력, 신뢰성, 자원 관리, 기능 및 성능 등의 측면에서 우수해야 하며 제품의 하드웨어 사양에 최적화할 필요가 있다.

뿐만 아니라, 임베디드 시스템 제품의 용도에 따라 연성 또는 경성 실시간 처리를 지원하여야 한다.

최근에는 모바일기기 및 정보가전기기의 발전과 디지털 컨버전스 영향으로 연산기능과 네트워크 통신 기능 또는 중앙처리장치와 디지털신호처리 가속연산장치가 결합된 형태의 다중 코어 시스템[1] 온 칩 (SoC)이 차세대 반도체 시장에

1) 프로세서 하나에 계산 엔진 역할을 하는 코어를 두 개 이상 심어 CPU 성능을 향상시키는 것으로 Homogeneous Type과 Hetrogemeous Type으로 나뉜다.

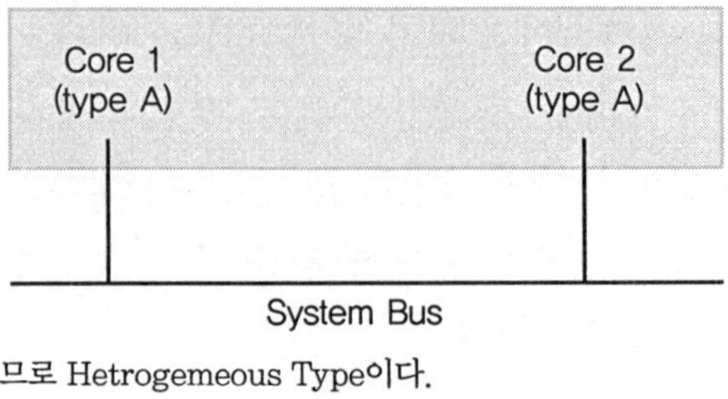

위의 그림은 type이 같으므로 Hetrogemeous Type이다.

서 주류로 부상함에 따라 멀티프로세싱을 실시간으로 지원할 수 있는 임베디드 소프트웨어의 중요성이 부각되고 있다.

5.2 임베디드 운영체제

(1) 임베디드 운영체제의 종류

임베디드 시스템을 구동하기 위해서는 운영체제가 필요한데, 보통 라운드로빈, 인터럽트 라운드로빈, 펑션규 스케줄링, 운영체제로 나누어 볼 수 있다.

이 4가지 종류 중에서 주어진 시스템에 어떤 소프트웨어 구조가 적합한지를 결정하는 가장 중요한 요소는 얼마나 많은 시스템의 응답을 제어해야 하는지와 밀접한 관계가 있다. 절대적인 응답 시간뿐만 아니라 마이크로프로세서의 속도와 다른 수행 조건들에 의해서도 얼마나 좋은 응답을 얻을 수 있는지가 결정된다. 응답 시간에 대한 조건이 거의 없고, 그리 절박하지 않은 시스템은 매우 간단한 구조로 작성될 수 있다. 많은 종류의 이벤트에 대해서 빠르게 반응해야만 하고 다양한 수행 조건들과 각기 다른 제한 시간, 다양한 우선순위를 가진 시스템은 더 복잡한 구조를 가져야만 한다.

라운드로빈, 인터럽트 라운드로빈, 펑션규 스케줄링, 운영체제의 세부 내용을 살펴보면 다음과 같이 구분해서 볼 수 있다.

〈표 5-2〉 임베디드 운영체제 종류

종류	우선 순위 사용 가능 여부	최악의 경우 테스트 코드의 응답 시간	코드를 수정 시 응답의 안정성	복잡도
라운드로빈[1]	불가능	모든 태스크 코드의 합	좋지 않음	매우 단순
인터럽트 라운드로빈	우선순위를 갖는 인터럽트 루틴과, 모두 같은 우선 순위를 갖는 태스크 코드	모든 태스크 코드의 수행 시간 + 인터럽트 루틴 수행 시간	인터럽트 루틴을 위해서는 좋음, 태스크 코드를 위해서는 좋지 않음	인터럽트 루틴과 태스크 코드 간의 공유 데이터 문제를 처리해야 함
펑션큐[2] 스케줄링	우선순위를 갖는 인터럽트 루틴과, 우선순위를 갖는 태스크 코드	가장 긴 함수의 수행 시간 + 인터럽트 루틴 수행 시간	상대적으로 좋음	공유 데이터 문제를 처리해야 하고, 함수 큐를 다루는 코드를 작성해야 함
RTOS (Real Time OS)	우선순위를 갖는 인터럽트 루틴과, 우선순위를 갖는 태스크 코드	응답 지연 시간이 없음 + 인터럽트 루틴 수행 시간	매우 좋음	소프트웨어 구조

〈자료 출처: 입문자를 위한 임베디드 시스템, 사이텍 미디어〉

(1) 라운드로빈 구조

가장 단순한 구조가 라운드로빈(Round-Robin)구조이다. 이 구조에는 인터럽트가 없다.

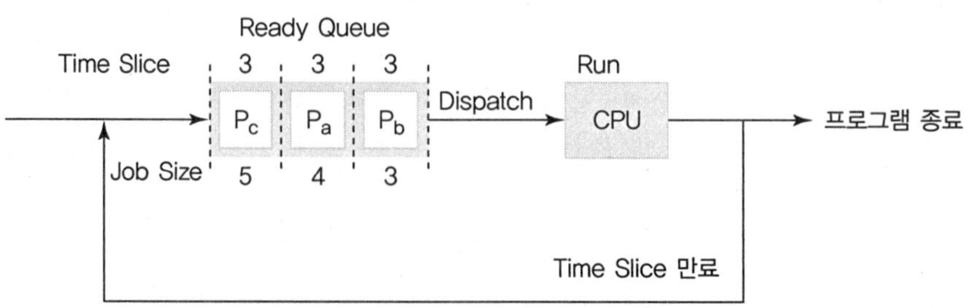

[그림 5-2] 라운드로빈 구조

1) 순서대로 CPU를 할당하는 방이다.
2) 우선순위에 따라 CPU를 할당하는 방식이나 기본 개념은 First-In First-Service 이다.

FIFO 기법에 Time Slice[3]를 할당하는 방식으로 구조가 단순하기 때문에 특별히 수행시간이 긴 작업도 없고, 빠른 응답을 요구하는 것도 없는 아주 단순한 시스템에 적합하다. 하지만, 라운드로빈 구조는 다른 구조와 비교해서 단순하다는 장점을 가진 반면에 너무나 많은 문제를 가지고 있어서 많은 시스템에 응용되고 있지 않다.

(2) 인터럽트 라운드로빈 구조

인터럽트 라운드로빈 구조는 라운드로빈 구조에 인터럽트 루틴을 추가한 구조라 볼 수 있다. 이 구조에서 인터럽트 루틴은 매우 급한 하드웨어의 요구를 다루고, 플래그를 세팅한다. 메인 루프는 플래그들을 정기적으로 점검하고 인터럽트에 의해 요청된 추가 작업을 한다.

이 구조는 우선순위보다 좀 더 많은 제어를 할 수 있다. 하드웨어 인터럽트 신호는 마이크로프로세서가 메인 함수에서 하던 일을 멈추고 인터럽트 루틴을 실행하게 하기 때문에, 인터럽트 루틴은 응답성이 좋다. 실제적으로, 인터럽트 루틴에 넣은 작업들은 메인 루틴에 있는 태스크 코드들보다 높은 우선순위를 갖게 된다.

우선순위 정책에 대해 알아보자.

- SJF (Shortest Job First) / SJN (Shortest Job Next)

  평균 대기 시간을 최소화하기 위해 CPU 점유 시간이 가장 짧은 프로세스에 CPU를 먼저 할당하는 방식의 CPU 스케줄링 알고리즘이다. 이 알고리즘은 비선점형와 선점형 모두에 적용될 수 있는데, 선점형에 적용되는 SJF 스케줄링을 특별히 SRTF 스케줄링이라 한다.

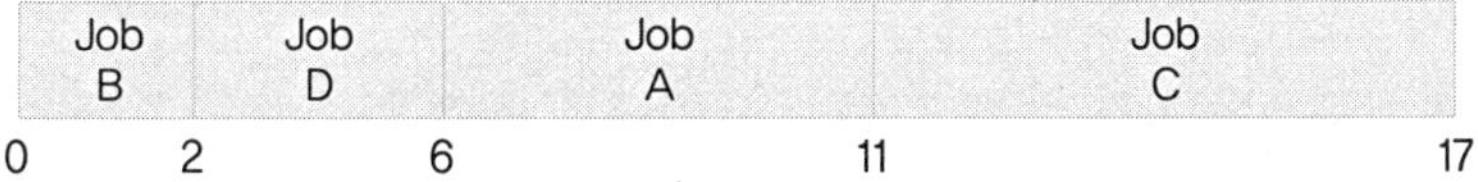

3) Tile Slice를 크게하면 I/O bound 작업이나 급한 작업에 신속히 반응을 못하고, Time Slice를 작게하면 Compute bound 작업에 불리하다.

$[t_1(n)+t_2(n-1)+\cdots+t_n(1)]\ /\ n$

(n : 작업개수 , t_j : 작업 J의 CPU사이클의 길이)

평균 반환시간 = (2+6+11+17)/4 = 9.0

= (2+(2+4)+(5+4+2)+(6+5+4+2))/4 = 9.0

= (4*2+3*4+2*5+1*6)/4 = 9.0

- SRT (Shortest Remaining Time)

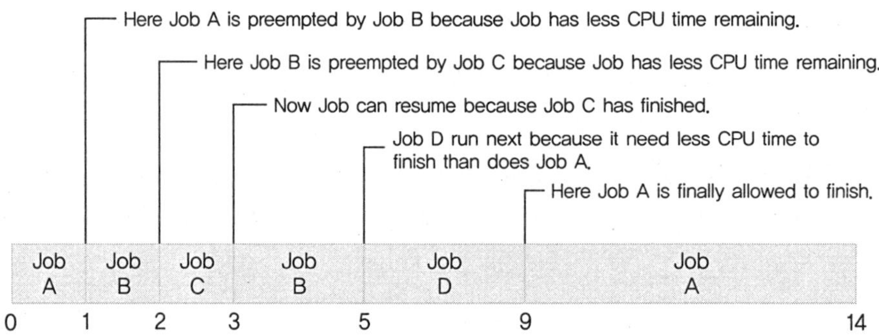

도착시간	0	1	2	3
작업	A	B	C	D
CPU 사이클	6	3	1	4

평균 반환시간 = (14+4+1+6) / 4 = 6.25

- 인터럽트 라운드로빈 구조의 특징

모든 태스크 코드들은 동일한 우선순위로 실행된다는 것이다.

(3) 펑션큐스케줄링 구조

이 구조에서 인터럽트 루틴은 함수 포인터를 메인 함수가 호출할 수 있도록 함수 포인터의 큐에다 넣는다. 메인 함수는 단지 큐로부터 포인터를 읽어서 함수를 실행한다.

◎ 펑션큐스케줄링 구조의 특징

- 인터럽트 루틴이 발생하는 순서대로만 메인함수가 함수들을 호출해야 할 필요는 없다는 점이다. 사용하려는 목적에 맞는 어떠한 우선순위 정책으로도 함수들을 호출할 수 있다. 좀 더 빠른 응답을 필요로 하는 태스크 코드의 함수들은 더 일찍 수행될 수 있다. 함수 포인터들의 큐를 다루는 루틴을 현명하게 작성해서 이러한 모든 것들을 수행할 수 있다.
- 인터럽트 라운드로빈 방식은 인터럽트가 걸린 모든 태스크 코드의 함수들의 수행 시간의 합이 응답시간이기 때문에, 이 구조는 인터럽트 라운드로빈 방식보다 응답이 빠르다. 이렇게 더 빠른 응답은 복잡하다는 것뿐만 아니라, 낮은 우선순위의 태스크 코드 함수의 응답이 나빠진다는 사실과 트레이드 오프 관계이다.
- 인터럽트 라운드로빈 구조에서는 모든 태스크 코드는 메인 함수가 루프를 돌 때마다 매번 실행될 기회를 갖는다. 이 펑션큐스케줄링 구조에서는 인터럽트 루틴이 높은 우선순위를 가진 함수가 마이크로프로세서의 가능한 모든 시간을 소모하도록 큐를 스케줄링한다면, 낮은 우선순위를 갖는 함수는 실행조차 되지 못한다.
- 펑션큐스케줄링 구조는 높은 우선순위의 태스크 코드에 대해 최악의 경우의 응답시간을 줄이는 이점이 있지만, 낮은 우선순위의 함수들 가운데 하나라도 수행되는데 오랜 시간이 걸리는 경우, 높은 우선순위 함수의 응답시간에 영향을 주기 때문에, 여전히 완벽한 구조라고 할 수는 없다.
- 때때로 긴 함수를 작은 부분으로 나누어 다시 작성해서, 각 부분이 다음 부분을 가리키도록 함수 큐에 저장하는 방법으로 이 문제를 해결할 수도 있다. 하지만 이러한 방법은 코드를 복잡하게 만든다. 이러한 경우는 결국 RTOS 구조를 이용해서 해결해야 한다.

(4) RTOS 구조

이 구조에서도 여태까지 다루었던 다른 구조들처럼, 인터럽트 루틴은 가장 먼저 처리된다. 그리고 나서는 태스크 코드에게 수행해야 할 일이 있다고, 시그널을 보낸다.

- RTOS 구조의 특징
  - 인터럽트 루틴과 태스크 코드 사이에서 필요한 시그널의 교환은 RTOS가 처리를 해준다.
  - RTOS는 다양한 태스크 코드 서브루틴에 대한 정보를 알고 있고, 어떤 순간에 가장 긴급한 서브루틴을 수행시킨다.
  - RTOS는 다른 서브루틴을 수행하기 위해 현재 처리 중인 서브루틴을 일시 정지시킬 수 있다.

▶ **시스템에 알맞은 운영체제를 선택하는 방법**

1. 설계하려는 시스템의 응답 조건에 맞는 가장 간단한 구조를 선택하는 것이 가장 바람직하다.
2. 설계하려는 시스템이 RTOS를 사용해야 할 필요가 있는 응답 조건을 가지고 있다면, RTOS 구조를 사용하는 방향으로 결정을 해야 한다.
3. 설계하려는 시스템에 필요하다면, 혼합 형태를 만들어 낼 수도 있다.

▶ **하드 리얼타임 스케줄링에 대한 고려**

이 시스템은 매 Tn 시간 단위마다 동작되고, 다음 Tn 시간 단위 전에 동작을 끝내는 태스크 n이 있다.

각 태스크에 대해서는 최악의 경우 실행 시간을 Cn 시간 단위로 정해 태스크 전환 시간은 0이고, 태스크는 세마포어나 이벤트 등으로 대기 상태가 되는 일은 없다고 해야 한다.

각 태스크는 우선 순위 Pn을 가지고 있고 각 태스크는 최악의 경우에서도 제한 시간 전에 끝낼 수 있어야 한다.

반드시 무조건 빨리 실행되게 하는 것보다 예측 가능하게 설계하는 것이 가장 중요하다고 본다.

* 참고로 일반적으로 자주 항목들을 검색하고 거의 더하거나 지우지 않는 종류의 시스템을 작성한다고 하면, 균형 이진 트리 알고리즘을 적용하여 설계하는 것이 가장 효과적이다.

5.3 RTOS 소개

(1) RTOS의 특징

RTOS를 실시간 커널 또는 실시간 운영체제라고 한다.

첫 번째로, 데스크톱 컴퓨터 운영체제는 전원이 켜질 때 시스템 제어를 하고 나서 사용자의 응용 프로그램을 실행하도록 한다. 사용자는 운영체제와는 별도로 응용 프로그램을 컴파일하고 링크할 수 있다. 임베디드 시스템에서는 일반적으로 응용 프로그램과 RTOS를 결합시킨다. 시스템이 부팅할 때, 응용 프로그램이 먼저 제어를 하고 나서 RTOS를 실행시킨다. 그러므로, 데스크톱에서의 응용 프로그램과 운영체제와는 다르게 임베디드 시스템에서는 응용 프로그램과 RTOS가 서로 밀접하게 결합되어 있다.

두 번째로, 많은 RTOS들은 데스크톱 운영체제처럼 사용자의 애플리케이션으로부터 운영체제를 완벽하게 보호하지는 못한다.

예를 들어, 대부분의 데스크톱 운영체제들이 시스템 함수로 넘겨주는 포인터들이 유효한 주소를 사용하고 있는지를 검사하는 반면에, 많은 RTOS들은 좀 더 나은 성능을 내기 위해서 이러한 검사를 생략한다.

세 번째로, RTOS들은 일반적으로 메모리를 절약하기 위해서 임베디드 시스템이 반드시 필요로 하는 서비스만 포함시킨다. 대부분의 RTOS들은 응용 프로그램과 결합되기 전에 사용자가 설정을 변경해서 사용하지 않는 기능을 제거할 수 있도록 되어있다. 사용자가 특별히 필요로 하지 않는 한, 파일관리 시스템, I/O 드라이버, 유틸리티, 심지어 메모리 관리 기능까지도 포함하지 않도록 설정할 수 있다.

소프트웨어 엔지니어는 자신만의 RTOS를 물론 직접 작성할 수 있다.

(2) RTOS의 등장배경

Real-time OS가 왜 나오게 되었는지는 현재 어디에서 쓰이고 있는지 알아보자.

Real-time OS가 쓰이고 있는 경우는 크게 2가지로서 embedded system과 multiprocessor system이다.

Multiprocessor system은 여러 개(multi)의 processor들이 한 system에 들어가서 동시에 작업을 수행하는 것이다. 이때 여러 개의 processor들을 관리하기 위해서 기존의 OS가 아닌 multiprocessor용 OS가 필요하다.

Embedded system이라는 것은 일반적인 computer system과는 달리 특정한 작업만을 하도록 설계되며 초기의 embedded system은 비교적 단순해서 OS가 필요 없이 인간이 순차적인 프로그램을 작성해서 수행하도록 했고 중간에 interrupt가 발생되는 경우에만 그 순차적인 프로그램에서 잠시 벗어나는 정도였다. 그러나 최근 들어 multimedia정보를 처리해야 하는 embedded system이 늘어나면서 그 system이 해야 할 일들도 많아지고 복잡해졌기 때문에 순차적인 프로그램 작성이 매우 어렵게 되었다. 따라서 embedded system에서 OS의 개념이 필요하게 되었으며 embedded system의 특성상 real-time[4)]이라는 요소를 만족해야 했다.

(3) RTOS 차별성

Real-time OS라고 하면 일반적으로 말하는 OS와는 막연히 무언가가 다르다고 생각한다. 그러나 Real-time OS라고 해서 특별히 다른 것은 없다. 일반적인 OS와 마찬가지로 여러 가지 task를 동시에 수행하는 것이다.

지원 기능은 다음과 같다.

- task scheduling
- task communication
- task synchronization

4) 참고적으로 real-time 시스템에 대해 설명하자면 정해진 시간 제약을 해결할 수 있는 시스템을 말한다. 이 말은 주어지 시간 내에 어떠한 일을 반드시 처리해야 한다는 말이다. 즉 단지 빨리 처리해야 하는 것이 아니고 정해진 시간을 넘겨서는 안된다는 것이다. Real-time에서 가장 대표적인 분야로는 군사용을 들 수 있다.
예를 들어 미사일이 어떤 목표를 추적함에 있어서 어떤 계산이 주어진 시간 내에 이루어지지 않는다면 그 미사일은 그 목표를 격추시킬 수 없는 것이다.
우리가 쓰는 컴퓨터에서는 editor가 어느 때는 좀 빨리 어느 때는 좀 늦게 실행된다고 해서 크게 문제가 될 건 없다. 그러나 embedded system에서 주어진 입력 중에는 시간내에 처리하지 못하면 문제가 될 수 있기 때문에 real-time요소를 만족시켜야 한다.

- memory management
- interrupt service
- I/O driver
- timer

등의 기능을 하며 이러한 것은 일반적인 OS에서도 필요한 기능이다.

말 그대로 real-time이기 때문에 real-time을 처리하는 OS라고 생각할 수 있겠다. 그렇다면 무언가 다른 것이 있을 것이며 또 어떻게 처리해야 real-time을 만족할 것인가?

일반 운영체제와 다른 점은 다음과 같다.

효율성

일반적인 OS에서는 자원(예를 들어, 메모리, 하드 디스크 등등)을 얼마나 효율적으로 낭비 없이 쓸 것인가에 초점이 맞춰져 있다. 그러나 real-time OS에서는 효율적인 것도 중요하지만 그 속도에 좀 더 신경을 쓴다.

시간 제약

real-time OS에서는 약간의 메모리 낭비를 감수하고서라도 시간 제약을 맞추려는 의도가 내재되어 있다.

공평성 (fairness)

UNIX와 같이 여러 명의 사용자가 쓰는 경우에는 각 사용자들이 실행하는 프로그램이 task로서 수행이 되고 대개의 경우에는 우선순위에 많은 차이를 두지 않는다. 이것은 그 task들 사이에 공평성을 유지하려 하기 때문이다. 그러나 real-time OS에서 task는 대개 우선순위가 있어 이때 task사이의 공평성은 고려하지 않는 것이다.

결론적으로, 원래 real-time system과 일반 시스템의 차이를 보면 해야할 기능은 같지만 주어진 시간 안에 처리할 수 있는가 아닌가라고 할 수 있듯이 OS에서도 역시 결국 하는 작업은 같지만 어떻게 처리하는가가 차이라고 할 수 있을 것이다.

(4) RTOS 역사와 표준화 작업

이전의 real-time OS는 대개 특정 target application과 architecture platform을 위한 OS kernel이었다. 그래서 매우 많은 real-time OS가 생겼고 각 OS마다 차이가 생겼다. 최근 들어서 이를 표준화하려는 작업이 진행 중인데 미국의 POSIX와 일본의 TRON이 있다.

POSIX

현재 PC에서는 대부분 Microsoft사의 OS를 쓰고 있지만 workstation급 이상의 중대형 컴퓨터에서는 OS로서 대부분 UNIX를 쓰고 있다.

UNIX는 AT&T의 Bell 연구소에서 근무하던 Ken Thompson, Dennis Ritchie와 몇몇 사람들이 Multics Project를 이어받아 만든 OS(Multics를 비꼬는 말)로서 C로 작성되어 이식성이 매우 높기 때문에 많은 시스템에 적용되어 왔고 따라서 여러 가지 변종이 나타나게 되었다. 가장 대표적인 시스템은 Berkeley 대학에서 만든 BSD계열과 AT&T의 System V계열이 있다.

이처럼 많은 변종이 나타나면서 UNIX라는 이름을 갖는 OS들 사이에서도 점점 차이점이 나타나게 되었고 따라서 표준화하기 위한 일환으로써 POSIX (Portable Operating System Interface (X로 끝나는 이유는? 대부분의 OS가 X로 끝나니까))란 것이 제정되기에 이르렀다. POSIX의 목표는 응용 프로그램이 source code portability를 갖도록 하는 것이다.

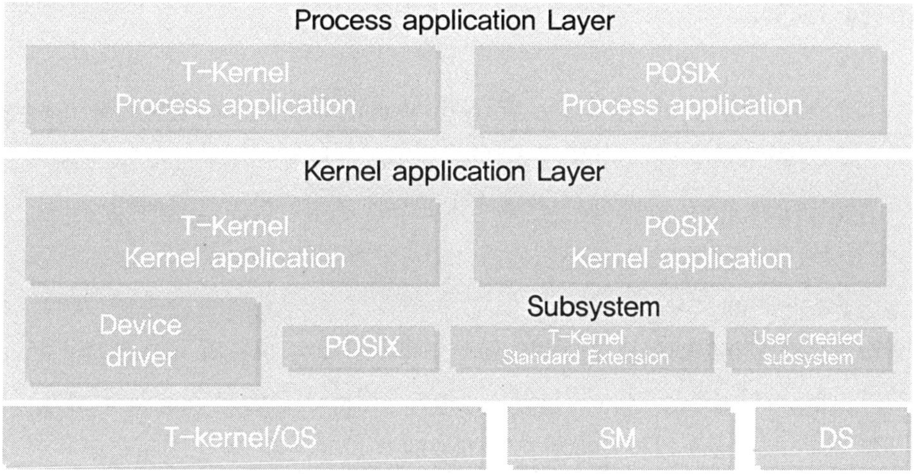

[그림 5-3] POSIX의 아키텍처

POSIX중에서도 real-time OS에 대한 표준을 제정하기 위한 작업도 진행되어 있는데 이것이 POSIX 1003.4[3]이다. POSIX는 원래 미국에서 나온 것이기 때문에 미국에서 나오는 대부분의 real-time OS는 이 POSIX를 따르거나 따르려는 계획을 가지고 있지만 POSIX의 시작이 UNIX를 표준화하는 것이었으므로 원래 real-time OS가 아니었던 것에 확장을 하는 개념이어서 문제를 안고 있는 실정이다.

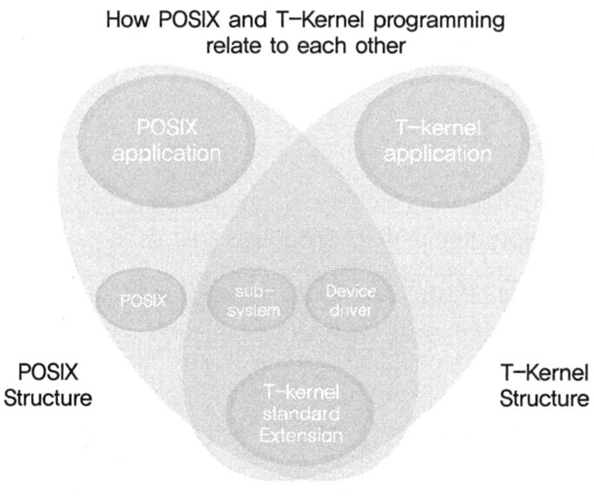

[그림 5-4] POSIX와 T-Kernel 프로그래밍과의 관계

(5) TRON

TRON은 The Real-time Operating system Nucleus의 약자로서 1984년에 일본의 사카무라 켄 교수를 중심으로 시작된 프로젝트이다. TRON 프로젝트는 Real-time system에 대한 전체적인 표준을 제정하려는 노력이다.

Real-time

그 첫 번째 부분이 실시간이다. 실시간이라는 것은 반드시 데드라인이 존재한다. 데드라인이라는 것은 기한일을 뜻한다. 이를 사람에게 적용해서 보면, 학생의 경우 리포트를 기한일에 반드시 제출해야 한다든지, 입사 지원서도 마찬가지이듯 데드라인을 지켜 제출해야 한다. 이처럼 데드라인을 가리키는 시간이 실시간이 아닐까 싶다. 이것을 컴퓨터에 접목시킨다면, 컴퓨터가 작업을 수행하는데 필요한 시간 즉 시스템 시간 (System Time)인 것이다. 사카무라 겐 교수는 실시간을 이렇게 정의했다. "실시간이란 것은 현실세계의 이벤트에 즉각 반응할 수 있도록 컴퓨터가 작업을 처리하는 시간이 짧을 때를 말한다"라고 했다. 사카무라 겐 교수는 TRON 프로젝트에서 컴퓨터 시스템이 얼마만큼 처리 시간 안에 빠르게 작업을 하느냐에 주안점을 두었던 것으로 보인다.

Operating System

두 번째 단어인 운영체제 (Operating System)는 시스템이 있으면 반드시 있어야 하는 바늘과 실과 같은 존재로 실시간을 강조한 후 운영체제를 제시한 것으로 보인다.

Nucleus

마지막 부분은 핵(Nucleus)이다. 가장 기초적이고 핵심적인 기능을 담당하는 부분으로 기억장소, 메모리, 파일, 주변장치 등과 같은 시스템을 구성하는 중요한 자원을 관리하는 부분으로 생각된다.

TRON에는 ITRON, BTRON, CTRON, MTRON 등 몇 가지가 있다. 이 프로젝트에 관심이 있다면 http:/tron.um.u-tokyo.ac.jp/TRON/을 참고하기 바란다.

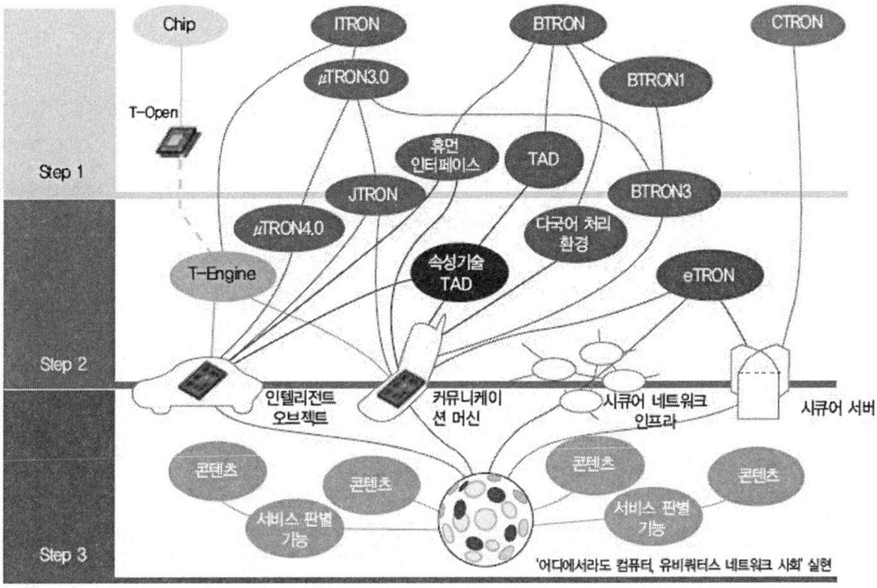

[그림 5-5] TRON 로드맵

(출처: 손병희저, 유비쿼터스 개론, ITC출판사)

Micro processor에 대한 표준은 μTRON으로서 이를 기준으로 하는 OS목록은 http://tron.um.u-tokyo.ac.jp/TRON/ITRON/home-e.html에 가면 있는데 살펴보면 제작 회사가 모두 일본으로 대부분 chip maker이다. 따라서 지원하는 프로세서 또한 자신들의 회사에서 만든 microprocessor이다.

즉 여기서 알 수 있듯이 이 표준의 단점이라면 일본 내부에서만 쓰이는 표준으로 미국에서는 표준으로 쓰지 않는다는 점이다. 그러나 POSIX에 비해 먼저 제정되어 이미 많은 제품이 나와 있다는 장점이 있으므로 설계하는 embedded system 중 일본 chip maker에서 만든 microprocessor를 쓰는 경우에는 고려해 볼 필요가 있는 표준이다.

ITRON (Industrial TRON)

ITRON은 TRON의 가장 기본이 되는 사양으로서, 일반 가전기기에서부터 산업용 기기에 이르기까지 현재 일본 내에서 가장 많이 사용되고 있는 RTOS 사양이다. ITRON OS의 크기는 적게는 수천 바이트에서 많게는 수만 바이트 정도로 상당히 작은 OS이며, 8비트에서 32비트 마이크로 컴퓨터까지 다양한 프로세서에 사용되고 있다. ITRON을 기초로 하여 BTRON과 CTRON이 만들어졌다.

BTRON (Business TRON)

IBTRON은 ITRON의 코어에 파일시스템과 메모리 매니지먼트 등의 기능을 추가하여 만든 OS이다. ITRON이 임베디드형 아키텍처라고 한다면, BTRON은 PC나 워크스테이션용 아키텍처이다. TAD(TRON Application Data bus)를 통해서 서로 다른 애플리케이션 간 데이터의 호환성을 높이고 있다. 다양한 문자를 지원하며, PC용 OS로서는 부팅 속도가 10초 이내에 불과해 상당히 빠르다고 평가받고 있다.

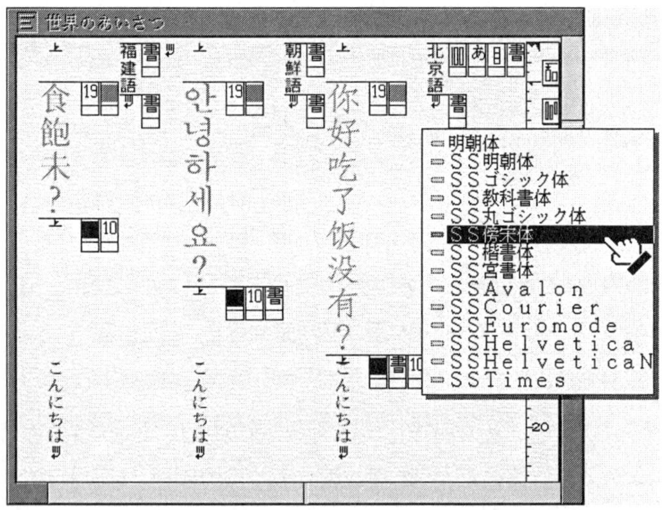

[그림 5-6] BTRON에서 지원하는 다양한 문자

CTRON (Communication and Central TRON)

정보통신 네트워크용으로 개발된 아키텍처로서, 일본 NTT에서 채택하여 개발되었고, 현재까지 NTT의 통신교환기에 거의 대부분이 사용되고 있다.

JTRON (Java TRON)

ITRON의 Java 버전이다. ITRON상에서 Java 실행환경을 가능하도록 하고, Java의 특징인 GUI, 네트워크 기능과 ITRON의 높은 실시간성과 낮은 오버헤드 등의 이점을 최대한 살려주는 아키텍처다.

▶ **MTRON (Macro TRON)**

복수의 ITRON, BTRON, CTRON를 유기적인 네트워크로 결합하고, 인간의 생활환경 전체를 종합적으로 조작하는 것이 MTRON이다.

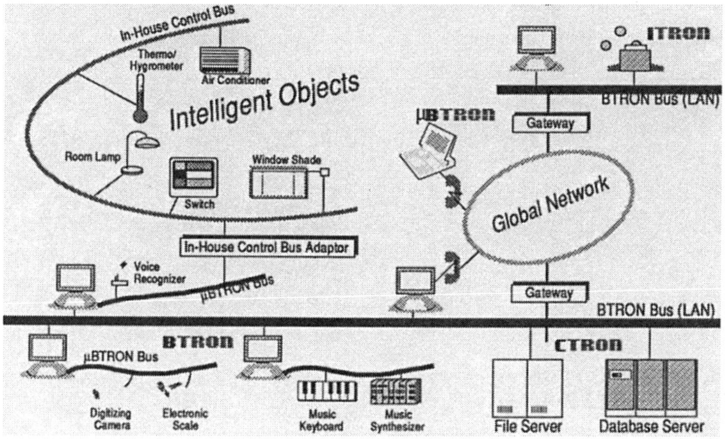

[그림 5-7] MTRON 개념도

▶ **eTRON (entity TRON)**

TRON 프로젝트 초기에는 없었으나, 이후 유비쿼터스 컴퓨팅 환경에서의 보안 아키텍처로 설계되었다. 네트워크상의 전자적인 가치정보를 외부로부터 보호하기 위한 것이며 구체적으로는 eTRON 칩에 의해 구현된다.

▶ **T-Engine 탄생**

일본에서 많은 임베디드 기기에 ITRON이 사용되어 왔다. 하지만, 1984년 TRON 협회에서 발표한 ITRON이란 OS 사양이지 구체적인 OS의 실체가 아니라는 것이다. 사양만 제시하고 있을 뿐, 구체적인 구현 방법 등에 대해서는 규정하지 않았다. ITRON은 소프트웨어에서 빈번히 처리되는 기능이나 인터럽트 처리와 같은 기능 등을 OS층에서 담당하기로 하고 그것을 표준화시킨다는 발상에서 나온 것이다. ITORN은 다양한 CPU에서 사용 가능하기 때문에 일본 내의 많은 회사에서 사용되었었지만, OS의 사양만 정해져 있는 약한 표준화에서 문제점이 드러나 똑같은 ITRON 사양이라 하더라도 실제 동작에 있어서는 각 회사마다 차이가 생겼다. 심지어는 동작하지 않는 경우도 종종 생겨났다. 사카무라 켄 교수는 고심 끝에 이를 개선시키기 위해 TRON에서 진화된 T-Engine이라는 표준 개발환경을 만들게 되었고, 이것이 바로 T-Engine 프로젝트의 시작점이 된 것이다.

T-Engine은 오픈 아키텍처이며 오픈 개발환경이다. 누구든지 개발할 수 있고 누구든지 사용할 수 있어 TRON 프로젝트 이념을 그대로 받아 온 것이다. T-Engine에서 사용되는 임베디드형 OS를 T-Kernel 이라고 하며, 하드웨어 초기화와 OS의 부트 로더

역할을 하는 T-Monitor와 각종 디바이스 드라이버인 T-Driver, 그리고 각종 미들웨어 등으로 구성되어 있다. 이들은 각각 다양한 시스템에 적용시킬 수 있도록 되어 있다. 다음 그림은 ITRON과 T-Kernel API (Application Programming Interface)의 시장 점유율을 나타낸 그림이다.

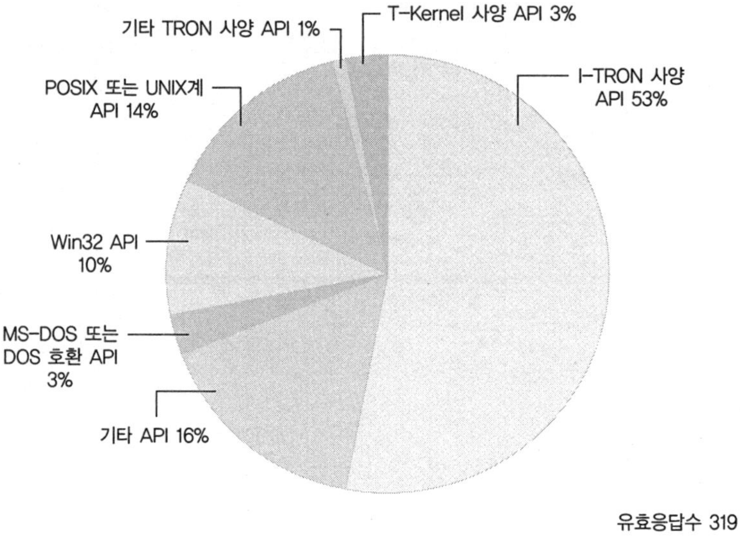

[그림 5-8] TRON API 시장 점유율

(출처: 손병희저 유비쿼터스 개론 ITC출판사)

연 / 습 / 문 / 제

1. 큰 교차로에서 교통 신호등을 제어하는 시스템을 가정하자. 이 시스템은 센서를 통해 자동차와 보행자를 감지하고, 타이머를 가지고 있고, 빨간 불과 파란 불을 적절한 순간에 켠다고 하자.
   이러한 시스템을 위해서 어떠한 소프트웨어 구조를 사용할 수 있을까? 왜 그 구조를 선택했는지 기술해 보자.

2. 주변의 임베디드 시스템 적어보기

3. 비선점형 운영체제와 선점형 운영체제에 대해서 알아보자.
   그리고, 어떤 소프트웨어 구조가 가장 비선점형 운영체제와 비슷한 응답 특성을 보이는지 알아보자.

CHAPTER 6

● 이번 장에서는 임베디드 운영체제 커널의 정리를 알아보고, 임베디드 운영체제 기술과 미들웨어 기술에 대해서 자세히 배워보자.

임베디드 운영체제

6.1 임베디드 운영체제의 개요

6.2 임베디드 운영체제 기술

6.3 임베디드 미들웨어 기술

6.4 임베디드 응용 공통 기술

CHAPTER 06

임베디드 운영체제

6.1 임베디드 운영체제의 개요

(1) 임베디드 운영체제 커널

커널이란 메모리에 상주하여 시스템 구동에 필요한 환경을 만들고 관리하는 소프트웨어로써 H/W와 인터럽트 등을 통해 통신하고, 사용자 Application과 시스템 호출 인터페이스 등을 통해 통신하는 소프트웨어를 말한다. 핵심을 이야기하면 작은 의미의 OS 자체라고 볼 수 있다. 그 이유는 시스템 내의 모든 리소스인 하드웨어와 소프트웨어를 관리하며 응용 프로그램에게 서비스를 제공해 주기 때문이다. 현재 정보통신, 컴퓨터 기술의 발전으로 커널의 기능이 변화하고 있는데, 커널은 단순한 process, memory, device, file system 관리에서 network, GUI 관리까지 확장되어 있는 상태이다.

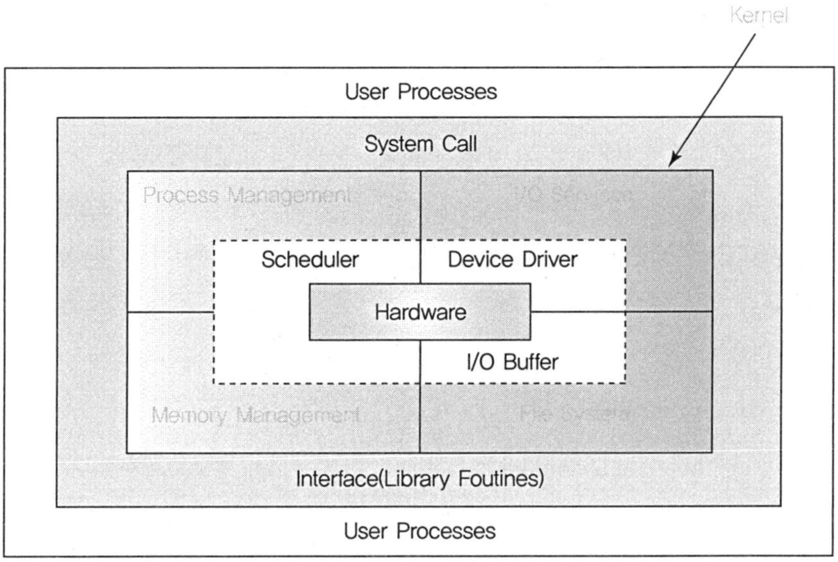

[그림 6-1] 임베디드 운영체제 커널

(2) 임베디드 운영체제 커널 종류

임베디드 운영체제 커널은 주로 사용되는 용도의 특성상 임베디드 시스템에 사용되는 운영체제로, 저전력, 빠른 시동, 실시간성 등의 특성을 갖추어야 한다. 또한 멀티태스킹, 멀티쓰레딩, 보안, 고가용성 등의 사양 지원이 요구되며, 구조는 다음과 같다.

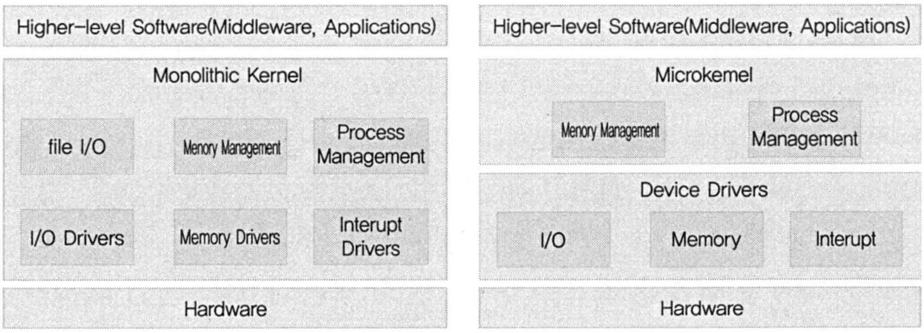

[그림 6-2] 임베디드 운영체제 커널 종류

커널은 모노리틱 커널 (Monolithic kernel)과 마이크로 커널 (Micro kernel)로 구분하는데, 위의 [그림 6-2]에서 오른쪽에 나타나 있는 모노리틱 커널은 모든 기능적인 요소들이 자신의 내부 자료구조와 함수들에 모두 접근할 수 있는 하나의 거대한 프로그램으로 구성된 반면에, 위의 그림에서 왼쪽에 나타나 있는 마이크로 커널은 메모리 관리, 프로세스 간 통신 등 주요 기능만 담당하고, 기타 기능을 서비스를 제고하는 모듈별로 구성된 극소화된 커널이다. 다음은 두 가지 유형에 대한 비교표이다.

〈표 6-1〉 임베디드 운영체제 구조

항목	모노리틱 커널	마이크로 커널
장점	구현 간단 자원의 효율적 활용	핵심기능과 작은 모듈로 나누어 설계되어 커널 문제시 해당 모듈만 교체
단점	다양한 시스템 환경에 포팅이 어려움	모듈별 메시지 전달 방식으로 오버헤드가 발생하여 자원 효율이 낮음
적용 OS	UNIX, 리눅스	윈도우 NT

모노리틱 커널은 하나의 커널에 필요한 모든 기능이 통합되어 있는 형태를 말한다. 커널 내부에 시스템 운영에 필요한 서비스 루틴으로 구성함으로써 적은 메모리 공간에 필요한 기능을 내장 하고 “function call” 로 기능을 제공한다. 구현이 간단하고 시스템 자원을 효율적으로 관리하는 장점이 있다. 하지만 다양한 환경의 시스템에 포팅이 어려운 단점과 커널의 크기가 상대적으로 커지는 단점을 가지고 있다. 이러한 커널을 사용하는 OS는 Linux, Solaris, AIX, HP-UX, DG-UX, IRIX 등이 있다.

이에 반해 마이크로 커널은 핵심적인 최소한의 기능만을 커널로 구성한 것이다. 서버 모듈(서비스 프로세스)로 나눠 설계하고 이들 서버를 관리하는 기능을 커널로 구성하였다. 기능 확장이 용이하며 시스템을 재사용할 수 있는 장점이 있다. 반면에 메시지 전달 방식에 의한 기능 접근으로 태스크 스위칭에 따른 오버헤드가 발생될 수 있는 단점을 가지고 있다. 관련 OS로는 CPU Mach OS, Digital Unix, Sunsoft Chorus 등이 있다.

(3) 임베디드 운영체제 특징

기본 기능은 태스크 스케줄링과 메모리 관리, 장치 드라이버, 네트워크 스택, 응용 제작을 위한 API 등을 포함하며, 만약, 센서 노드와 같은 시스템에 적용하려고 하면, 운영체제가 작은 커널을 가져야 한다.

여기에 임베디드 시스템에서도 그래픽 기술이 필요하다. 2D, 3D, 벡터 그래픽 등 다양한 형태의 사용자 인터페이스를 제공해야 하고, 이것 또한 경량화되어야 하고, 고속으로 처리되어야 한다. 임베디드 OS의 종류는 다양하나, 가장 많이 사용하는 OS 네 종류와 그에 따른 하드웨어 사양을 살펴보면 다음과 같다.

다음은 임베디드 운영체제가 갖추어야 할 특징이다.

- 작은 크기의 커널, 전력 관리, 빠른 시동
- 실시간 지원, 고가용성 지원, 멀티태스킹 및 멀티쓰레딩 지원
- 커널 수준, 네트워크 물리계층 수준의 보안
- 컴포넌트 방식의 구성으로 필요한 기능만으로 커널 구성
- 차세대 네트워크에 대한 지원(IPv6, QoS, Multi-Protocol)
- 다양한 주변 기기 지원

6.2 임베디드 운영체제 기술

(1) USN(Ubiquitous Sensor Network)용 초소형 운영체제 기술

유비쿼터스 센서 네트워크에서 사용되는 센서 노드의 운영체제는 사용자원의 한계로 인하여 개발에는 다음과 같은 제약 사항이 있다.

- 운영체제가 10KB 정도로 작은 커널
- 적은 건전지로 몇 년의 기간 동안 사용할 수 있는 저전력을 제공
- 효율적인 자원 관리 및 저전력을 구현하는 통신 프로토콜 제공

기능은 다음과 같다.

- 태스크 스케줄링
- 메모리 관리, 장치 드라이버, 네트워크 스택, 응용 제작을 위한 API 등을 포함
- 센서 노드에 적합하도록 설계, 구현
- 전력 관리, 다양한 하드웨어에 대한 적응 기법, 분산 협력 수행에 대한 지원 등이 추가적으로 필요한 기능

(2) 그래픽 시스템 기술

그래픽 시스템은 임베디드 시스템 상에서 그래픽 기반 사용자 인터페이스 제공을 위한 2D 및 3D 그래픽 라이브러리와 그래픽 기반 응용 프로그램 윈도우 처리를 담당하는 윈도우 시스템으로 구성된다.

임베디드 시스템상의 다양한 사용자 인터페이스 개발 및 그래픽 기반 사용자 인터페이스 개발의 편이성을 위해 아래와 같은 특징이 요구된다.

- 2D, 3D, 벡터 그래픽 등 다양한 형태의 사용자 인터페이스를 제공하기 위한 그래픽 라이브러리 제공
- 임베디드 시스템을 위한 그래픽 라이브러리의 경량화
- 응용 프로그램의 고속 실행을 위한 그래픽 고속화 기술
- 그래픽 기반 사용자 인터페이스 개발을 위한 GUI 개발도구

(3) 플래시 메모리 지원 소프트웨어 기술

다양한 플래시 메모리 기반 저장 장치를 지원하기 위한 표준화된 플래시 메모리 지원 소프트웨어 계층이 필요하다. (FTL: Flash Translation Layer과 파일 시스템 등)

플래시 메모리 지원 소프트웨어 계층 중 운영체제 수준의 기반 소프트웨어 기술은 플래시 메모리 시장 자체의 확대를 유도할 수 있는 핵심 기술로서 우선적으로 개발되어야 한다.

플래시 메모리를 위한 다양한 응용 중 비교적 비중이 큰 DBMS를 위해 플래

시 메모리에 최적화된 DBMS 등이 필요하다.

대용량 플래시 메모리를 장착한 휴대용 임베디드 시스템에서 고품질의 멀티미디어 콘텐츠를 관리하기 위한 메타 데이터의 자동 추출 기능 및 이를 관리하기 위한 플래시 메모리 기반 DBMS가 필요하다.

(4) 이기종망간 서비스 연동 지원 기술

IP 기반 무선 망 환경에서 접속 망 환경 변화 시 주변 요소값(신호세기 등)에 따라 자동적으로 적절한 망 환경으로 전환하여 주며, 망 전환시 사용자에게 끊김없는 데이터 서비스를 지원하기 위한 기술이다.

기술의 구성은 다음과 같다.

- 상위 계층에 단일 네트워크 인터페이스를 제공하는 공통 접속기술
- 망 접속 기술
- 모바일 IP 기반의 이동성 지원 기술
- 망 접속 판단 및 전환 제어 기술
- 그래픽 기반 사용자 인터페이스 개발을 위한 GUI 개발도구

(5) 멀티칩 지원 기술

다양한 임베디드 장치들을 구현함에 있어 각각의 장치에 특화되는 기능들을 별도의 칩으로 구현하는 방식이 증가하고 있으며, 특히 멀티미디어, 통신 모듈을 전담하는 칩들이 증가하고 있다. 이와 같은 특화된 칩을 제어하고 동기화시키는 운영체제 기술이 필요하다.

CPU의 성능 향상을 위하여 단일 CPU의 클럭 속도를 높이는 것은 반도체 공정의 어려움 및 소모 전력 증가 등의 이유로 힘들어지고 있으며, 임베디드 프로세서도 같은 종류의 CPU를 하나의 칩에 패키징하는 멀티 코어 형태로 진행될 것이며, 이에 따른 여러 CPU를 효율적으로 관리하며 성능을 개선시키는 운영체제 기술 필요하다.

(6) 보안 커널 기술

미래 첨단 정보 서비스 제공에 필요한 다양한 임베디드 시스템에서 일어날 수 있는 개인정보 유출 및 시스템 보안 사고 등을 미연에 방지하고 유연하게 대처할 수 있는 임베디드 시스템에 특성화된 보안 강화 기술이 필요하다.

다양한 네트워크에 연결된 임베디드 단말들을 보호하기 위한 연결제어 기술, 서비스 거부 공격 방지 기술, 기기들 간의 동기화 시에 초래할 수 있는 악성코드 전파 방지 기술 등이 필요하며, 각각의 특성화된 단말에 맞게 보안 설정을 능동적으로 조절하는 보안 설정 기술이 필요한데, 기술의 구성 요소는 다음과 같이 나누어 볼 수 있다.

◎ 기술의 구성

- DAC (Discretionary Access Control): 임의적 자원 접근 제어 기술
- MAC (Mandatory Access Control): 강제적 자원 접근 제어 기술
- RBAC (Rule Based Access Control): 룰기반 자원 접근 제어 기술
- 미들웨어 보안 기술
- 응용 보안 프레임워크 제공 기술

접근 제어 유형을 비교하면 다음과 같다.

〈표 6-2〉 접근 제어 유형 비교

항목	DAC	MAC	RBAC
기반	ID 기반 ACL (Access Control List)	보안 등급 별 SL (Security Level)	룰 기반
중앙 관리	구현 어려움	구현 용이	조직 사용자나 그룹별
개별 보안	가능	적용 어려움	개별 룰 지정
장점	유연, 단순	정보 흐름 통제 가능	조직이나 경영 전략 유연
단점	효율성 저하 트로이 목마에 취약	개별적, 객체 단위 접근 불가	

다음은 운영체제별 하드웨어 사양을 정리해 보았다.

〈표 6-3〉 임베디드 운영체제와 하드웨어 사양

OS	Processor	OS	Processor
WinCE	- Intel x86-compatible family (With MMU) - AMD : Elan SC400, SC410, SC520, 486DX-MIPS : 4KC, 5KC, 40KC core - NEC : VR 4xxx series - Toshiba : TX39xx series - Hitachi SH3 and SH4 - Motorola/IBM PowerPC - ARM, Strong ARM	pSOS	- Motorola/IBM PowerPC family - Motorola/IBM PPC6xx, 7xx, 74xx - Motorola MPC8xx, 82xx - IBM PPC403 MIPS architecture family - MIPS 16, 32 and R500 ARM RISC Machines
Embedded Linux	- Intel x86-compatible family - MIPS family - ARM, Strong ARM, X-Scale - Motorola/IBM PowerPC family - Motorola 68K series - Hitachi SH3 and SH4 - Sun SPARC	uC/OS	- Intel x86-compatible family - MCS-251, 80196, 9096 - Analogue Devices AD21xx series - ARM, StrongARM - Hitachi 64180, H8/3xx, SH series - Mitsubishi M16 and M32 - Motorola PowerPC, 68K, 68HC11 - Philips XA - Siemens 80C166 and TriCore - Texas instruments TMS320 - Zilog Z?80 and Z-180

Windows CE는 32비트 어드레스를 사용하는 프로세서를 요구한다. 유저모드와 커널모드를 지원하며 MMU[1] (Memory Management Unit) 를 사용하여 가상 메모리를 지원한다.

uC/OS는 다양한 종류의 프로세서를 지원하며 공개되어 있고 매우 작으며 8비트 프로세서를 포함한 다양한 프로세서를 지원한다. 하지만 개발자는 개발환

1) CPU가 메모리에 접근하는 것을 관리하는 컴퓨터 하드웨어 부품이다. 가상 메모리 주소를 실제 메모리 주소로 변환하며, 메모리 보호, 캐시 관리, 버스 중재 등의 역할을 담당한다.

경을 직접 만들어야 한다.

Embedded Linux는 공개되어 있어서 Windows CE보다 많은 종류의 프로세서를 지원한다.

pSOS[2]는 Windows CE와 같이 개발환경을 포팅해서 제공해야 하기 때문에 개발환경에서 지원하지 않는 프로세서는 포팅할 수 없다.

6.3 임베디드 미들웨어 기술

(1) 유비쿼터스 컴퓨팅 미들웨어 기술

분산 컴퓨팅 미들웨어

분산 객체형 컴퓨팅, 분산 협업, 사용자에게 특화된 서비스 등 다양한 서비스를 웹 서비스 환경의 임베디드 시스템에서 지원하기 위한 분산 컴퓨팅 미들웨어가 필요하다.

유비쿼터스 미들웨어

사용자의 위치에 관계없이 사용자에게 필요한 정보를 제공하기 위해서는 지능형 에이전트, 라우팅 및 그룹 통신, 능동 메시징, 센서 네트워크 통신 프로토콜을 지원하는 유비쿼터스 미들웨어도 필요하다.

이 미들웨어는 유비쿼터스 환경에서의 빈번한 사용자의 요구사항 변경과 사용자의 서비스 환경 변화를 적응시킴으로써 사용자에게 최선의 서비스를 제공할 수 있어야 하며, 상황 변화에 따른 하부 플랫폼의 동작에 서비스의 동작을 적응시킬 수 있어야 한다.

기존의 분산 미들웨어의 기능에 더하여 네트워크 운영체제와 사용자 응용 프

2) 삼성전자가 pSOS+개발 참여해 라이선스를 갖고 있어 비교적 우리나라에 잘 알려진 RTOS이다. 또 컴파일러 전문업체인 Diab Data,소스 디버거 전문업체인 SDS를 자회사로 두고 있어 컴파일러와 디버거 측면에서 상대적으로 높은 기술력을 자랑한다. 삼성전자에서 내놓은 웹스크린폰이 바로 pSOS 운영체제를 탑재하고 있으며 유명 네트워크 업체에서 전자업체까지 수많은 고객을 확보하고 있다.

로그램 사이에서 컴퓨팅 장치의 이질성, 장치의 제한된 처리 능력, 사용자의 높은 이동성 등을 해결하고 이동하는 사용자에게 정보 및 서비스를 제공할 수 있는 보다 강력한 미들웨어가 필요하다.

또한, 유비쿼터스 환경에서 애플리케이션 서비스 환경은 대부분 서비스 사용자가 실제 어떤 환경이나 경로에서 수행되는지 알 수 없다. 이러한 환경에서는 서비스가 제공되는 인프라스트럭처를 자율적으로 구성하고 스스로 보호하며 문제가 발생할 때 회복할 수 있도록 하여 환경을 최적화시킬 수 있는 자율 컴퓨팅 기능이 필요하다.

(2) 응용 서비스 지원 미들웨어 기술

운영체제 또는 가상머신(Virtual Machine) 환경에서 특정 응용 시스템 또는 서비스를 지원하는 미들웨어로 자바 가상 머신 상에서 OSGi[3] 프레임워크 및 번들, AMI-C (Automative Multimedia Interface Collaboration) 등의 미들웨어가 있다. 뿐만 아니라, 디지털 TV 및 DMB 단말에서는 방송 송수신에 적합한 자바 미들웨어나 텔레매틱스, 로봇 등 다양한 서비스 분야에서 공통으로 요구되는 실행환경 및 표준 프로그래밍 인터페이스를 제공하며, 플러그인을 통한 플랫폼의 기능도 확장 가능하다.

그 세부 미들웨어를 나눠보면 다음과 같이 나누어 볼 수 있다.

- 운영체제 또는 가상머신(Virtual Machine) 환경에서 특정 응용 시스템 또는 서비스 지원을 위해 요구되는 미들웨어
- 홈네트워크 지원을 위한 셋탑박스, 텔리매틱스 단말 등에서는 자바 가상머신 상에서 OSGi 프레임워크 및 번들, AMI-C (Automative Multimedia Interface Collaboration) 등의 미들웨어
- DTV 및 DMB(Digital Multimedia Broadcasting) 단말에서는 방송의 송신 및 수신에 적합한 ACAP, OCAP, MHP 등의 자바 미들웨어
- CDMA 단말에서는 기존의 운영체제 역할을 보완하여 응용 프로그램에 실

3) OSGi 프레임워크는 자바 기반의 서비스 플랫폼으로 독립적인 자바/가상 머신 환경에서 제공하고 있지 못한 동적인 컴포넌트 모델을 구현할 수 있다. 응용 프로그램 또는 구성 요소인 번들은 재부팅 과정 없이 원격지를 통해 설치, 시작, 정지, 업데이트 삭제가 가능하다.

행환경을 지원하는 응용 플랫폼이 사용되고 있으며 대표적인 것으로는 WIPI, BREW 등이 있다.

종합적으로 정리해 보면, 유비쿼터스 컴퓨팅 환경에서 동작하는 단말이 서비스 융합을 효과적으로 지원하기 위한 공통 기능 및 상호 연결 기능을 제공하는 미들웨어 플랫폼 기술과 텔레매틱스, DMB, 로봇 등 다양한 서비스 분야에서 공통으로 요구되는 실행환경 및 표준 프로그래밍 인터페이스를 제공하며, 플러그인을 통한 플랫폼 기능 확장을 지원하게 된다.

그 응용 서비스 개념도를 보면 다음과 같이 볼 수 있다.

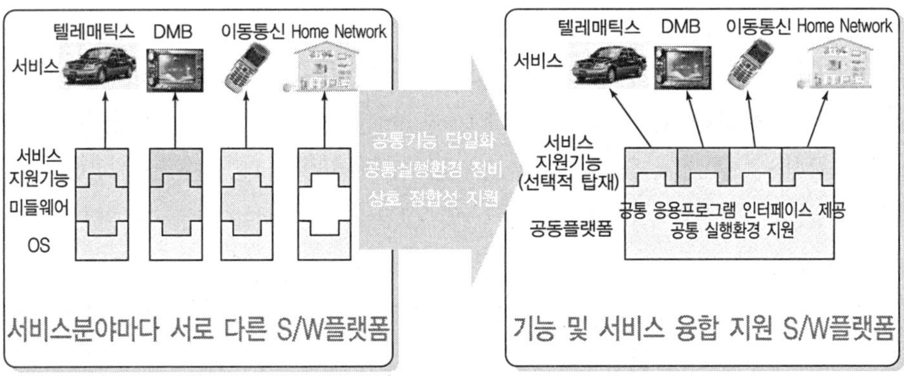

[그림 6-3] 임베디드 응용 서비스 개념도

6.4 임베디드 응용 공통 기술

(1) 멀티모달 인터페이스 기술

멀티모달 인터페이스 기술은 사람과 임베디드 시스템간의 통신을 위해 키보드, 마우스뿐만 아니라 음성인식, 음성합성, 영상인식, 생체인식, 펜인식, 제스춰 등 인간 친화적인 방식을 이용하여 인터페이스를 하는 기술이다.

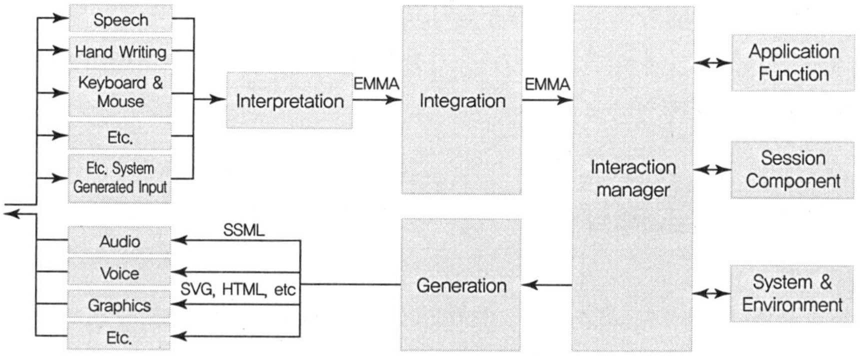

[그림 6-4] 멀티모달 인터페이스 프레임워크
(출처: 멀티모달 상황인지 인터페이스의 최신 기술동향)

월드 와이드 웹 컨소시엄(W3C)의 멀티모달 인터랙션 워킹 그룹에서 멀티모달 인터랙션 프레임워크(multimodal interaction framework), EMMA(Extensible Multimodal Annotation) 및 잉크 마크업 언어(Ink Markup Language) 등의 표준화를 진행하고 있다.

오감형 인지 인터페이스 기술을 정리하면 다음과 같다.

〈표 6-4〉 인지 인터페이스 기술

인터페이스	기본 기능
음성 / 청각	자연스러운 발성에 대한 음성 인식 기술과 풍부한 감정 표현이 가능한 음성 합성 기술
영상 / 시각	홍체 인식을 통한 개인 인증뿐만 아니라 동작 인식, 안구 추적 기능을 이용한 인터페이스
제스처 / 모션	제스처의 의미를 인지하며 이에 대한 감정을 해석
촉각	터치 방식의 입력 및 감촉을 느끼는 신경 자극에 의한 인터페이스 구현
후각	발향 기술 구현 및 디스플레이 방식에 대한 연구를 통해 실감형 인터페이스를 구현
미각	미각 처리 기술을 이용하여 감별처리 및 디스플레이 기술 연구로 실감 인터페이스를 구현
오감 융합	여러 가지 오감 인식 및 자극을 통하여 실감형 인터페이스 구현
생체 신호	생체 신호를 뇌파를 이용한 인터페이스 구현

임베디드 시스템이 소형화, 지능화되고 사용자가 보다 편리하고 쉽게 사용할 수 있는 입력 방법에 대한 요구가 증가함에 따라 멀티모달 인터페이스에 대한 중요도도 증가하고 있다.

(2) 임베디드 브라우저 기술

대부분의 임베디드 시스템이 인터넷 접속 기능을 가짐에 따라 임베디드 웹 브라우저는 필수적인 응용 소프트웨어가 되었으며, Markup Language 처리 기술, 플러그인/컴포넌트 처리기술, 보안/암호화 기술에 대한 수요가 있다.

시각 인터페이스 이외에 청각, 촉각 등 다양한 휴먼 인터페이스가 추가되는 단계이다.

Voice XML[4]은 음성 통신 네트워크와 인터넷이 통합된 환경 하에서 음성지원 어플리케이션을 생성하기 위한 XML 기반의 마크업 언어로, 이 기술을 사용함으로써 모바일 단말과 같은 임베디드 시스템을 통하여 이동 중의 사용자에게 상세한 부분을 읽어주는 웹 브라우징 서비스가 가능해지고 있다.

(3) 사무용 소프트웨어 기술

광의의 사무용 소프트웨어는 PIMS까지를 포함한 개념으로, PIMS에는 일정관리, 연락처, 작업, 메모 등의 개인 정보 관리 서비스를 일컫는다. 광의의 PIMS를 지원하기 위해선 겉으로 드러나는 응용 프로그램뿐만 아니라, 개인 정보를 저장하는데 필요한 데이터베이스 시스템도 필요하다.

모바일 단말에서 의미하는 협의의 사무용 소프트웨어는 Mobile Word, Mobile Data Sheet, Mobile Presentation으로 이동 중에 간단한 사무 작업을 할 수 있는 응용 소프트웨어 군을 의미한다. 초기 모바일 단말에서는 수요가 크지 않고, 단말기의 하드웨어 사양이 부족하여 비중이 크지 않았으나, 최근 수요가 늘고 단말기의 하드웨어 사양이 뒷받침됨에 따라 비중이 커지고 있다.

4) XML(Extensible Markup Language)은 W3C에서 특수 목적의 마크업 언어를 위한 다목적 마크업 언어이다. XML은 SGML의 단순화된 부분집합이지만, 수많은 종류의 데이터를 기술하는 데 적용할 수 있다. XML은 주로 다른 시스템, 특히 인터넷에 연결된 시스템끼리 데이터를 쉽게 주고 받을 수 있게 하여 HTML의 한계를 극복할 목적으로 만들어졌다.

(4) 멀티미디어 스트리밍 기술

하드웨어 기술과 비디오 압축 기술의 발달로 PC에서 동작하던 멀티미디어 서비스를 임베디드 시스템에서 구현하기 위한 오디오/비디오 코덱 최적화 기술, 효율적인 렌더링 기술, 플러그인 기술 등이 개발되고 있다.

MPEG-2에 비하여 압축률과 화질에서 월등한 MPEG-4 AVC는 향후 위성 디지털 방송, 지상파 디지털 방송, 인터넷 멀티미디어 방송뿐만 아니라 각종 디지털 AV기기에 광범위한 표준형 멀티미디어 코덱으로 사용될 것으로 예상된다.

플래시는 기능 대비 하드웨어 요구사항이 적어 임베디드 단말에서의 채택이 늘고 있으며, 플래시를 내장한 다양한 형태의 저작 컨텐츠가 개발되는 단계이다.

단말 및 네트워크 가변성을 지원하기 위한 스케일러블 코덱 기술이 개발되어 향후 모바일 단말에서의 스트리밍 환경에서 널리 사용될 것으로 예상된다.

(5) 상황인지 지원 기술

사람, 장소, 시간, 사물 등으로부터 실시간에 수집된 정보를 이용하여 entity의 상황을 인식하고, 상호작용 (interaction)을 통해 언제 어디서나 상황에 맞는 최적화된 반응을 사물이 스스로 수행하고 학습하며, 변화되는 상황에 맞게 재반응하는 기술이다.

사용자의 위치에 관계없이 사용자에게 필요한 정보를 제공하기 위해서 지능형 에이전트, 라우팅 및 그룹 통신, 능동 메시징, 센서 네트워크 통신 프로토콜을 지원하는 유비쿼터스 미들웨어를 포함하고 있으며 유비쿼터스 환경에서의 빈번한 사용자의 요구사항 변경과 사용자의 서비스 환경 변화를 적응시킴으로써 사용자에게 최선의 서비스를 제공할 수 있어야 하며, 상황 변화에 따른 하부 플랫폼의 동작에 서비스의 동작을 적응시킬 수 있어야 한다.

상황 인지 기술의 정의

상황인지 기술은 1993년에 Schilit와 Theimer에 의해 최초로 논의된 바 있다. 상황인지 기술을 정의하면, 사용자, 사용자와 가까이 위치한 물체, 그리고 사용자의 위치 정보를 통해 시간에 따라 객체들의 변화를 수용하는 기술로 정의할 수 있다. 상황은 영어로 Context라 말하며 상황인지는 Contextaware 라고 한다. 여기서, 상황을 다시 세분해 보면, 사용자 상황, 신원 상황, 신체 상황, 환경적 상황, 공간 상황, 시간 상황, 활동 상황, 습관 상황, 시스템 상황, 자원 상황, 이력 상황, 장애 상황 등등 여러가지로 구분해 볼 수 있다.

상황을 해석하는 과정은 다음과 같다.

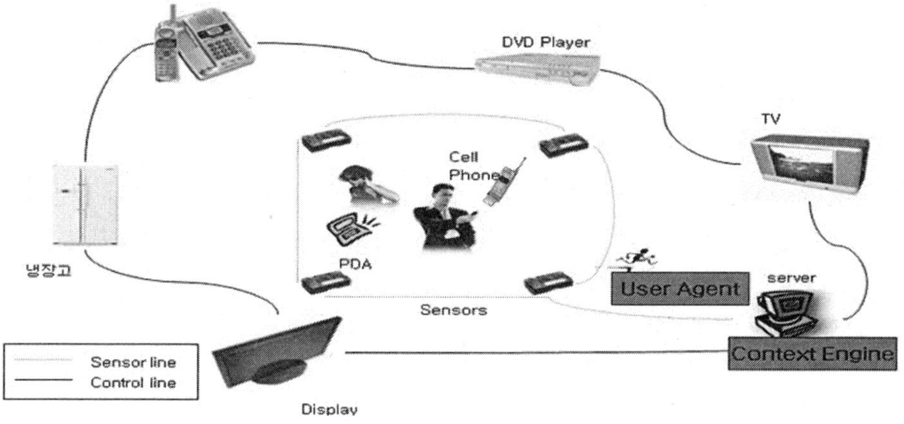

[그림 6-5] 상황 해석 과정

사용자와 사용자와 가까이 위치한 단말기에서 변화가 있을 때, User Agent[5]는 그것을 서버에 알리고, 서버가 현재 상황에 맞게 주위 환경을 제어하여 변화시키는 과정이라고 볼 수 있다.

유비쿼터스에서의 핵심 기술이라고도 말할 수 있는 것이 상황인식, 인지 기술은 이렇게 사용자의 위치, 또는 사용자와 가까이 있는 사물의 위치인 것이다. 텔레매틱스 환경이라면, 자동차의 변화가 가장 민감한 요인이 될 수 있다.

유비쿼터스 환경의 기술은 대부분이 위치 측위 기술이 기반이 된다. 텔레매틱스 기술은 자동차의 위치를 연구한 기술이라고 하면, 이동통신 기술은 사용자

5) 장면에 따라서 의도를 이해하고 자립적인 판단에 의해 처리하는 로봇이다. 목적하는 웹 페이지를 찾아내면 특정 목적을 실행하는 프로그램인 에이전트는 인간 · 컴퓨터 간 인터페이스 역할을 하게 된다. 인터넷에서도 다양한 서비스를 효과적으로 이용하기 위한 기술로 제안되었다. 네트워크상의 서비스를 분산 배치된 에이전트로 더욱 고도화된 서비스를 제공하는 것이 이 기술의 목적이다. 인터넷상의 정보를 자동적으로 수집해서 데이터베이스화 하는 탐색 로봇도 에이전트의 일종이다.

가 가지고 다니는 단말기, 즉 사용자와 가장 가까이 존재하는 물체를 사용하여 사용자의 위치를 연구하는 기술이다.

상황 인지 시스템

상황인식 시스템 구조는 다음과 같이 설계할 수 있다.

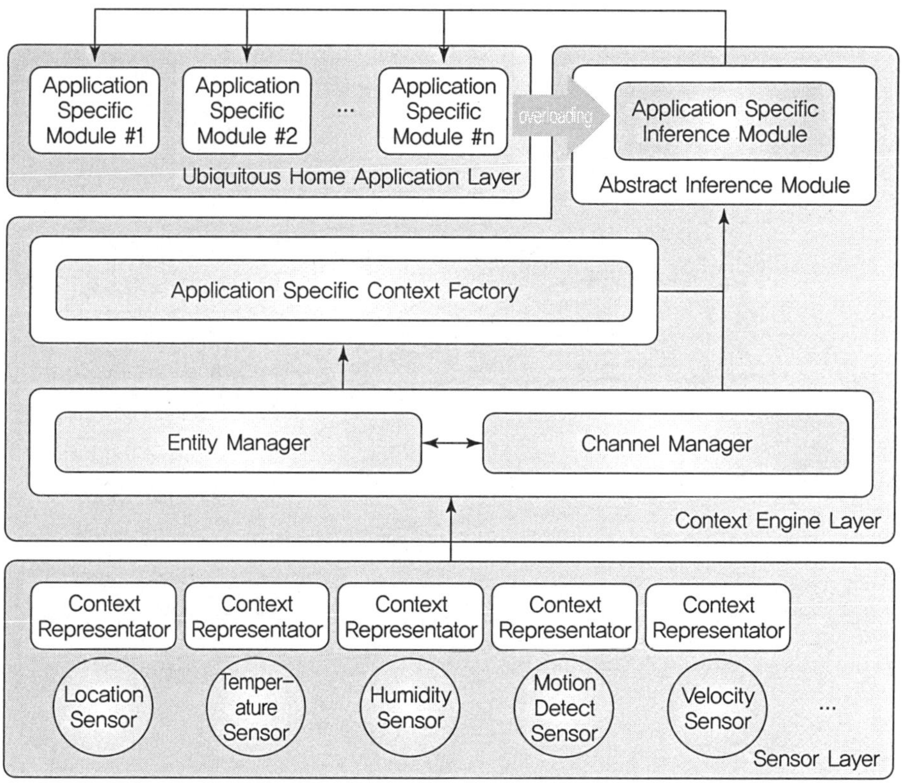

[그림 6-6] 상황인식 시스템 구조

상황인식 시스템은 센서 계층, 상황 엔진 계층, 응용 계층, 인터페이스 모듈로 구분될 수 있으며, 센서 계층에서는 센싱 기술이, 상황 엔진 계층에서는 상황 추론, 상황 예측 기술이, 응용 계층에서는 지능형 서비스 기술이 요구된다.

예를 들면, 사용자가 아침 9시로 모닝콜을 정해 놓았을 경우에도 오전 시간의 스케줄 정보 및 날씨, 교통 정보 등을 활용해 모닝콜이 울리는 시간을 단말기가 자동으로 변경해 줄 수가 있다. 위의 시스템에서는 위치 센서, 온도 센서, 습도 센서, 모션 감지 센서 등을 이용하여 입력 정보로 사용하고, 이 입력 정보를 통해 컨텍스트 엔진 부분에서 상황 추론과 예측을 통해 최적의 솔루션을 찾아 준다. 그런 다음 어플리케이션 레이어에서는 사용자에게 최상의 서비스를 제공하도록 한다. 이 기술로 미래의 사용자 인터페이스 (UI)는 지능을 가져야 하고, 이를 구현하기 위해 반드시 상황 인지 기술은 필요하다.

이 상황 인식 기술을 더욱 세분화하여 기술 트리 구조로 보면, 다음과 같다.

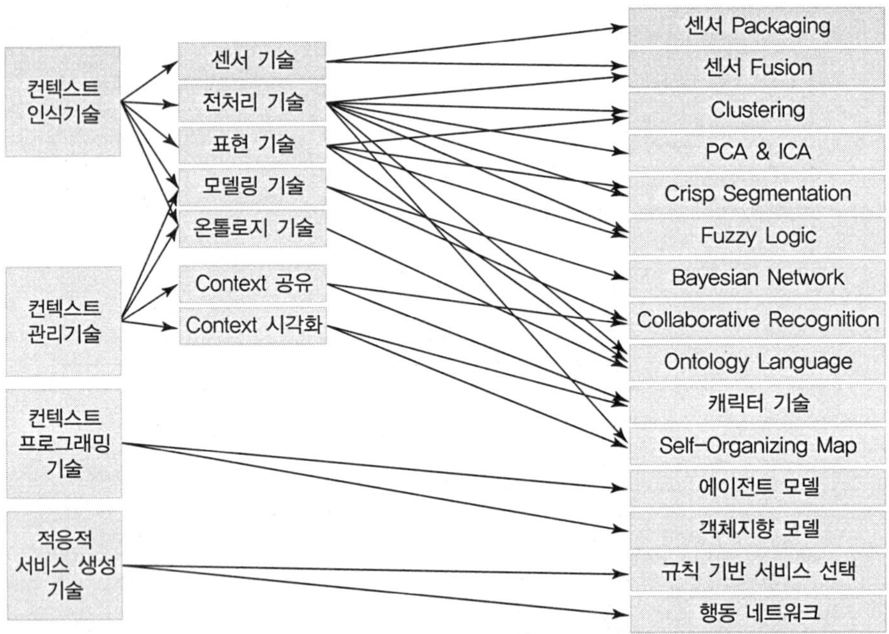

[그림 6-7] 상황인식 기술 트리

컨텍스트 인식 기술로는 센서 기술, 전처리 기술, 표현 기술, 모델링 기술, 온톨로지 기술[6]로 나뉘는데, 인식 기술에서 가장 중요한 것은 어떻게 상황을 잘 감지하느냐이다. 그리고, 이것을 어떻게 잘 표현하느냐가 관건이다. 그런 다음

6) 공유 개념(shared conceptualization)에 대한 정형화되고 명시적인 명세(formal and explicit specification)이다. 온톨로지는 단어와 관계들로 구성된 일종의 사전으로 생각할 수 있으며, 그 속에는 특정 도메인에 관련된 단어들이 계층적으로 표현되어 있고, 추가적으로 이를 확장할 수 있는 추론 규칙이 포함되어 있어, 웹 기반의 지식 처리나 응용 프로그램 사이의 지식 공유, 재사용 등이 가능토록 되어 있다. 온톨로지는 시맨틱 웹 응용의 가장 중심적 개념으로서, 이를 표현하기 위해 스키마와 구문 구조 등을 정의한 언어가 온톨로지 언어(ontology language)이며, 현재 DSML+OIL, OWL, Ontolingun 등이 있다.

여러 입력 정보를 적절한 정보로 모델링하는 것이고, 이 모델링한 데이터들을 온톨로지 기술을 이용하여 데이터베이스로 구축하여, 나중에 같은 입력 정보가 들어오는 경우, 추론과 예측하여 최상의 서비스를 제공하는 것이 가능하게 되는 것이다.

그리고, 모델링된 데이터를 어떻게 관리하고, 이것을 어떻게 프로그래밍해서 서비스를 생성하느냐로 나눌 수 있다. 관리 기술에는 컨텍스트 공유 기술과 시각화 기술로 구분되며, 서비스 생성 기술에는 지능형 에이전트를 이용하여 행동 네트워크를 생성하는 것이다.

(6) 원격통제 지원 기술

원격통제 지원 기술은 보다 효율적이고 신뢰성 있는 임베디드 시스템을 위한 핵심 구성요소인 고장진단 및 복구 기술, 원격통제 서버연동 기술, 상호통신을 위한 개방형 통신 기술 및 원격 감시제어 기술의 개발이 필요하다.

가장 대표적인 임베디드 시스템을 로봇으로 본다면, 로봇도 독립형 로봇과 네트워크 로봇으로 나뉘게 되는데, 네트워크 로봇은 반드시 원격 통제 지원 기술이 접목되어야 한다.

독립형 로봇과 네트워크 로봇의 정의를 살펴보면 다음과 같다.

독립형 로봇은 네트워크에 연결되어 있지 않고, 로봇 자체적으로 센싱하고 처리한 후 행동하는 로봇이다.

구성도를 보면, 다음 그림과 같다.

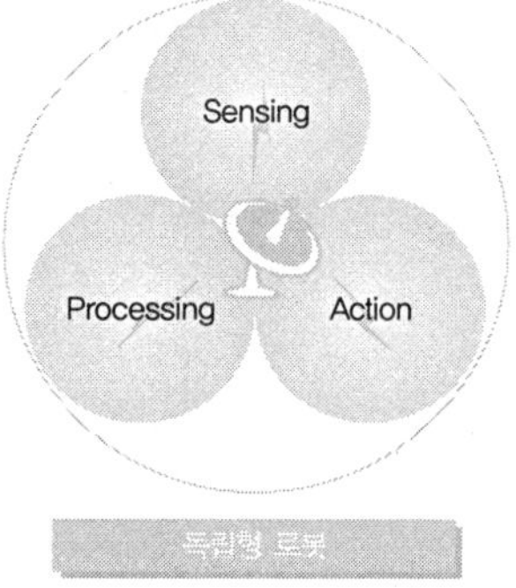

[그림 6-8] 독립형 로봇

네트워크 로봇은 유비쿼터스 센서 네트워크를 이용해서 센싱된 데이터를 수집을 한다. 처리도 직접하지 않고, 고성능 분산 서버를 이용해서 처리한 후 그 지시사항을 로봇에 지시를 하면, 그 지시에 따를 뿐이다. 당연히 네트워크에 유무선으로 연동되어 사용자를 돕게 된다.

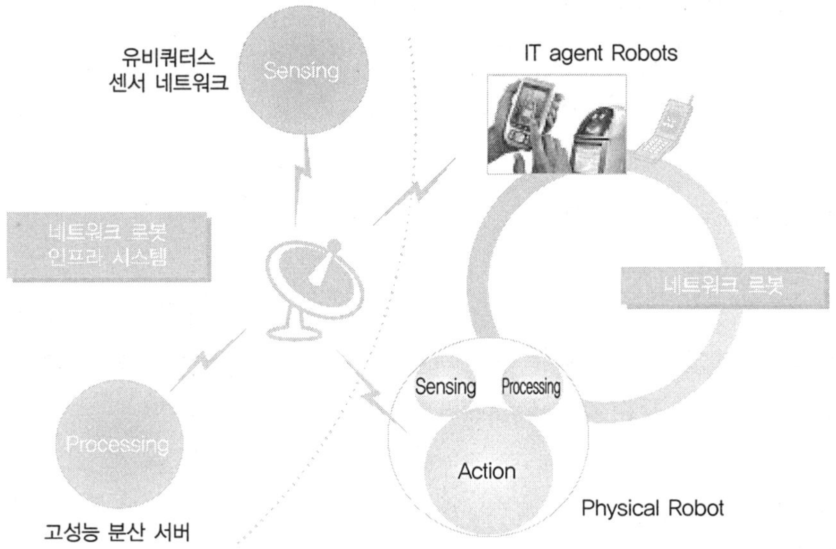

[그림 6-9] 네트워크 로봇

기술의 구성은 다음과 같다.
- 이중화 지원 고장 진단 및 복구 기술 개발
- QoS 보장 개방형 통신 미들웨어 개발
- 실시간 원격통제 서버 연동 기술 개발
- 실시간 원격 감시제어 기술 개발

▶ **임베디드 기술 엔지니어가 갖추어야할 필수적인 능력**

먼저, 임베디드 시스템이 처리해야 할 데이터가 더 많아져서 발생하는 문제와 좀 더 프로그램을 빨리 수행하기 위해서 발생하는 문제는 근본적으로 같다. 따라서, 담당 엔지니어는 이런 문제에 대해서 현명하게 프로그램을 작성하는 방법으로 문제를 해결할 수 있어야 한다. 좀 더 나은 검색과 정렬, 효율적인 산수 연산, 더 빠르게 처리될 수 있는 자료 구조 등을 이용할 수 있다. 또한, 시스템 응답성에 대한 문제도 제기될 수 있는데, 이는 '속도'라는 단어와 종종 혼동하여 사용한다. 하지만, 임베디드 시스템 설계자는 작업 처리 속도와 응답 속도를 다른 관점에서 다룰 줄 알아야 한다. 또한, 사용 가능성과 신뢰도가 높은 시스템을 만들려면, 임베디드 시스템의 소프트웨어를 디버깅하는 테크닉인 오류 수정 능력도 있어야 한다. 마지막으로 임베디드 시스템은 어느 시스템에 내장이 되는 시스템으로서 제한된 메모리를 가질 수 밖에 없다. 따라서, 소프트웨어를 사용할 수 있는 메모리 크기에 맞춰서 프로그램을 작성할 수 있는 능력은 모든 임베디드 시스템 소프트웨어 엔지니어에게 필수적으로 요구되는 능력이라 생각한다.

연 / 습 / 문 / 제

1. 독립된 단일 시스템으로 사용되는 마이크로프로세서 시스템을 요구사항 단계부터 양산 단계까지 중요한 단계를 구분하여 순서대로 설명하시오.

CHAPTER 7

- 오픈 소스인 리눅스 운영체제를 살펴보고, 임베디드 리눅스를 알아 보도록 하자. 또한 오픈 소스의 정의와 필요한 라이선스에 대해서도 알아 보도록 하자.

리눅스

7.1 리눅스의 소개

(1) 리눅스의 역사

리눅스는 핀란드의 헬싱키대학교 대학원생이었던 리누즈 토발즈(Linus Tovalds)[1]가 개발하였다. 초기 리눅스 환경은 386 CPU와 AT 하드디스크만 지원할 정도의 커널로 1991년에 커널 버전 0.01로 발표되었다. 이때까지만 하여도 CPU와 하드디스크 정도의 지원만 가능한 커널구조였으나, 1999년 2.2 버전을 발표로 엔터프라이즈 환경[2]에 진입할 수 있는 초석을 마련하게 되었다. 하지만 2001년 새로운 커널버전이 나오면서 대중화되었다. 최근에는 2.4버전이 주로 사용되고 있으며, 2.6 버전도 발표되었다.

리눅스는 크게 일반 리눅스와 임베디드 리눅스로 나누어지며, 일반 리눅스의 경우 일반 데스크탑 환경인 고성능 프로세서와 대용량 메모리 환경에서 동작하는 범용 컴퓨터용 리눅스를 말한다. 그에 반해 임베디드 리눅스는 저성능의 마

1) 리누스 토발즈(Linus Benedict Torvalds)
   프로그래머
   출생 1969년 12월 28일
   학력 헬싱키대학교
   1991년 리눅스(Linux) 개발
2) 기업/사업 등의 뜻을 가진 영어 단어로 기업 업무 환경을 뜻한다.

이크로프로세서와 제한된 메모리 환경에서 동작하는 임베디드 시스템용 리눅스를 의미한다. 두 내용을 비교하면 다음 표와 같다.

〈표 7-1〉 일반 리눅스와 임베디드 리눅스 비교

	일반 리눅스	임베디드 리눅스
프로세서	고성능	저성능
메모리	대용량	저용량
환경	범용 컴퓨터용	임베디드 시스템용

리눅스는 기본적으로 소스 코드를 공개하고 있는 특징을 가지고 있다. 이 소스코드 공개는 GNU의 GPL(GNU' s public License)[3]에 따라 공개한 것이며, GNU 프로젝트는 80년대 초반 리차드 스톨만 (Richard Stallman)에 의하여 시작되었다. 이는 허용적인 자유 소프트웨어 허가로서, BSD (Berkeley Software Distribution)[4] 사용허가가 대표적인 예이다.

1. 정부에서 발표한 오픈소스 가이드 라인

가. 오픈소스의 법적인 보호 특허권과 지적재산권

특허권 – 독점 배타적 실시권, 출원, 심사과정을 통해 인정
알고리즘이나 기능의 동일성만을 판단기준으로 함

저작권 – 공표권, 성명표시권, 복제권, 개작권 등. 창작과 동시 발생. 별도의 등록, 심사 필요없고 저작물에 대한 권리만 인정, 아이디어 도용 시 막을 수 없음

나. 오픈소스의 이용시 공통적인 준수사항

3) GNU GPL 또는 GPL(General Public Licens)로 부르며 이는 자유 소프트웨어 재단에서 만든 자유 소프트웨어 라이선스이다. 대표적으로 리눅스 커널을 이용하는 사용 허가이다. GPL은 가장 널리 알려진 강한 카피레프트 사용 허가이며, 이 허가를 가진 프로그램을 사용하여 새로운 프로그램을 만들게 되면 파생된 프로그램 역시 같은 카피레프트를 가져야 한다. 이러한 철학에서 GPL은 컴퓨터 프로그램을 이용하는 사람에게 자유 소프트웨어의 권한을 누리며 카피레프트를 사용하므로써 그러한 자유가 보전되고, 심지어는 그러한 작업이 변형되거나 추가될 때도 자유가 보전된다.
L GPL(GNU Lesser General Public License)은 이를 변형한 형태로서, 소프트웨어 라이브러리까지 그 영역을 확대시킨 것이다.또 GNU FDL(GNU Fee Documentation Licens)은 GNU 소프트웨어에 대한 문서의 사용 허가를 시작하여 위키백과 프로젝트와 같이 다른 문서형도 널리 퍼지게 되었다.

4) 1970년대 미국 캘리포니아 대학교 버클리(UC Berkeley)에서 개발한 유닉스 계열의 컴퓨터 운영체제이다.

준수사항	설명
저작권 관련 문구 유지	소스코드 상단에 기록된 개발자 및 연락처를 임의로 수정 삭제 금지
제품명 중복 방지	오픈소스와 동일한 이름의 제품/서비스명 사용 금지 (예:리눅스)
라이센스 양립성	MPL의 A코드와 GPL의 B코드를 결합하여 A+B 라이센스 조건 확인 - MPL인 경우 A부분을 MPL로 배포 요구 반면 GPL인 경우 A+B를 모두 GPL로 배포 요구
사용여부 명시	명시적으로 표기하는 것을 의무사항으로 채택함
소스코드 공개	수정하거나 추가한 부분이 있을 때 반드시 공개 각 라이센스마다 공개 범위는 차이가 있음
특허 대처	최근 소송이 급증하면서 가장 큰 쟁점 중 하나로 부각됨 복잡한 권리 해석 필요

다. 주요 오픈소스 라이센스 종류 및 이용시 준수사항

종류	이용시 준수사항
GPL 2.0	영업비밀이 녹아있는 소스코드의 공개 요구(수정,링크 도 포함) 자신의 특허를 GPL로 배포할 경우 로열티를 받을 수 없게 함 제3자의 특허에도 특허권자가 Royalty-Free제공해야 배포 가능
LGPL 2.1	Library 형태의 배포로 GPL을 완화시켜 장려하기 위해 도입 링크시 해당 소스 공개 필요없고 링크가 가능하게 Object Code 제공 단 Library 수정시 Library의 소스코드 공개
BSD	소스코드 공개의무 없음 배포시 다른 라이센스를 적용하여 판매 가능 (상용프로그램에 무제한 가능)
MPL (Mozilla Public)	다른 라이센스와 결합하여 개발 시 다른 코드 공개 필요 없음 실행파일에 대한 라이센스는 다른 것으로 채택 가능

라. 오픈소스의 주요 쟁점 사항

소스코드 공개 여부 - GPL, LGPL, MPL 등은 공개 요구, BSD, Apache 등은 비공개 가능

특허권 - 라이센서가 특허인 경우 (개발자가 특허권을 가지고 있는 경우)
무상으로 제공, 특허권은 여전히 개발자에 귀속 (특허료 청구 가능)
- 라이센시 특허(프로그램 이용자가 특허권을 가지고 있는 경우)
그냥 사용하면 문제 없지만 특허권 소송 시 일정한 보복이 가해짐
- 제3자 특허인 경우(타 회사의 특허를 오픈소스에 사용한 경우)
무상배포를 원칙으로 함
GPL v3에서는 차별 금지조항 삽입 (MS-노벨 경우의 소송 막기 위함)

마. 단계별 활용전략

기획단계 – 활용여부 판단, 소스코드 공개여부 판단

구현단계 – 라이센스, 법률전문가 의뢰

검증단계 – 오픈소스 사용여부 검증

제품화단계 – 사용여부, 소스코드 공개, 특허, 제품명 등 확인
사용 시 매뉴얼 기재, 정확한 전달 필요

2. GPL v3 의 출현

가. GPL v3의 출현 배경 – Tivoization과 DRM

미국의 Tivo사의 DVR (Digital Video Recorder) 제품에 GPL v2의 라이센스 SW를 적용함

GPL 규정에 의해 소스코드 제공하였으나 일부 이용자가 소스코드를 수정하여 다시 Tivo 제품에 포팅하였으나 정상작동 안함 – Tivo가 수정하여 사용하는 것을 허용하지 않았음

→ GPL v3에서는 GPL 이용시 설치 정보를 포함시키도록 명시하고

→ DRM과 관련된 각국의 법률에 의해 보호되는 이익을 포기하도록 함

나. 특허 침해 소송 사례

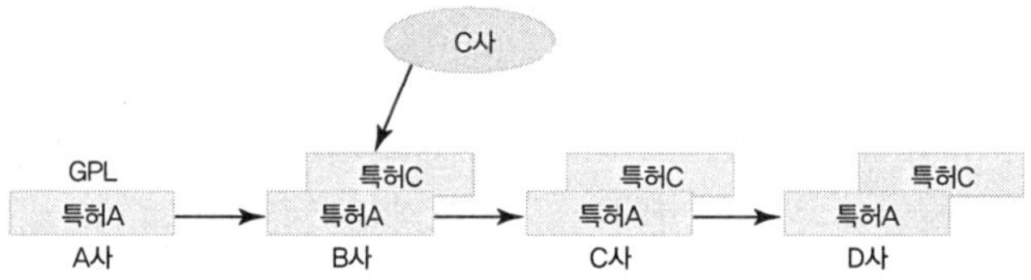

- B사가 C사의 허락없이 특허를 이용해 GPL 소스를 만들어 C, D사에 전달할 경우

  C사는 B사에게 특허 침해 소송을 제기할 수 있음

  GPL v2 에서는 D사에게도 소송을 제기할 수 있었으나 GPL v3에서는 D사에게는 소송을 못함

  즉, 모든 하위 사용자로부터의 특허료 징수를 원천 봉쇄함

다. GPL v2 vs GPL v3

구분	GPL v2	GPL v3
영역	S/W 영역 국한	H/W 영역 포함
특허 영향	보장됨	무력화 가능
조항 특징	애매모호	명시적
수익모델	상용화 가능	지속적인 연구 필요

3. 최근 동향

- 국외 동향– 공개 S/W는 점차 상용 S/W를 대체하고 있음
  Gartner 2006 – 5년 동안 상용 S/W 총 매출의 22% 이상 대체, 09년까지 중견시장의 80% 이상 차지 전망

- 기업 동향- 세컨드 라이프의 린든 랩이 자사 뷰어를 오픈소스화 하겠다고 발표
  Web 2.0의 공유, 참여 바람을 타고 개발의 시간, 비용을 절감하려는 오픈소스 기업이 늘어나고 있음
- 국내 동향 - GPL v3의 발표로 라이센스에 대한 적극적인 대처가 필요하나 아직 미미한 실정임
  공개S/W 라이센스 자동식별 솔루션사인 Blackduck S/W사가 국내 영업 시작함
  앞으로 국내에서도 공개S/W를 이용한 수익모델 등장 예상됨

참고자료 : 오픈소스 가이드라인(정통부) , 경영과 컴퓨터 (2007/08월호)

(2) 리눅스의 특징

오픈소스 운영체제

리눅스는 돈을 주고 구입하지 않더라도 누구나 제약없이 자유롭게 사용할 수 있는 운영체제이다. 즉, 리눅스는 커널이 공개 소프트웨어로 제공되므로 커널 외에 유용한 유틸리티 등을 포함하여 GNU GPL을 준수하는 한 상용으로 배포할 수 있다. 비 상업적이거나 상업적인 소프트웨어를 통합한 리눅스 패키지를 배포판이라고 하며, 리눅스 커널 외에도 개발환경, X 윈도우 시스템 등을 포함한다. 그러므로 누구나 소스를 변형, 개발, 재배포할 수 있는 특징을 가지게 된다.

다중 사용자 환경

리눅스가 마이크로소프트의 운영체제와 커다란 차이가 있다면 한 대의 컴퓨터 시스템에서 여러 사용자들이 사용할 수 있는 다중 사용자 환경 시스템이라는 것이며, 사용자마다 계정을 부여해서 자신에게 부여된 영역에서 시스템을 여러 사용자들이 동시에 사용할 수 있는 특징을 가지고 있다.

X-윈도우 시스템

콘솔(Console)과 X-window환경을 제공하며 GUI방식의 X-window환경은 윈도우 환경과 유사한 인터페이스를 제공한다. 오픈 데스크 탑 환경으로 KDE[5]와 GNOME을 모두 지원한다.

5) 자유 소프트웨어 데스크톱 환경으로, Trolltech의 Qt 툴킷을 기반으로 하였다. 대부분의 유닉스 계열, 리눅스, BSD, AIX 등의 운영 체제에서 작동한다. 'K'는 원래 "Kool"의 앞글자에서 유래했지만, 나중에

멀티 태스킹 및 가상 터미널 환경 제공

여러 가상 작업공간을 사용자에게 제공함으로써 한 대의 컴퓨터에서 여러 개의 화면을 통하여 여러 작업을 동시에 할 수 있도록 하며, 윈도우와 같이 여러 창을 띄우고 작업을 할 수 있다. 또한 고정된 화면이 아닌 여러 화면에서 다중 작업을 할 수 있다는 특징을 가지고 있다.

CPU의 구애가 없는 운영체제

X86기반의 모든 CPU를 지원하고 있기 때문에 Intel을 비롯한 AMD, 사이릭스 등의 Intel 호환 CPU에서도 동작이 가능하며, 다른 운영 체제에 비해 적은 시스템 사양에서도 작동할 수 있다.

우수하고 강력한 네트워크 운영 체제

다른 운영체제에 비해 적은 비용으로 네트워크 서버를 쉽게 구축이 가능하다는 특징을 가지고 있다.

드라이버 특성을 타지 않는 하드웨어 지원

하드웨어에 제공한 드라이버가 아니더라도 하드웨어에서 사용한 칩만 동일하다면 하나의 드라이버로 모든 제조업체의 하드웨어를 사용할 수 있다.

모듈화된 디바이스 드라이버

새롭게 추가된 하드웨어를 위한 디바이스 드라이버를 모듈 프로그래밍에 의해 리눅스 커널과 분리된 외부 모듈 형태로 제작가능하며, 필요 시 커널에 적재하거나 삭제할 수 있다. 또한 새로운 하드웨어 추가에 따른 드라이버 코드는 기존의 리눅스 커널을 변경하지 않고 단지 외부 모듈을 리눅스 커널에 삽입 또는 제거함으로써 해당 기능을 추가하거나 제거할 수 있다.

다양한 파일 시스템 지원

기본 파일 시스템인 ext2/3 파일 시스템을 비롯하여 마이크로 소프트 윈도우에서 사용되는 FAT, NTFS 및 CDROM 파일 시스템인 ISO9660, Joilet과 같

알파벳 'L'(리눅스의 'L') 앞에 있는 'K'를 의미하는 것으로 바뀌었다. 프로젝트의 마스코트는 콘키라고 하는 녹색용으로, KDE 정보 화면 및 로그아웃 화면에서 이를 만날 수 있다.

이 다양한 파일 시스템을 제공한다.

◎ 페이징에 의한 메모리 관리

메모리를 페이징 단위로 관리하며, 페이징 단위로 메모리를 할당하고 해제하며 가상 주소 방식을 사용함으로써 한정된 메모리를 효율적으로 관리한다.

◎ 공유 라이브러리 지원

여러 프로그램이 공통적으로 사용하는 라이브러리를 프로그램마다 따로 가지지 않고 이를 한 곳에서 공유하여 사용이 가능하도록 공유 라이브러리를 제공한다.

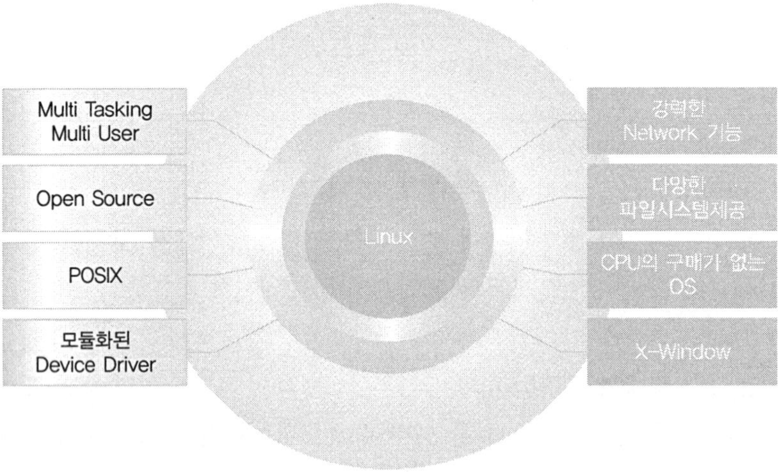

[그림 7-1] 리눅스에서 지원하는 공유 라이브러리

▶ **Linux 커널의 특징**

리눅스 커널은 선점형 멀티태스킹 운영체제이다. 또한 소스 코드 및 이진 코드의 호환이 가능하여 UNIX나 POSIX와 호환성이 뛰어나다. 또한 보호모드 지원, EXT2, EXT3, ReiserFS, XFS 등의 다양한 파일 시스템을 지원해주며, BSD 소켓, System V IPC 등의 네트워킹 지원 다양한 플랫폼 지원까지 가능하다. 리눅스 커널의 특징 중 빼놓을 수 없는 부분은 모노리딕(Monolithic) 커널이라는 점이다. 모노리딕 커널은 구조적 단점을 보완하기 위한 모듈 방식을 채용하는 커널이며 커널의 확장성을 증가시켜준다. 뿐만 아니라 소스 모두 공개되어 있고 무료라는 점에서 상당한 장점을 갖는다.

(3) 임베디드 리눅스의 단점

임베디드 리눅스의 위와 같은 장점과는 달리 몇 가지 단점을 가지고 있다. 기존의 RTOS보다 많은 메모리를 요구하며 범용 OS로 설계되어 Real-Time을 지원하지 못한다. 또한 오픈 소스라는 장점에도 불구하고 제품화에 대한 소프트웨어의 신뢰성의 문제 및 집중화된 개발환경 그리고 체계적인 제품 지원 등에서 다른 운영체제에 비하여 개발자의 노력을 많이 필요로 하는 단점도 있다. 또한 GUI 환경을 개발하기 어려우며 제품화하기 위한 솔루션 구성이 어렵다. 많은 업체들과 개발자들이 독자적으로 개발하고 있어 표준화가 어렵기도 하다.

(4) 임베디드 리눅스 이용 현황

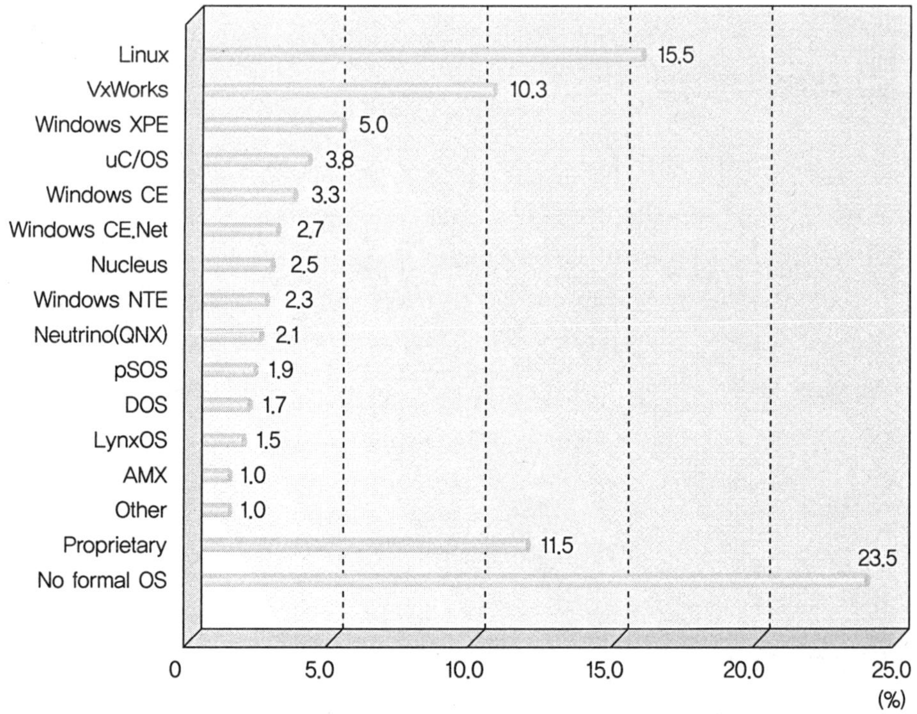

[그림 7-2] 현재 수행 프로젝트에서 사용하는 임베디드 OS
(출처: 임베디드소프트웨어 현황 및 전망, 한국전자통신연구원 임베디드S/W연구단 김흥남)

임베디드 리눅스는 최근 컨버전스 시대에 따라 임베디드 운영체제의 중요성이 대두되면서 복잡한 태스크들을 안정적으로 수행하기 위해서 강세를 보이고 있다. 임베디드 리눅스 관련 공개소스 커뮤니티는 정보가전 관련 CELF (Consumer Electronics Linux Forum), 모바일 관련 LiPS(Linux Phone Standards), OSDL, MLI(Mobile Linux Initiative) 등이 있으며 ETRI, 삼성전자, LG전자 등의 회원사로 참여하여 활동하고 있다. [그림 7-2]에서 보는 바와 같이 현재 수행중인 프로젝트 중 가장 많이 쓰이는 운영체제가 리눅스로 보고되는 것으로 보아도 점차 그 비중이 증가되고 있음을 알 수 있다.

7.2 리눅스 전체 디렉토리 구조

(1) 리눅스 디렉토리 구조

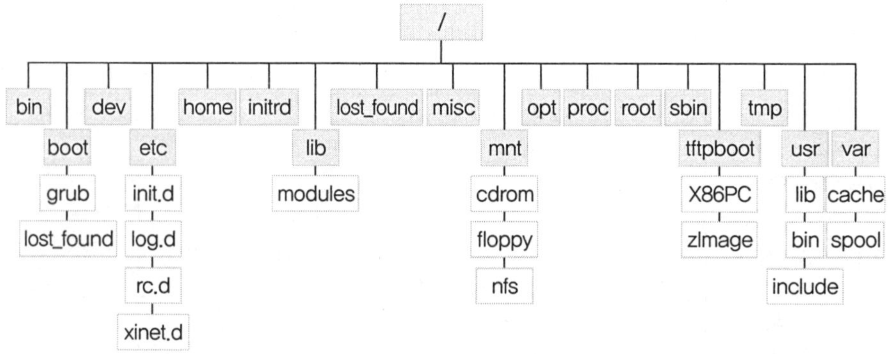

[그림 7-3] 리눅스 디렉토리 구조

(2) 구조 설명

/ : 최상의 디렉토리인 루트 디렉토리

/bin : 리눅스 명령어가 있는 디렉토리

/boot : 커널(vm리눅스 등) 시스템 부팅에 관련된 파일을 저장하고 있는 디렉토리

/dev : 시스템 디바이스(device)파일을 저장하고 있는 디렉토리
/etc : 패스워드 파일 등 시스템의 전체 환경설정파일을 저장하고 있는 디렉토리
/home : 사용자의 홈 디렉토리, ID와 동일한 이름으로 디렉토리를 가진다.
/lib : 프로그램(C, C++ 등)에 필요한 각종 라이브러리를 저장
/mnt : 플로피, CD-ROM 등 마운트를 위한 디렉토리
/proc : 실행중인 프로세스나 현재 시스템의 정보를 파일형태로 보여주는 가상 디렉토리
/root : root의 홈 디렉토리
/sbin : 시스템 관리자용 명령어를 저장하고 있는 디렉토리
/tmp : 일시적인 저장을 위한 디렉토리(정기적으로 삭제된다.)
/usr : 각종 어플리케이션 등이 설치되어 있는 디렉토리
/var : 시스템 운용 중에 생성되었다가 삭제되는 데이터를 저장하는 디렉토리
/var/log : 각종 로그파일이 저장되는 디렉토리
/var/spool/mail : 메일이 일시적으로 저장되는 디렉토리
/var/spool/lpd : 프린트를 하기 위한 임시 디렉토리(스풀링 디렉토리)

(3) 커널의 구조

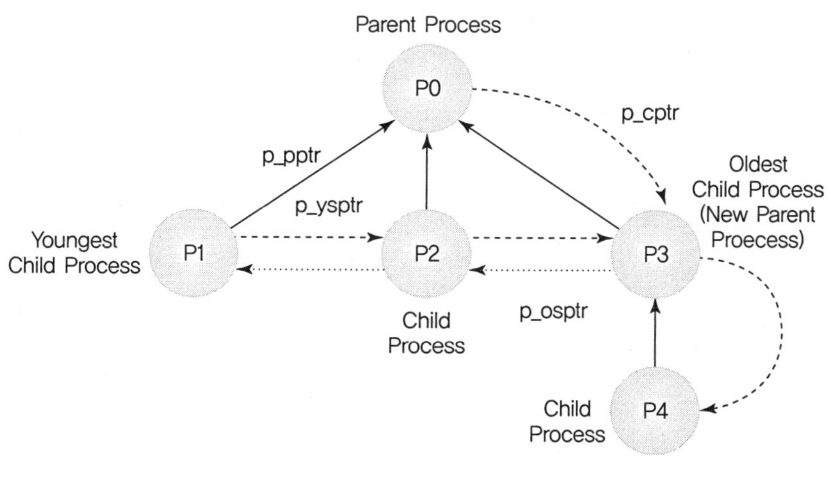

[그림 7-4] 리눅스 프로세스

Linux에서의 모든 프로세스(단, init process 제외)는 fork()에 의해서 생성

되며, 부모 프로세스를 가진다.

프로세스 관리

프로세스의 생성과 소멸을 관리하며 실행중인 프로세스의 정보를 유지하는 TASK_STRUCT 구조체를 가진다. 프로세스간 관계는 [그림 7-4] 그림과 같이 구성되어 있으며, SCHED_RR, SCHED_FIFO 등의 실시간 스케줄링 알고리즘을 제공한다.

메모리 관리

시스템의 성능과 밀접한 관련이 있으며, 가상 주소 영역 관리, 프로세스에 지원 할당 정책 관리 등을 하고 있다. X86기반의 리눅스커널은 세그멘테이션과 페이지을 사용하고 커널이 무리 메모리를 관리하기 위한 모든 정보를 유지하는 Page 구조체를 가진다. 리눅스는 3단계 페이지 테이블을 유지하며, Motorola 계열의 CPU에서는 1단계에서 해시 알고리즘을 이용한 페이징을 사용한다. 각 프로세서는 자신만의 가상 주소 공간을 가지고, 32비트 주소 공간에서는 4GB 가상 메모리 공간을 사용가능하다.

파일 시스템

리눅스는 모든 것을 파일로 취급하여 처리하는 특징을 가지고 있다. 그렇기 때문에 VFS에 의한 다양한 파일 시스템을 지원한다. 디스크의 물리적 구조를 논리적인 구조로 표현하며 블록 입출력을 위한 버퍼캐시 관리기법을 제공한다.

파일 시스템은 작게는 파일의 tree구조와 파일 구분으로 나뉘며, 크게는 전체 파일 tree와 이를 관리하기 위한 알고리즘으로 구성되어 있다. Disk의 물리적인 Track, Sector, Cylinder를 논리적 단위로 할당하여 구성된다. 구성은 순수한 파일, 디렉토리, 디바이스 파일로 구성되며 디렉토리는 루트 디렉토리(Root directory), 서브 디렉토리(Sub directory), 현재 디렉토리(Current directory)로 나누어지며, 디바이스 파일은 하드 디스크, 플로피, CD-ROM 등의 여러가지 디바이스들의 파일 형태로 구성된다.

Mount

파일 시스템은 마운트라는 특징이 있다. 즉 새로운 파일 시스템을 root 파일 시스템에 연결하는 것을 의미한다. 명령어로는 앞에서 설명된 mount, umount 명령어를 사용한다.

inode

Inode는 커널에 각각의 파일에 대한 정보를 보관하는 테이블로, 파일 시스템이 생성할 때 해당 파일 시스템에 대하여 등록하게 된다. 세부 구성 정보로는 링크 개수, 소유자, 그룹, 허가권, 크기, 마지막 접근/수정 시간 등을 나타낸다.

Permission

파일에 대한 read, write, execute에 대한 접근 허가권을 말하며 파일 유형(4bits)와 허가권 파일 모드(3bits)로 12개 모드를 16bits로 제어한다. 관련 명령어로는 chmod, umask 등이 있다

VFS (Vitual File system Switch)

VFS는 표준 유닉스 파일 시스템과 관련된 모든 시스템 콜을 처리하는 계층으로 마운트된 파일시스템의 정보, filesystem control block과 일치하는 superblock object와 특정 파일에 대한 정보를 나타내는 inode object, 열려있는 파일과 프로세스에 관한 정보, 커널 메모리에 존재하는 file object, 디렉토리 엔트리와 연결된 정보를 가진 dentry object로 구성하는 Common File Model로 구성된다. 프로세스와 VFS 객체간의 상호작용은 [그림 7-5] 그림과 같이 구성되어 있다.

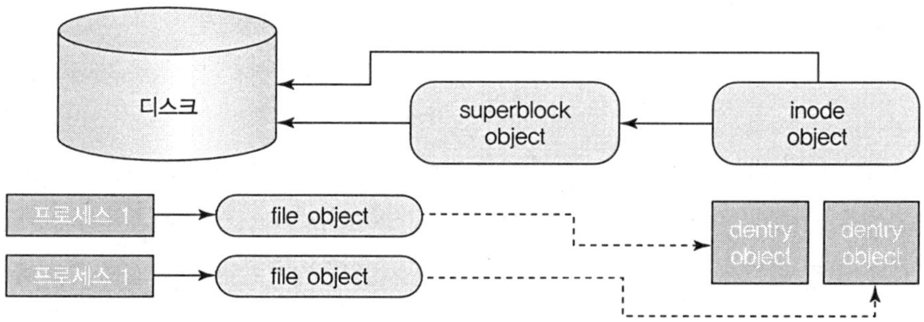

[그림 7-5] 리눅스 VFS

디바이스 제어

커널에서 물리적 장치를 직접 제어한다. 디바이스 드라이버에서 각 장치의 행위를 기술하며 입출력 요청을 스케줄링한다. 또한, 인터럽트 요청 및 처리가 가능하다.

네트워크

네트워크 서브시스템과 디바이스 드라이버로 구성되며 통신 프로토콜 구현이 가능하다.

7.3 리눅스 설치

리눅스는 현재 오픈소스 및 리눅스 분야에서 가장 인지도가 높은 기업으로 평가받고 있는 레드햇(RedHat)에서 제공하는 레드햇 리눅스에 대한 설치를 살펴본다.

현재는 페도라 리눅스를 사용하기도 한다. 무료로 다운로드받아 설치할 수 있으니 웹주소 http://fedorproject.org를 참고하기 바란다.

(1) 설치 환경

먼저 설치를 시작하기 전에 RedHat 9.0 CD 3장과 3.5" 플로피 디스켓 1장이 필요하다. 플로피 디스켓은 반드시 필요한 것은 아니며, 설치 중간에 linux booting diskette을 만드는 단계에서 만들 때 필요하다.

BIOS설정 모드는 Boot Sequence가 CD-ROM 부트로 설정이 되어 있는지 확인한다. 만일 설정이 되어 있지 않다면 대부분의 PC에서는 부팅 시 DEL키를 누르면 설정모드가 들어가므로 Boot Sequence를 CD-ROM부트로 바꿔준다.

(2) 설치순서

STEP 1〉 Boot Sequence의 첫 번째 장치를 CD-ROM으로 BIOS Setup에서 설정해준다. 이 후 RedHat Linux CD 1번을 CD-ROM에 집어넣는다. BIOS Setup을 빠져 나와 CD-ROM으로 부팅하면 다음과 같은 화면이 나온다.

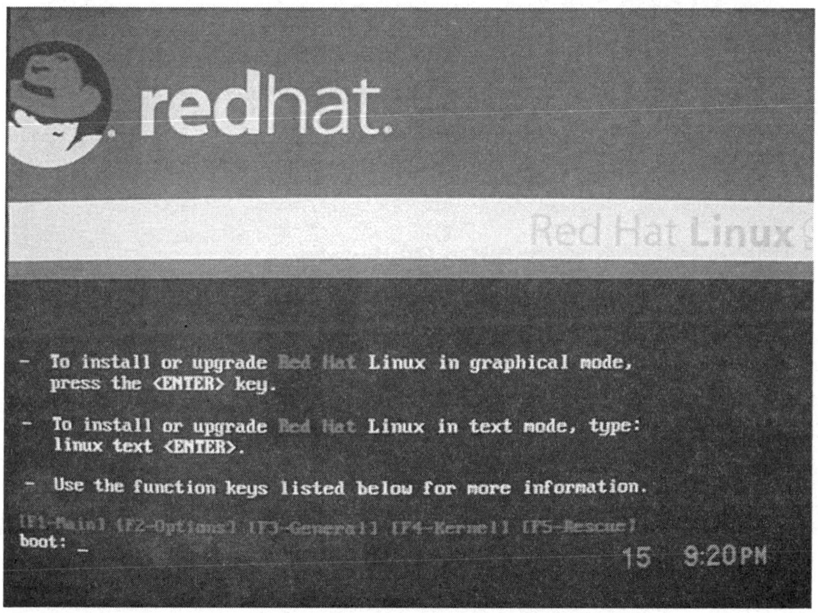

엔터를 입력한다.

STEP 2〉 미디어가 정상인지 확인하는 화면으로 여기서는 SKIP을 선택한다. 항목간에는 Tab으로 이동이 가능하다.

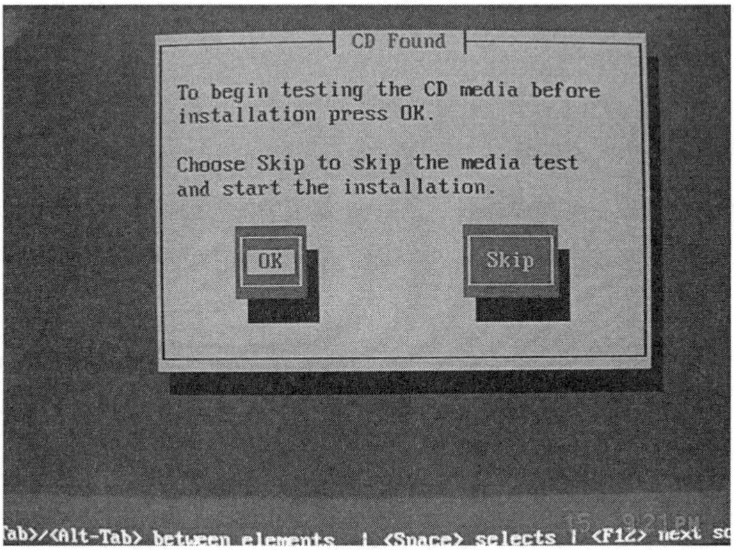

STEP 3〉 Next를 선택한다. 그 다음에 언어를 선택하는 화면이 나온다.

STEP 4〉 사용할 언어를 선택하는 곳으로 한국어로 설치하기 원하면 Korean (한국어)를 선택하고 Next를 클릭한다.

STEP 5〉 키보드를 선택하는 화면으로 U.S.English를 선택한다.

STEP 6〉 마우스를 설정하는 화면으로 자신의 마우스에 맞는 항목을 선택한다. 여기서는 휠 마우스(PS/2)]를 선택한다.

STEP 7〉 설치 유형을 선택하는 곳으로 [개인 데스크탑]을 선택한다. 이 경우, STEP 8은 건너뛴다.

STEP 8〉 참고 사진으로 기존에 Linux가 설치되었을 시 나타나는 화면이다.

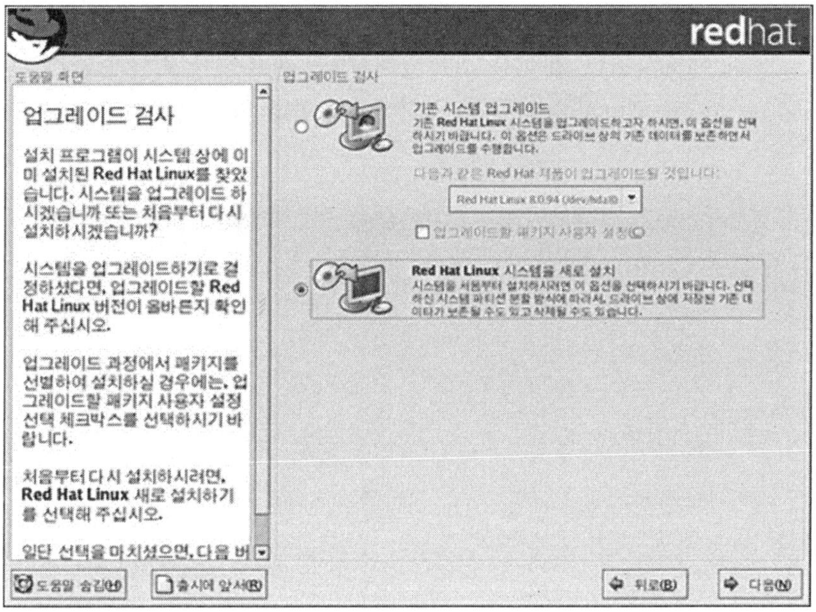

(3) Partition

STEP 1〉 [Disk Druid를 통한 수동 파티션 설정]을 선택한다.

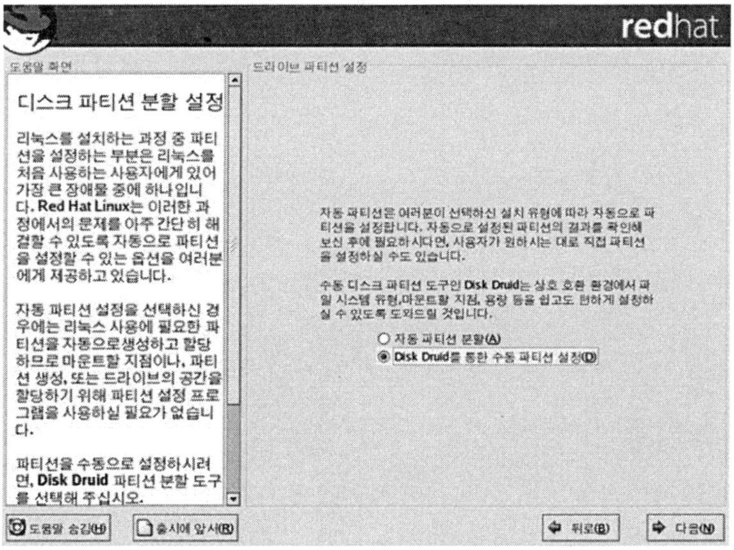

STEP 2〉 리눅스를 설치할 파티션을 선택한다. 여기서는 [여유공간]을 선택한 후 [새로 생성]을 선택한다. 만일 여유공간 표시가 없는 경우 설치할 파티션을 선택 후, [삭제]를 클릭하면 여유공간으로 바뀐다.

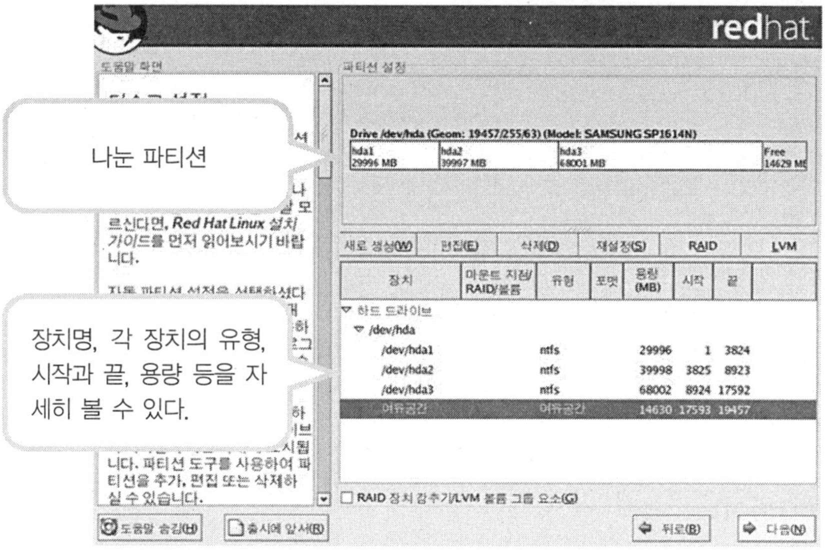

STEP 3〉 기존 윈도우 XP를 설치했을 경우 추가로 리눅스 설치한다고 가정하였고, 위의 그림에서 4개의 파티션을 가지고 있다. Hd a1에 윈도우가 설치되어 있는 것을 볼 수 있다.

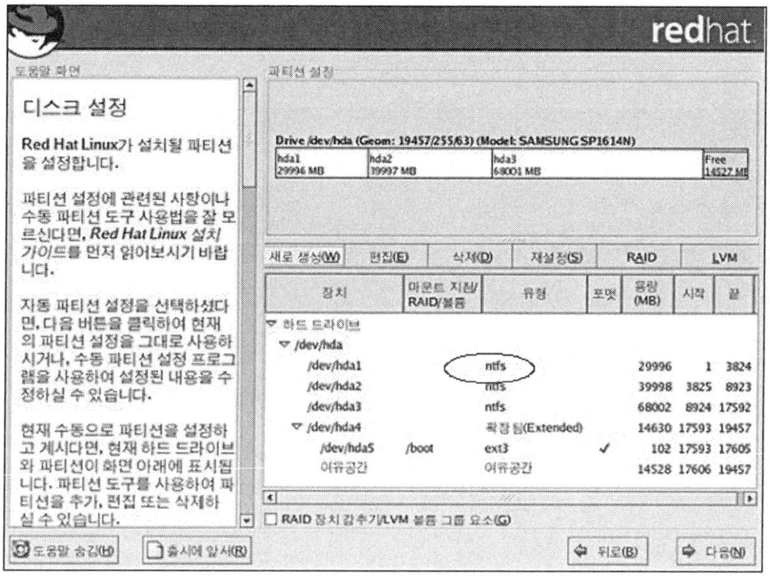

STEP 4〉[마운트 지점]을 '/boot'로 선택한다. 용량을 100MB로 지정한 후 [확인] 버튼 누른다.

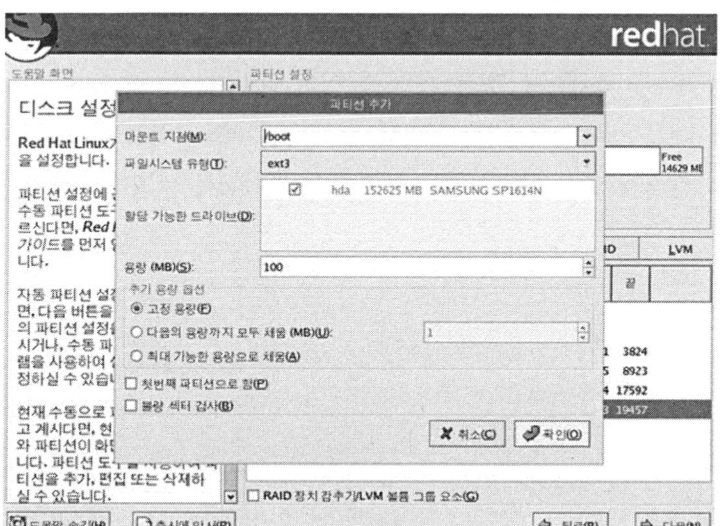

STEP 5〉STEP 3~4와 같은 방식으로 swap 파티션과 home 파티션을 추가한다. 전체 파티션 완료된 것을 아래와 같이 확인하면 [다음]을

누른다.

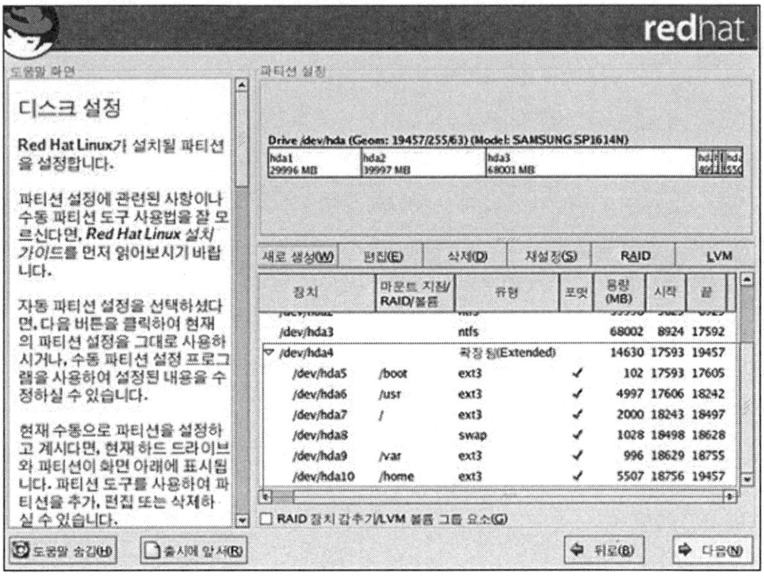

(4) Bootloader 설정

Bootloader란 컴퓨터를 켰을 때 가장 먼저 실행되는 소프트웨어 프로그램을 말한다. Bootloader는 운영 체제 커널 소프트웨어를 읽어들이고, 몇몇 커널 매개 변수를 커널에 넘겨주는 역할을 하며, 그 후 커널은 나머지 운영체제를 초기화한다.

〈표 7-2〉 Bootloader 종류

종 류	설 명
GRUB(Grand Unified Bootloader)	Default로 설치되며 매우 강력한 bootloader이다. GRUB은 현재 다양한 공개 운영 체제를 비롯하여 연쇄 로딩(chain-loading: DOS나 Windows와 같은 또 다른 부트로더를 로딩함으로서 지원되지 않는 운영 체제를 로딩하는 메커니즘)을 사용하는 상용 운영 체제를 load할 수 있다.
LILO(Linux Loader)	Linux에서 사용되는 다재다능한 bootloader이다. LILO는 특정 파일 시스템에 의존하지 않고, 플로피 디스켓과 하드 디스크 드라이브에서 Linux 커널 이미지를 부팅할 수 있을 뿐만 아니라 다른 운영 체제도 부팅할 수 있다.
ARMBoot	ARM 계열 지원, 부트 디바이스를 flash ROM, bootp/dhcp/tftp, PCMCIA CF 등을 지원, 지원하는 보드가 적음
BLOB(Boot Loader Object)	SA11x0 계열 지원, 직렬통신으로 커널 이미지와 램디스크를 다운로드 기능을 지원하나 변종이 많음, iPAQ, Jornada 등의 PDA와 Assabet 지원
Bootlr	Compac에서 IPAQ용 지원, 30가지 명령어 지원으로 기능은 우수
PPCBoot	MPC 계열 지원, ARMBoot와 통합, 네트워크 부팅 환경 제공
RedBoot	Red Hat상의 eCos 일부를 사용하여 개발, 다양한 CPU를 지원
Angel	Intel Assabet 보드를 지원하는 초기 Boot Loader

STEP 1〉 Default 부팅을 윈도우로 하기 위해 [기본부팅]을 DOS로 체크한다.

STEP 2〉 부트로더를 GRUB을 선택한다.

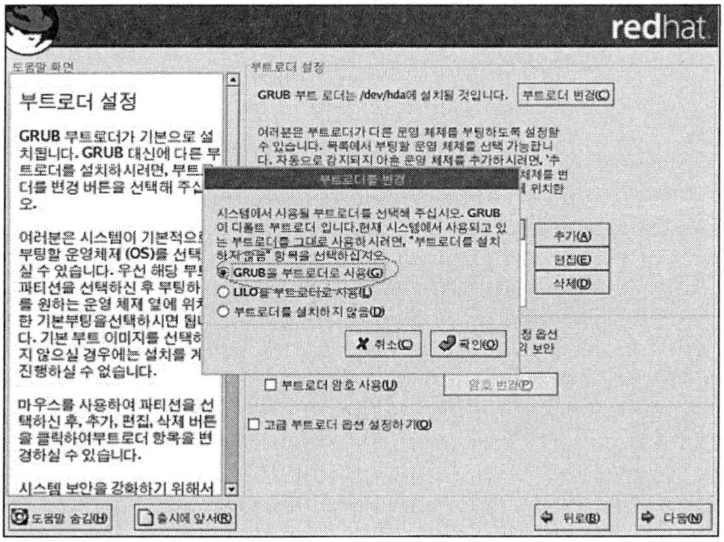

STEP 3〉 부트로더 암호를 입력한다

(5) Network 설정

STEP 1〉 고정 IP로 설정하는 것으로 하며 이를 위해 [편집]을 클릭한다.
STEP 2〉 [DHCP 사용환경설정]을 해제한 후, [IP주소]와 [넷마스크]를 입력한다. IP주소는 본체에 부착된 label을 참고한다.
STEP 3〉 Host명을 입력하고 게이트웨이와 DNS주소를 입력한다.
STEP 4〉 방화벽 설정은 설치자가 원하는 데로 설정한다. 여기서는 보안 수준을 [중간 수준]으로 선택하고, 허용할 서비스에서는 [ftp], [SSH], [Telnet]을 선택한다.

▶ 리눅스 부팅과정

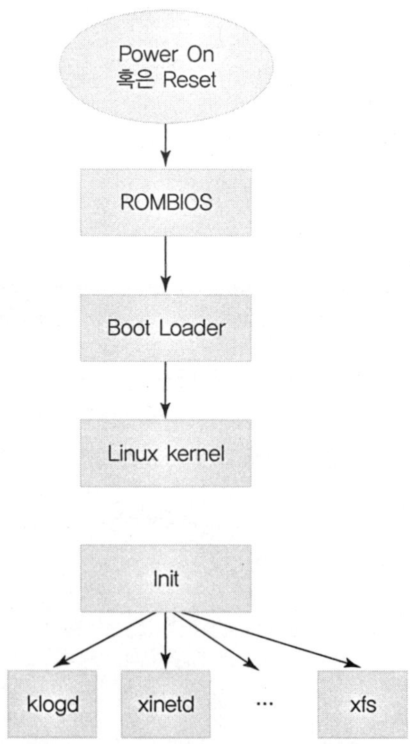

[그림 7-6] 리눅스 부팅과정

7.4 임베디드 리눅스 개발 환경

임베디드 리눅스의 개발 환경은 아래 그림과 같이 크게 호스트와 타깃으로 나뉘는 개발 환경을 가지고 있다. 호스트와 타깃은 모두 존재해야 하며, 통상 호스트를 이용해 타깃에 필요한 개발 환경을 제공 받는 구조가 된다.

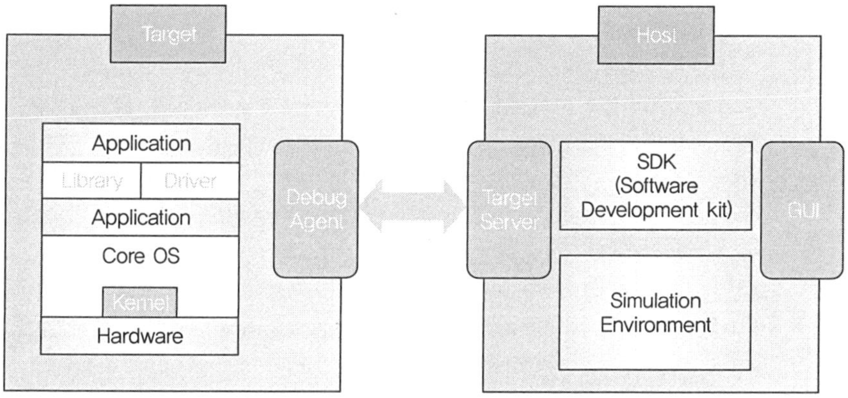

[그림 7-7] 임베디드 리눅스 개발 환경

(1) 호스트(host)

호스트는 타깃에 필요한 개발 환경 및 인터페이스를 제공해 주는 외부 시스템을 의미하다. 호스트는 개발상의 문제로 꼭 필요하다. 임베디드 시스템에 전원이 인가되면 부가적인 외부장비의 도움 없이 독립적으로 초기화를 마치고 예정된 작업을 수행하는 것이 일반적이며 독립적인 임베디드 시스템으로 완성되기까지 개발 과정상 호스트라고 하는 부가적인 외부 시스템에 의존하여 개발이 이루어지기 때문이다. 또한 특정 목적을 위해 간결하게 만들어지므로 호스트 없이 독자적인 임베디드 시스템만으로는 개발 작업에 필요한 환경 구성이 불가능하다.

(2) 타깃(Target)

타깃은 임베디드 시스템 자체를 가리키는 용어로 개발 대상인 보드나 H/W로 독립적으로 동작이 되지 않는 장비를 일컫는다. 독립된 동작을 위해서는 커널, 다바이스 드라이버, 응용 프로그램 등이 host을 통해서 개발된 뒤에 다운로드나 이식이 되어야 동작이 가능하다.

부트로더(bootloader)

시스템의 하드웨어를 초기화하고 운영체제의 커널을 메모리에 올려 실행시키는 시스템 프로그램을 의미한다. JTAG/BDM은 부트로더의 디버깅 및 writing을 도와주는 장비를 말한다. 즉, 시스템의 전원을 On 하는 순간 가장 먼저 실행되는 프로그램으로 우리가 일반적으로 사용하는 PC의 CMOS와 유사하다고 볼 수 있다.

부트로더는 하드웨어의 초기 설계의도대로 동작하는지 검증하는 과정의 목적을 가지고 있다. 리눅스 커널을 올리며 커널을 올리기 위해서는 기본적으로 시리얼이나 이더넷을 꼭 살려야한다. 시리얼을 살리는 가장 큰 이유는 시리얼 콘솔 작업을 하기 위해서고 이더넷은 덩치가 큰 리눅스 커널 이미지와 파일 시스템을 이더넷을 통해 다운받아 플래쉬메모리에 저장하기 위해서이다. 물론 이더넷이 아닌 시리얼 포트를 이용하여 이미지 파일들을 다운받을 수도 있다. 하지만 하나의 이미지 파일을 받아들이는 용량과 시간의 문제에 부딪치게 된다. 2~6M 정도의 파일을 시리얼 전송 방식으로 다운로드 받는다는 것은 상상도 못할 일이다. 이더넷을 이용한다면 몇 초면 다운로드를 받을 수 있다. 그만큼 개발 시간이 단축될 수가 있는 장점이 있다.

부트로더는 일반적으로 시스템 메모리의 물리 주소 0번지부터 위치하며 ROM, Flash ROM, SRAM 등 정적인 메모리에 위치한다. 부트로더는 메모리, 하드웨어 등의 초기화 및 커널과 램 디스크를 램에 적재하여 실행하는 기능을 가지고 있다. 또한 정적 메모리를 사용하고 사용자 인터페이스를 제공한다. 커맨드 모드와 포팅의 편의를 위한 디버그함수도 같이 제공하고 있다.

ED-255EK 보드에서는 u-boot로 작업을 하는데 u-boot를 선택한 이유는 PowerPC 계열의 ppcboot를 계승한 부트로더로 지금까지 발전을 해왔고, 다양한 Platform(ppc, arm, mips, etc)을 지원하기 때문이며, 또, Power PC계열과 ARM 계열의 Processor를 모두 지원하기 때문이다.

부트로더는 커널 등의 프로그램 이미지를 로딩하고 실행시키는 자동 부트 기능이 있는데 자동 부트가 아닌 경우에는 사용자 입력 대기 상태로 된다.

또한 간단한 수준의 디버깅 및 IP주소 설정 및 자동 부팅 설정 등의 보드 환경 설정과 각종 상태를 체크하는 입력 명령 처리를 하며 롬에 저장되어 있는 커널 및 램디스크 이미지를 타깃 메모리에 로딩하며 커널 프로그램의 시작번지로 점프하여 커널을 부팅한다.

아래 표는 부트로더의 기능에 대한 간략적인 설명을 나타낸다.

기능	설명
H/W 초기화	CPU clock Memory Timing Interrupt UART GPIO
Linux Booting	Kernel Image를 SDRAM에 저장한 후 Kernel image 주소로 점프한다.
Image Downloading	Kernel Image(zimage)와 File system을 SDRAM에 다운로드하고 Ethernet(bootp, tftp)를 통해서 가능하다.
Flash 제어	Flash write, erase 기능 Flash lock, unlock 기능

그렇다면 부트로더는 어떠한 식으로 동작할까? 일반적으로 부트로더가 실행되는 순서는 처음에 전원이 인가되고, 부트로더의 의해서 하드웨어 초기화 작업을 한다. 하드웨어가 초기화되면 자동 부트 모드인지 선택을 하고 만약 자동 부트 모드일 경우 커널 로딩 및 스타트를 수행한다. 하지만 자동 부트 모드가 아닐 경우 명령 입력을 대기하며 커널 부팅 명령의 유무를 기다린다. 커널 부팅 명령이 내려지지 않을 경우는 입력 명령 처리를 하여 계속 명령 입력대기를 하게 된다. 커널 부팅 명령이 이루어지면 커널 로딩 및 스타트 작업을 수행하게 된다. 지금까지의 설명은 간략한 부트로더 실행 순서이며, 아래 그림은 전원이 인가되면서 시작이 될 때까지의 좀더 자세한 구조에 대한 것을 나타낸다.

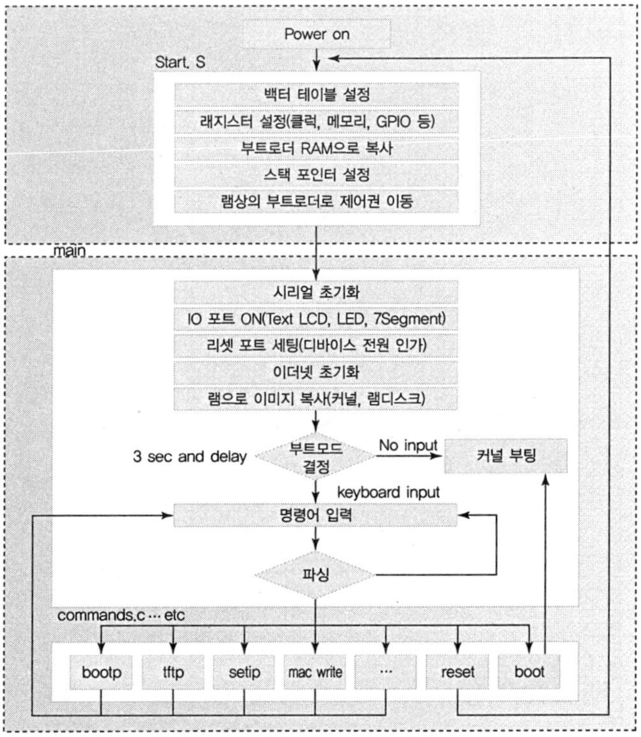

연 / 습 / 문 / 제

1. 임베디드 리눅스와 일반 리눅스의 차이를 적어 보시오.

2. 실시간성에 대해서 적어보시오.

CHAPTER 8

이번 장에서는 개발 방법론에 대해 배워보자

개발 방법론

8.1 개발 방법론의 개요

(1) 개발 방법론 정의

개발 방법론을 먼저 소프트웨어 관점에서 살펴보자.

임베디드 소프트웨어 개발 방법론은 임베디드 소프트웨어를 구성하는 구성요소는 아니지만 고품질의 임베디드 소프트웨어를 체계적이고 효율적으로 개발하기 위해 필수적이라고 볼 수 있다.

임베디드 제품은 점점 고기능성, 고품질이 요구되며 이를 지원하기 위해 소프트웨어 아키텍처를 정의하고 재사용성이 높은 구성요소를 개발하여 필요시 적은 노력으로도 새 제품 개발이 가능하도록 하는 소프트웨어 공학 기술이 필요하다는 얘기이다.

짧은 제품 생명주기와 치열한 경쟁 속에 있는 임베디드 업계에서 시장적시성 높은 고품질 임베디드 소프트웨어 개발이 가능하도록 하기위해 제품기획부터 유지보수까지 전 생명주기를 체계적으로 지원하는 개발 및 관리 프로세스를 제품의 특성에 맞게 정립하고 지속적으로 내재화하는 노력이 방법론 차원에서 요구된다.

우선, Wikipedia에서 정의한 방법론의 정의를 보면 아래와 같다.

1. "The analysis of the principles of methods, rules, and postulates employed by a discipline",
2. "The systematic study of methods that are, can be, or have been applied within a discipline" or

3. "A particular procedure or set of procedures"

방법론에 대해서 여러 가지의 정의가 있을 수 있겠으나 "시스템을 구현하기 위한 절차/방법 그리고 이를 구현하는 기법/도구에 대한 정의" 라고 할 수 있겠다.

(2) 임베디드 시스템의 범위

임베디드 시스템은 수많은 Hardware부품과 이를 운용하기 위한 Software 그리고 제품에 대한 서비스 및 판매 부분으로 나눌 수 있다. 단순히 간단한 임베디드 시스템을 개발한다고 해도 복잡한 시스템과 기능상의 차이는 있을지 몰라도 개발을 하는 절차, 방법, 기법, 도구 등은 크게 다르지 않을 수 있다.

또한 Hardware 부분은 메모리, CPU, 논리게이트 및 각종 부품을 포함한 회로의 설계를 동반하게 되며 Software부분은 OS, 미들웨어, DB 및 Application 등 사용자가 원하는 기능을 구현하는 로직들이 내장(Embedded)되어 시스템을 움직이게 한다.

임베디드 시스템은 이렇게 복잡하고 다양한 분야에 걸쳐있기 때문에 공학적이고 전문적인 개발 방법론은 반드시 필요하다.

위에서 언급한 내용을 그림으로 간단히 표현하면 다음과 같다.

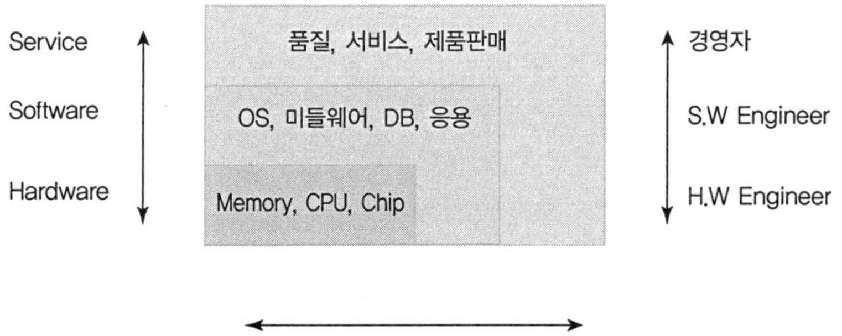

[그림 8-1] 임베디드 시스템의 범위

위 그림에서 왼쪽의 H/W → S/W → Service는 서로 수직적인 연관관계 하에 상호작용을 하고 하단의 전기/전자→시스템→경영은 수평적인 관계가 있다고 볼 수 있다.

즉, Memory, CPU, Chip 등의 전기/전자 부품 등의 H/W는 H/W엔지니어에 의해 설계되고 구현되며 이렇게 만들어진 H/W가 OS, 미들웨어, DB, 응용프로그램 등의 S/W와 함께 특정 기능을 수행하는 시스템으로 만들어진다.

최종적으로 Test되고 만들어진 제품은 판매되어 필요한 사용자에게 기능이 서비스되고 이는 경영자의 관점에서 경영과 연관된다고 하겠다. 임베디드 시스템 하나가 뭐 이렇게 복잡하고 다양한 분야의 기술이 필요하냐고 의문을 가질지 모르지만 그만큼 임베디드 시스템이 함축하고 있는 의미가 크다고 볼 수 있다.

(3) 방법론의 구성

우리가 흔히 말하는 방법에는 절차도 들어가 있고 특정한 기법과 도구의 사용 등 많은 의미를 내포하고 있는 것은 사실이다. 방법론에 대한 접근은 다양하게 연구될 수 있지만 우리가 만들려고 하는 임베디드 시스템에 맞추어 적용해 보면 다음과 같이 크게 5개 분야로 나눠 생각할 수 있다.

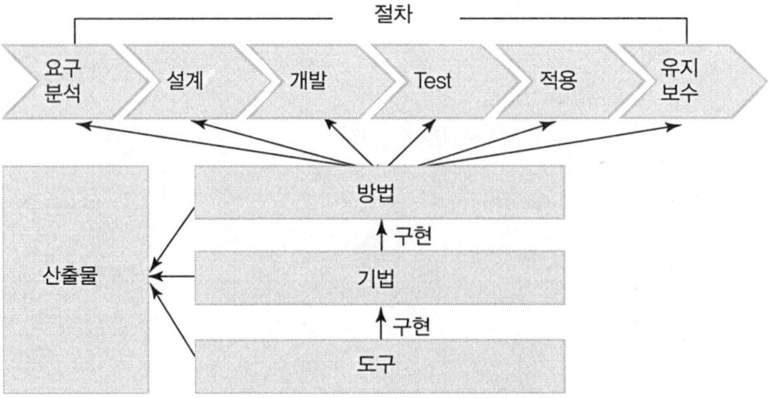

[그림 8-2] 방법론의 구성도

위 방법론 구성도의 구성요소에 대해서 간단히 설명하면

- 절차 – 임베디드 시스템을 왜 만들어야 하고 개발 Process는 어떻게 되고

전체적인 라이프 사이클에 대한 정의

- 방법 – 각 절차에서 시스템을 구현하기 위한 관리적, 기술적인 방법
- 산출물 – 절차/방법에 의해 각 단계에서 나오는 H/W, S/W 등의 산출물
- 기법 – 임베디드 시스템의 H/W, S/W를 구현하는 기술
- 도구 – 생산성 향상과 자동화시키기 위한 Tool들로 구성된다

절차는 임베디드 시스템의 전체적인 생명주기 입장에서 이해를 할 수 있고 방법은 이러한 절차를 기반으로 상황에 따라 특화된 구현방법의 적용이 가능하다. 기법은 이러한 절차와 방법에 이용되어 생산성 향상과 고품질의 시스템을 확보하기 위해 도구를 이용하기도 하고 설계자 및 개발자, 엔지니어의 오랜 노하우가 기법으로서 재사용될 수 있게 한다.

8.2 개발 절차

(1) 개발 절차의 개요

우리가 흔히 말하는 절차(Process)라는 것이 무엇일까?

모든 일에는 절차가 반드시 있는데 특히 여러 사람이 동일한 일을 목표로 작업할 때는 표준화된 절차가 있어야 서로 혼동을 막을 수 있다. 지금까지 임베디드 시스템을 살펴본 결과 임베디드 시스템은 시스템 보드를 포함한 복잡한 H/W부분, 논리적인 알고리즘을 동반한 S/W부분 등 다양한 분야의 전문가들이 함께 작업하게 된다.

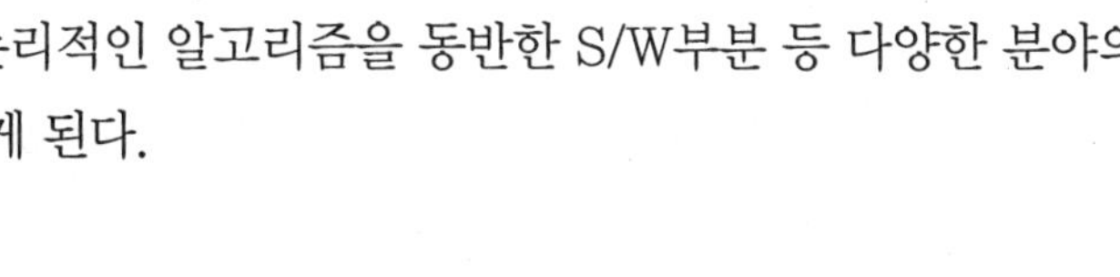

[그림 8-3] 임베디드 시스템의 접근 방법

절차는 입력(Input)이 있고 처리과정(Processing)에 의해 출력물(Output)이 나오는 과정을 포함한다. 즉, 임베디드 시스템을 개발하는 절차라고 한다면 입력에 해당하는 부분이 고객이 요구하는 제품요구사항일 것이다. 이러한 요구사항은 H/W부분과 S/W부분으로 나뉘어 각각 개발된 후 통합 인터페이스 및 Test과정에 걸쳐 작업하는데 이 부분이 처리과정에 해당한다. 이렇게 나온 제품(Product)이 고객에게 인도될 때 우리는 완성된 출력물(Output)로 받아들여지고 사용자가 원하는 제품을 처음 예정했던 일정과 비용에 맞춰 개발을 완료했냐에 따라 프로젝트의 성공과 실패를 말할 수 있다.

임베디드 시스템 개발뿐만 아니라 모든 프로젝트의 개발절차는 처음과 끝이 있는 생명주기(Life Cycle)를 갖고 있다. ISO/IEC 등 국제 표준화 단체에서는 생명주기에 대한 표준을 만들어 놓고 개발 시 이를 참조하여 개발환경에 맞게 사용할 수 있는 모델을 표준화하였다. 또 이러한 생명주기 모델을 기반으로 개발 플래폼, 툴을 사용하여 회사마다 고유한 방법론의 적용이 가능한데 개발절차 및 방법론의 선택의 과정이 다음과 같다

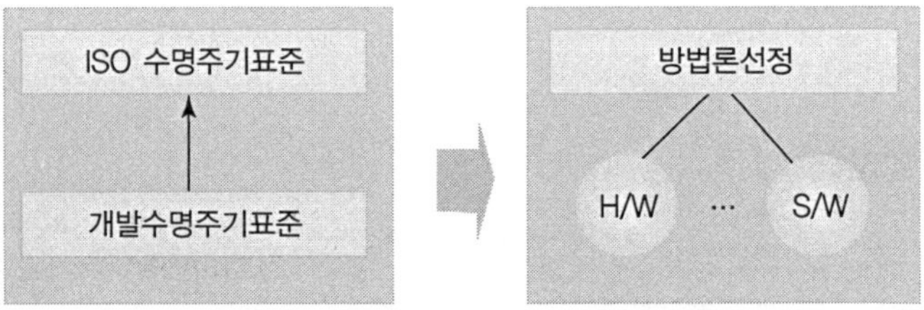

[그림 8-4] 개발 절차와 방법론의 선택

(2) 개발 방법 모형

임베디드 시스템을 구성하는 부분 중에 S/W가 차지하는 중요성 및 비중이 갈수로 커지고 있는데 S/W부분의 대표적인 생명주기 표준으로 ISO12207을 들 수 있다. SDLC(Software Development Life Cycle)라고도 하며 폭포수 모형, Prototype, 나선형, 반복 등 다수의 모델의 사례를 들 수 있다.

사실 임베디드 시스템의 H/W를 개발하든지 S/W를 개발하든지 개발하는 절차는 크게 다르지 않고 다만 무엇을 가지고 개발하냐에 따라 H/W부분과 S/W

부분으로 나눌 수 있어서 개발절차는 H/W든지 S/W든지 크게 다르지 않다고 볼 수 있다. 따라서 본 장의 절차 부분은 S/W 개발 생명주기 중심으로 설명을 하고 H/W 및 S/W 공학적인 부분을 추가하여 설명하기로 한다.

폭포수 모형 (Waterfall)

요구분석에서 개발완료까지 순차적으로 이루어지는 방법의 모형을 말하는데 최소시간으로 빨리 만들 수 있는 반면 충분한 경험이 없으면 Feedback과정에서 작업을 다시 해야 하는 문제점을 갖고 있다. 주로 H/W 및 S/W의 특성을 잘 알고 기 구축경험이 풍부해 개발의 문제점과 성공전략이 확보된 상태에서 적용이 가능하다. 다음은 폭포수 모형을 설명하는 그림이다.

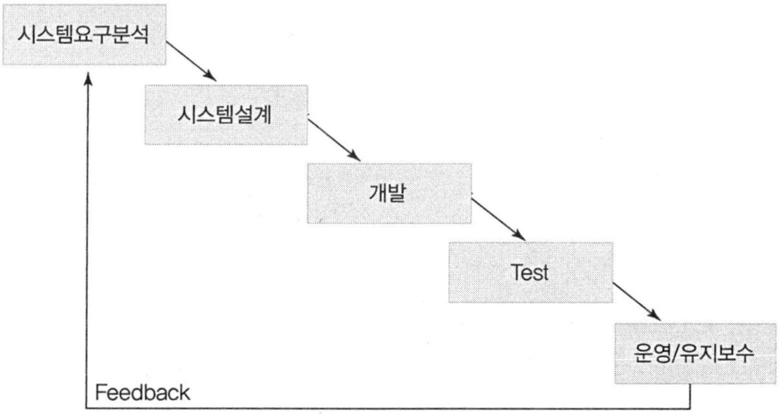

[그림 8-5] **폭포수 모형**

시스템 요구분석 단계에서 사용자의 요구사항을 기능과 비기능 부분으로 나눠 시스템 설계에 반영한다. 기능부분은 사용자 화면 인터페이스 부분 및 H/W의 편의장치에 반영하고 비기능 부분은 성능, 이식성, 보안 등의 기술적인 요구를 동반하게 된다. 따라서 요구사항의 정확한 반영이 폭포수 모형의 성공요소라고 할 수 있고 요구사항의 변경이 수시로 이루어지거나 개발 범위의 변경이 수시로 이루어지는 상황이 반복되면 오히려 개발기간 및 품질이 떨어져 프로젝트가 실패할 가능성이 크다.

Prototype 모형

사용자의 요구사항을 반영해서 임베디드 시스템을 만들 때 처음에 요구했던 시스템이 바로 나오기는 정말 어려울 수 있다. 특히 시스템의 용량, 성능, 가격 등 처음에 예상하지 못했던 위험요소들이 어디서 어떻게 어떤 문제로 부딛힐 지는 제품을 눈으로 보고 직접 만져보기 전에는 어려움이 있기 때문이다. Prototype 모형은 이렇게 완제품 전에 시제품을 만들어 시제품에 대한 검토 및 타당성을 평가한 후 계속 만들지를 결정하게 되다. 다음은 Prototype 모형의 절차를 설명하고 있다

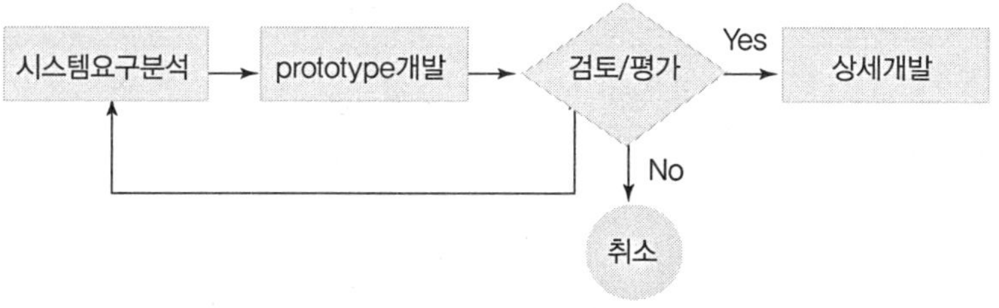

[그림 8-6] Prototype 모형

사용자의 입장에서 최종적으로 나올 시스템을 미리 볼 수 있기 때문에 도출되지 않은 요구사항을 비교적 정확히 요구할 수 있고 개발자 역시 개발 후의 여러 가지 문제점을 사전에 파악할 수 있는 장점을 지니고 있다. 그러나 사용자측에서 초기 기획단계 또는 계약 당시의 요구사항보다 과도한 요구를 할 수 있어 기능 및 시스템의 원가가 과도하게 상승할 수 있는 위험성이 있다. 또 많은 노력과 비용을 들여 만든 Prototype 시스템이 중간에 취소될 경우 경제적, 시간적인 낭비를 초래할 수 있다. 시스템을 처음으로 만들거나 대량 생산의 위험성을 최소화하기 위해 또는 신기술을 적용하는 시스템의 개발에 주로 사용할 수 있다.

나선형 모형

규모가 큰 시스템을 개발하거나 위험요소가 큰 프로젝트인 경우 Risk에 대한 관리가 프로젝트의 성공을 좌우할 수 있다. 핵발전 제어, 비행기 조종 등 고신뢰성이 요구되는 곳에 임베디드 시스템이 사용될 수 있는데 이렇게 위험요소가

큰 시스템 개발에 적합한 모형이라 할 수 있다. 나선형 모형은 진화적인 방법으로서 폭포수 모형과 Prototype 모형의 장점을 이용한 방법이라 할 수 있고 시간 및 비용이 타 모델에 비해 많이 소요되는 단점이 있지만 중요한 시스템에 미칠 위험을 최소화시킬 수 있는 장점이 있다. 다음은 나선형 모형에 의한 개발절차를 설명하고 있다.

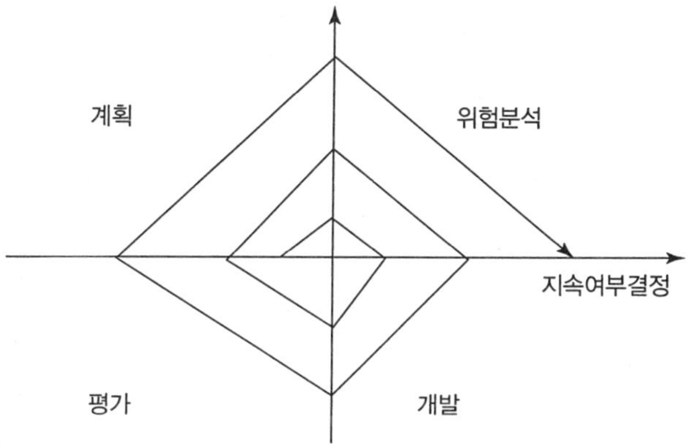

[그림 8-7] 나선형 모형

위험분석 단계에서는 시스템의 위험요소를 도출하여 정량, 정성적인 분석에 의해 위험 우선순위와 대응방안이 도출된다. 위험분석 후 위험기준선(Baseline)에 의해 작업의 지속여부가 결정되며 이러한 의사결정은 사전에 계획 단계에서 정의되어 진행된다. 또한 평가 단계는 사용자, 개발자 등의 이해관계자에 의해 개발되고 있는 시스템이 적절한지에 대한 평가가 이루어져 결과가 다음 단계로 입력된다.

(3) 개발절차와 품질관리의 관계

임베디드 시스템을 구성하는 H/W 및 S/W의 품질은 개발절차에 의해 크게 좌우될 수 있다. 아무리 훌륭한 시스템을 만들었다고 해도 절차상 문제가 있으면 그 시스템에 대한 품질은 보장하기 어렵고 산출물의 형상관리 등 유지보수 체계 또한 어려워질 수 있다. 따라서 이러한 문제점을 해결하기 위해서 품질관리가 도입되고 있는데 품질에 대한 중요성은 갈수록 커지고 있는 상황이다. 다음 그림은 개발 절차와 품질관리의 관계를 설명하고 있는데 서로 상호 보완적인 관계라 할 수 있다.

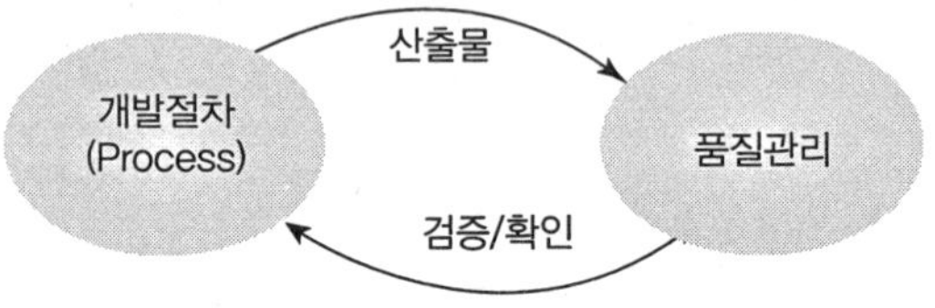

[그림 8-8] 개발 절차와 품질관리의 관계

개발절차는 각 단계별 결과물인 산출물을 생산하고 품질관리 절차에서는 각 산출물에 대한 검증 및 확인의 활동이 이루어진다. 품질관리에 의해 개발절차는 더 성숙되고 시스템은 향상된 신뢰성과 최소한의 비용으로 개발될 수 있다. 모두가 원하는 "똑똑한" 임베디드 시스템은 한 사람의 노력보다는 체계적인 개발 절차와 엄격한 품질관리에 의해 탄생된다고 할 수 있다.

8.3 임베디드 시스템 개발 방법론

전기 및 전자 소자들이 모여서 시스템을 이루고 이 시스템이 특정한 임무를 수행하여 비즈니스에 활용되기까지는 수많은 사람들의 손을 거치면서 시행착오를 거치게 된다.

앞에서 살펴보았지만 임베디드 시스템은 특수한 업무환경에 맞게 설계되어 운용되기 때문에 시스템을 개발하기 위한 방법론은 매우 큰 의미를 갖고 있다. 따라서 단순히 H/W 또는 S/W에 치중한 방법만을 내세워 이것이 방법론이다 하고 주장하기에는 많은 부족함이 있으리라 생각된다. 이번 절에서는 임베디스 시스템을 개발하는 방법을 전체적인 관점에서 살펴보기로 하자.

(1) 개발절차와 방법의 연관성

앞 절에서 살펴본 바와 같이 개발방법은 개발 절차(Process)에서 시스템을 구현하기 위한 관리적, 기술적인 방법을 제공한다고 했다. 따라서 각 절차마다 개발방법이 선택적으로 사용될 수 있는데 예를 들자면 요구분석단계에서는 요구분석 방법론이 설계단계에서는 설계방법론이 그리고 마지막 유지보수단계에서는 운영방법론이 사용될 수 있다.

다음 그림는 각 개발절차와 방법론의 관계를 설명하고 있다.

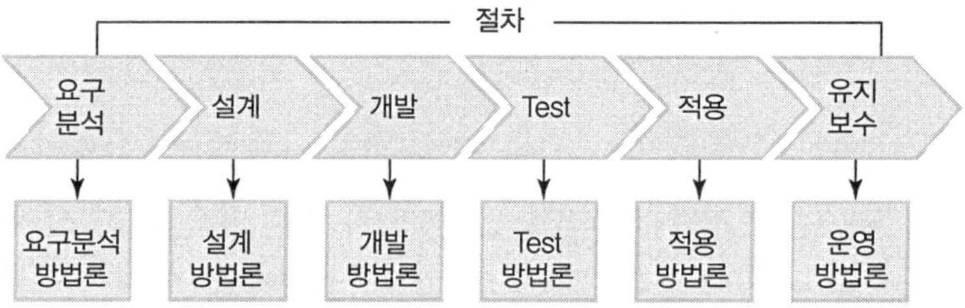

[그림 8-9] 개발 절차와 방법론

(2) 요구분석 방법론

사용자의 요구사항은 시스템 개발의 범위, 규모, 일정 등 프로젝트 전반에 걸쳐 영향을 주게 되며 개발 초기 충분한 요구사항의 도출이 무엇보다 중요하다. 이에 따라 개발하고자 하는 시스템의 이해관계자의 식별이 필요하며 추출, 분석, 명세의 프로세스를 걸쳐 기능과 비기능의 관점에서 바라봐야 한다. 다음 그림은 요구분석 프레임워크에 대한 설명이다.

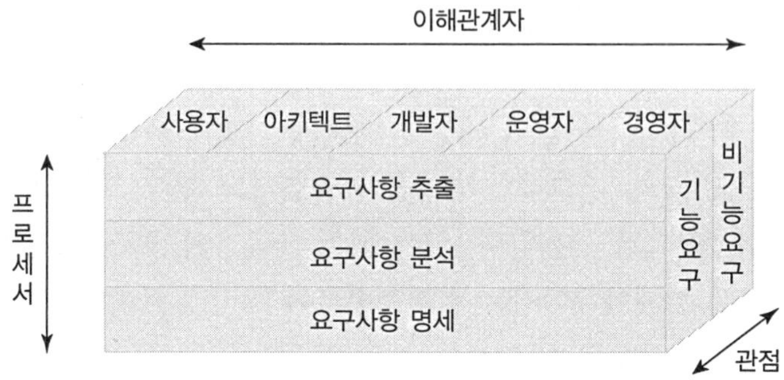

[그림 8-10] 요구분석 프레임워크

(3) 요구분석을 위한 이해관계자

예를 들어 "작업은 10초안에 끝나야 한다" 라는 사용자의 요구사항이 있다고 하자. H/W 및 S/W 설계자는 조건을 만족시키기 위해 필요한 OS 선택, 인터럽트 메카니즘, 인터페이스 방법을 도출하여 시스템 아키텍트에게 원하는 아키텍처를 요구할 것이다. 요청을 받은 시스템 아키텍트는 요구한 기능을 만족시키기 위해 제한된 환경과 일정, 비용의 범위 안에서 Prototype을 만들어 요구한 기능이 맞는지 확인하는 절차를 가질 것이다.

이렇듯 요구사항분석에서 이해관계자의 식별은 시스템이 가져야 할 기능 및

〈표 8-1〉 이해관계자의 책임과 역할

이해관계자	책임	역할
사용자	내/외부의 제약사항 제시 필요한 기능, Biz 프로세스 설명	현업의 업무전문가로서 업무지식을 개발팀에게 제공
아키텍트	개발 플래폼 및 아키텍쳐 설계 솔루션 검토, 이슈 해결, 표준 제시	기술Leader로서 신기술 도입 및 방법론 개발
개발자	요구한 기능의 효율적인 구현 H/W 및 S/W 개발,	설계서에 따른 시스템을 개발하고 사용자의 변경요청 반영
운영자	초기운영 및 시스템 모니터링 시스템 업그레이드	Biz의 목표에 맞게 시스템을 중단없이 운영
경영자	개발에 필요한 재원확보 및 의사결정 개발팀 사기향상 지원	전략관점에서 시스템의 이용촉진 및 조정통제

비기능을 도출하여 구현하기 위한 첫 단계에 해당한다고 볼 수 있다. 프로젝트에서 유난히 소리가 큰 사람 또는 막강한 권력을 가지고 있는 사람 또는 내/외부의 환경적인 제약요소 등 이러한 모든 사항들이 이해관계자로 식별될 수 있다. 다음 표는 각 이해관계자의 책임과 역할을 설명하고 있다.

(4) 요구분석 프로세스

요구사항을 분석하기 위해서는 먼저 사용자 및 이해관계자가 요구하는 내용이 무엇인지 추출하는 작업이 선행되어야 한다. 여러 사람이 함께 시스템을 만들 경우 다른 사람이 원하는 의도를 파악하는 일이 가장 어려울 수 있는데 예를 들자면 "A가 원하는 것은 모터를 돌리는 것이다." 라고 했을 때 모터가 언제, 얼마만큼 돌아야 하고 세기는 어떠해야 하는지 그리고 누가 돌리는지 등 5W1H에 의해 원하는 내용의 추출이 필요가 있을 것이다. 또 원하는 요구사항이 추출 되었더라도 이것을 시스템에 적용하기 위해서는 아키텍트, 개발자, 품질관리자 등이 생각하는 방식이 서로 다를 수 있고 의사소통에 오류가 생길 수 있다. 따라서 이러한 문제를 극복하기 위해서 브레인스토밍, Prototype의 제작, 워크샵 등의 분석 기법을 활용해서 요구사항에 대한 정밀 분석이 필요하다. 그리고 추출,분석 과정이 완료된 요구사항은 최종적으로 명세화해 사용자와 함께 이를 확인하고 검증하여 목표하는 시스템의 요구분석을 완료해야 한다. 다음 그림은 요구분석의 프로세스를 설명하고 있다.

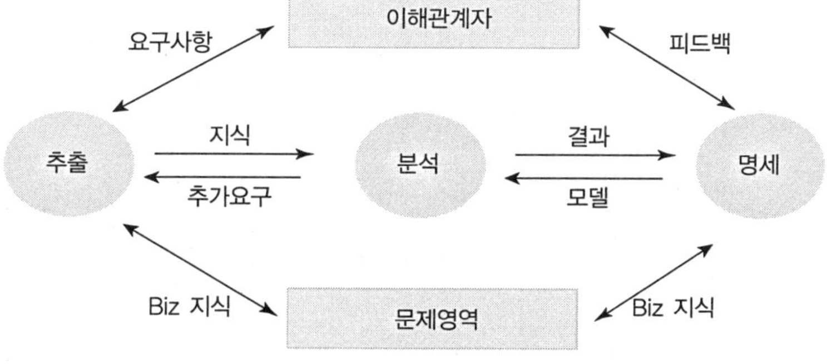

[그림 8-11] 요구분석 프로세서

요구사항의 정확한 추출과 분석을 하기 위해서는 사용자가 하고 있는 일에 대한 사전 지식이 필요하며 한번 추출된 요구사항이 수시로 변경되는 경우가 많이 발생한다. 요구사항의 분석이 불충분해서 추가요구가 발생할 경우 H/W의 사양의 변경 및 S/W의 재개발 등에 이르게 되고 최악의 경우 시스템을 버리고 다시 시작해야 하는 사태가 발생되기도 한다. 이러한 사태를 사전에 막기 위해서는 정확히, 명시적으로 결과를 명세하여 서로 확인하고 검증하는 절차가 분석단계에서 반복적으로 이뤄져야 하며 요구분석 프로세스에 의한 방법론의 적용이 필요하다.

(5) 요구사항의 두 가지 관점 기능과 비기능

요구사항을 분석하다 보면 요구하는 의미가 기능 측면의 요구와 비기능 측면의 요구가 함께 내포되어 있다는 것을 알 수 있다. 기능 측면의 요구는 사용자가 요구하는 Biz중심의 기능, 편리성, 유지보수성 등 임베디드 시스템을 사용하는 사용자 입장에서 파악이 되어야 하고, 비기능 측면의 요구는 사용자 입장의 기능을 제공하기 위한 제약사항, 부품의 사용,시스템의 신뢰성 등 아키텍쳐 측면에서 파악되어야 한다. 다음 그림은 기능과 비기능의 요구사항을 설명하고 있다.

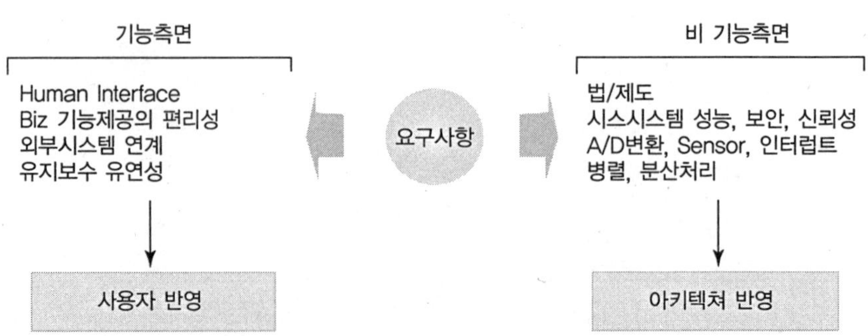

[그림 8-12] 기능과 비 기능측면의 요구사항

기능측면의 요구사항은 Biz레벨에서 사용자의 업무중심으로 접근해야 하며 다시 한 단계 내려와 User레벨에서 편리성,기능의 파악이, 그리고 시스템 레벨에서는 이를 구현하는데 필요한 H/W, S/W적인 구현요구를 파악해야 한다.

비기능 측면의 요구사항은 개발레벨에 있어서 재사용, 생산성을 고려한 아키텍쳐의 개발이 필요하며 이러한 요구는 다시 품질레벨에서 신뢰성, 보안성, 안전성 등이 확인될 수 있다. 또한 이러한 비기능은 시스템을 둘러싼 법, 제도 등 내/외부 환경에 적합한지에 대해 통제레벨에서의 요구사항의 도출이 필요하다.

(6) 임베디드 시스템의 설계 및 개발 방법론

사용자의 요구사항이 명세되면 아키텍쳐 설계 및 개발로 이어지게 된다. 설계 시 가장 중요한 점은 사용자의 요구사항을 시스템이 충족해 줄 수 있냐에 따라 시스템의 설계가 틀려진다. 따라서 설계 및 개발 절차에서는 시스템의 본질적인 구현도 중요하지만 요구한 기능 및 비기능을 정확히 반영할 수 있게 추적성이 보장되어야 한다. [그림 8-13]는 설계 및 개발 프레임워크를 설명하고 있다.

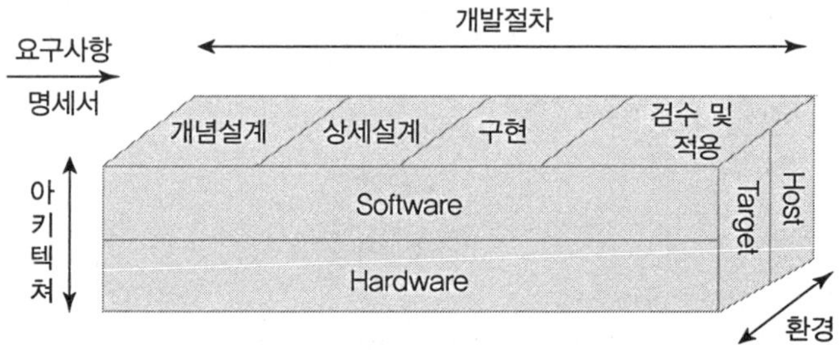

[그림 8-13] 임베디드 시스템 설계 및 개발 프레임워크

개발절차에서는 Conceptual한 개념설계에서 각 아키텍쳐의 상세설계를 거쳐 구현하는 프로세스를 따른다. 설계가 진행될수록 아키텍쳐가 모양을 갖춰가는데 아키텍쳐 부분은 S/W 개발과 H/W 개발로 구분되어 개발이 진행된다. 이에 따라 S/W 개발자와 H/W 개발자간의 긴밀한 협조가 필요하며 이에 필요한 표준들을 미리 정의하고 적용하는 아키텍트가 중요한 역할을 하게 된다.

개발환경은 Target 환경과 Host 환경으로 구분되는데 Host 환경에서는 Target 모듈이 만들어지지 않아도 에뮬레이터를 이용함으로써 실제 Target 환경과 똑같은 환경에서 개발할 수 있는 Testbed 환경을 제공해 준다.

▶ EMMA 개요

S/W공학연구팀에서 현재 개발하고 있는 임베디드 시스템 개발방법론인 EMMA는 1994년부터 개발되어 온 한국형 개발방법론인 마르미(Magic and Robust Methodology Integrated) 시리즈 중 임베디드 시스템의 개발을 목적으로 하는 버전이다.

EMMA는 제품계열(product line) 기술에 기반하여 일련의 유사한 제품들을 동시에 개발하는 개발프레임워크이다. 즉, 전략적으로 제품개념 정의 단계에서부터 유사 제품군에서 공통적으로 재사용될 모듈을 사전에 분석하고 공통 아키텍처를 설계하여 핵심 자산의 재사용을 극대화함으로써 제품의 시장 출시 시점에는 제품들을 신속하게 개발하고 출시하는 데 초점을 맞춘 개발방법론이다.

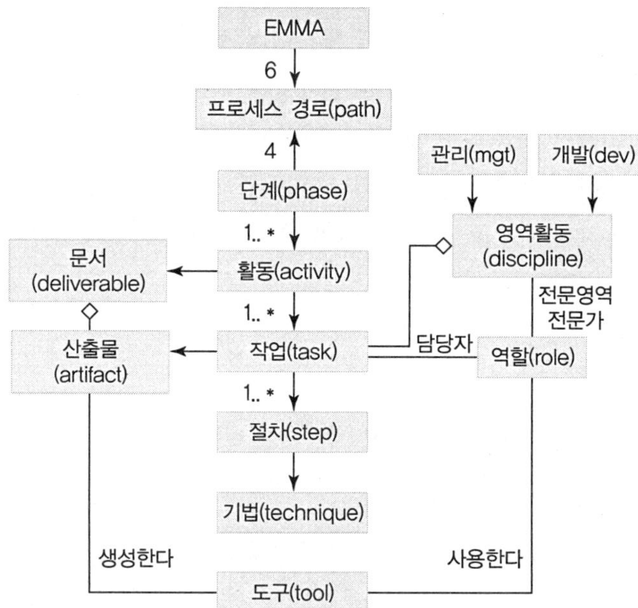

1) 개발 프로세스

도메인 영역활동은 제품이나 제품 개발을 위한 자산에 대한 요구 사항을 시장과 관련 이해당사자들로부터 수집하고 체계적으로 구성하여 개발할 시스템의 예상되는 기능과 품질에 대한 포괄적인 범위와 내용을 결정하고 제품 계열 아키텍처와 특정 제품의 아키텍처를 유도할 수 있는 기반을 마련한다.

아키텍처 영역활동은 시스템을 구성하는 소프트웨어와 하드웨어 컴포넌트들의 전체 구조를 정의하는 시스템 아키텍처 설계를 통해 충돌 가능한 시스템의 요구 사항들을 조정하기 위해 시스템 구성 요소를 식별하고 요소들간의 구조를 설계하고 검증하도록 지원한다.

설계 영역활동은 아키텍처 결정 사항을 반영하면서 시스템의 구조 및 행위를 모델링하여 시스템의 구조를 정의한다.

구현 영역활동은 아키텍처와 설계 영역활동에서 정의된 제품 특성에 맞도록 컴포넌트들을 구현하여 제품의 특성에 맞게 설정하고 생성한다.

테스트 영역활동은 분석, 설계된 결과대로 개발되었는지 확인하는 것으로써 분석모델과 설계모델에 대한 검토와 구현물에 대한 테스트를 통하여 확인한다.

2) 관리 프로세스

프로젝트 관리 영역활동은 주어진 예산, 시간, 인원 등을 효율적으로 관리하여 개발의 생산성과 품질 향상을 위한 체계화된 관리 행동을 수행한다.

품질 관리 영역활동은 프로젝트 관리 활동 및 프로젝트 수행을 위한 다양한 지원 활동들을 수행함으로써 품질 보증 활동, 형상 관리 활동, 측정 및 분석 활동, 의사 결정 활동과 같은 프로젝트를 지원하는 활동으로 구성된다.

연 / 습 / 문 / 제

1. 임베디드 개발 방법론인 마르미에 대해 설명해 보시오.

CHAPTER 9

- 이번 장에서는 임베디드 설계 및 구현 단계에 대해 배워보자
  설계를 효율적으로 하기 위해서, 하드웨어에 대해서 알아야만 한다.
  1. 모듈의 구조
  2. 자료 구조
  3. 알고리즘

임베디드 설계 및 구현

CHAPTER 09

임베디드 설계 및 구현

9.1 설계 개요

(1) 설계의 정의

- 속성을 가장 적합하게 실현시킬 수 있는 알고리즘과 그 알고리즘에 의해서 처리될 자료 구조의 특성을 찾아 명세화하는 작업
- 공학적 개념을 도입하여 제품을 생산할 목적으로 시행하는 개발단계의 첫 번째 작업
- 장치 프로세서 및 시스템을 명확하고 자세하게 정의하며, 실질적으로 실현이 가능하도록 관련기술과 원칙을 적용하는 단계

위와 같이 정의할 수 있다.

(2) 설계의 유형

- 기술적 시각: 자료설계, 구조설계, 절차설계
- 사용자 시각: 외부설계, 내부설계
- 관리적 시각: 기본설계, 상세설계

위와 같이 나누어 볼 수 있으나 이번 장에서는 관리적 시각에서의 설계에 대해 알아보도록 하자.

◎ 기본설계

H/W레벨, S/W레벨에서 시스템을 모듈화하여 개념적인 아키텍처를 도출한다.

H/W레벨의 경우 CPU 프로세서, Memory, I/O 포트, BUS 구조 등 주어진 상황에 맞는 최적안이 무엇인지 비용, 편리성, 생산성 등을 고려하여 모듈화한다. 아키텍처의 핵심이 되는 프로세서, 운영체제, 에뮬레이터 및 디버깅툴이 개념단계에서 선정되고 안전성을 위해 시스템보드를 외부에서 구입할 경우 H/W보다는 S/W의 작업 비중을 더 크게 한다.

◎ 상세설계

H/W인 경우 프로세서, RAM 및 ROM등의 메모리, 발진부분의 시스템 Clock, 출력 Display 장치, 타 시스템과 인터페이스하기 위한 직렬/병렬의 Port, 그리고 각 부품에 공급할 전원시스템 등에 대한 상세 설계를 반복적으로 진행한다. 또한 시스템에 생명을 불어넣는 인터럽트도 탑재될 S/W의 호출 루틴에 맞게 처리될 수 있도록 설계를 한다.

S/W의 경우는 초기 분석작업에서 도출된 요구 기능들을 자료 흐름도(DFD: Data Flow Diagram) 또는 UML(Unified Modeling Language)로 상세설계 과정을 통해서 사용하는 프로세서의 언어에 맞게 에뮬레이터를 이용하여 Realization화 해간다.

이번 장에서도 DFD와 UML을 이용한 설계에 대해 설명하고자 한다.

DFD는 구조적 설계 기법에서 필수적으로 만들어야하는 설계 도면이고, UML은 객체 지향 설계에서 사용되는 자동화 툴이다.

(3) 임베디드 시스템의 아키텍쳐 설계

H/W개발이나 S/W개발 모두 아키텍처의 설계는 시스템의 가장 중요한 요소이다. 따라서 시스템이 어떤 아키텍처를 가지고 있느냐에 따라서 Time-To-Market, 성능, 유지보수 등의 품질이 결정된다. 이러한 위험요소를 줄이기 위해서 아키텍트는 다양한 솔루션의 선정이 필요한데 선정 시 의사결정은 다음 표의 방법으로 한다.

〈표 9-1〉 아키텍쳐 솔루션의 선정 방법

설계방법	설명	비용	위험성
구매	시스템보드, 프레임워크, Cots 등을 구입	고가	저위험
기존 로직 재사용	기존 소스, DB, 회로 등을 역공학을 통해 재구성	↑	↑
아웃소싱	외부업체에 하청을 주어 개발용역을 줌	↓	↓
직접개발	H/W, S/W를 직접 구현	저가	고위험

시스템 보드, 개발 프레임워크, Cots 등의 구매는 비용은 고가인 반면 위험성을 최소화할 수 있어서 생산성과 품질을 가장 확실히 확보할 수 있다. 그리고 기존 소스 로직 및 회로의 재사용이 가능한 경우 역공학(Reverse Engineering)[1]을 통해 비교적 저렴하게 구현할 수 있다.

또 아웃소싱이 가능한 경우 외부 하청업체에 개발 용역을 주어 필요한 기술 및 솔루션을 간접적으로 확보할 수 있다. 그러나 이마저 안될 경우 즉, 비용도 부족하고 외부에 전문가가 없을 경우에는 직접 H/W 및 S/W를 개발해야 한다.

H/W의 경우 기능과 신뢰성이 좋은 개발 보드들이 시중에 많이 상품화되어있어서 과거 어느 때보다 쉽게 아키텍쳐를 구축할 수 있다. 또 다품종 소량 생산하는 임베디드 시스템 S/W의 특성상 다양한 언어의 변환이 중요한데 MDA(Model Driven Architecture), Product Line 등의 개발 기법을 사용하면 시간과 노력을 최소화 하면서 양질의 제품을 쉽게 개발할 수 있다.

다음 그림은 소프트웨어 개발 생명 주기를 나타낸다.

1) 리버스 엔지니어링(Reverse Engineering) 또는 역공학은 장치 또는 시스템의 구조를 분석하여 기술적인 원리를 발견하는 과정이다.
리버스 엔지니어링은 다음을 포함한다.
- 사라진 문서
- 상품 분석
- 안전 감사
- 복제 보호 해제
- 허가되지 않은 불법 복제의 생성
- 사기 행위

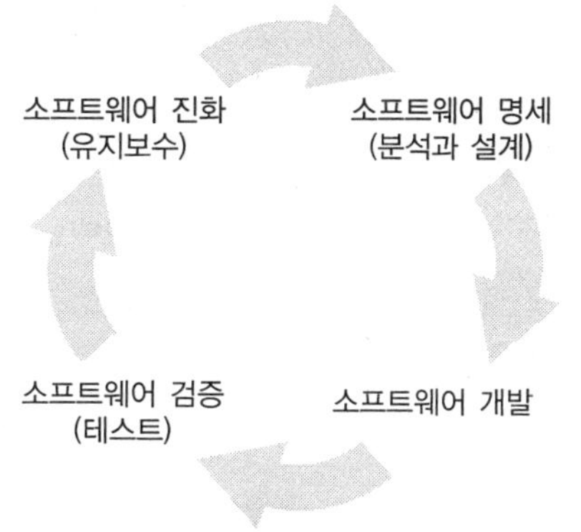

[그림 9-1] 개발 생명 주기

개발 생명 주기에서 각 단계별 참여자를 생각해 보자.

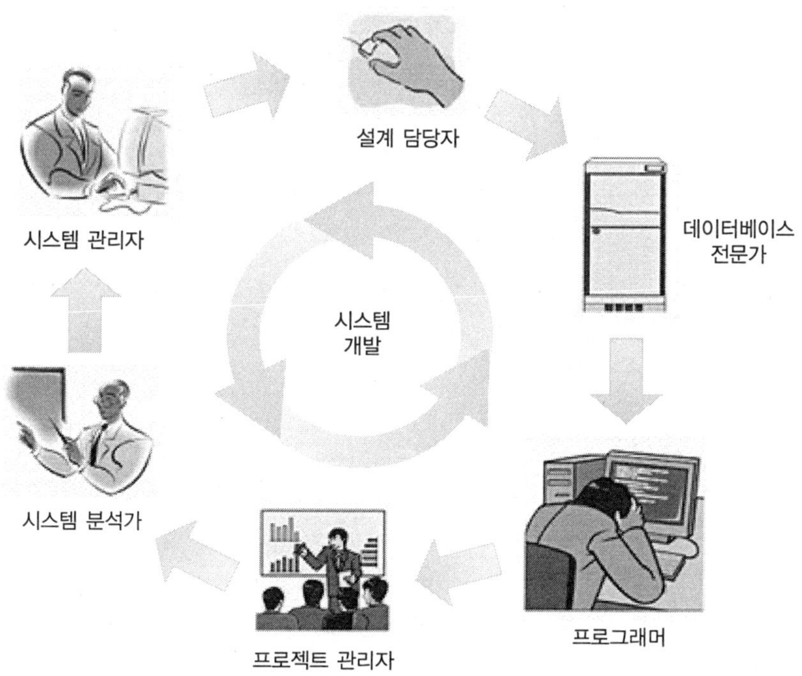

[그림 9-2] 개발 단계별 참여자들

시스템을 설계하는 사람도 있을 것이며, 설계할 때 데이터베이스 설계자도 참여할 수 있다. 이 설계 단계가 끝나면, 구현 단계로 프로그래머들이 직접적으로 관여하게 된다. 그리고, 유지보수 단계로 넘어가면서 프로젝트 관리가 시작된다. 프로젝트 관리시 요구사항이 발생이 되면, 시스템 분석가들은 요구사항을 분석하고, 다시 시스템 관리자와 설계 담당자에게 시스템 설계를 의뢰하게 된다. 이런 순환적인 관계를 생각해 볼 수 있다.

여기서, 설계가 중요한 이유는 무엇일까?

다음 그림은 개발 단계별 인력 소요를 그래프로 나타내 보았다.

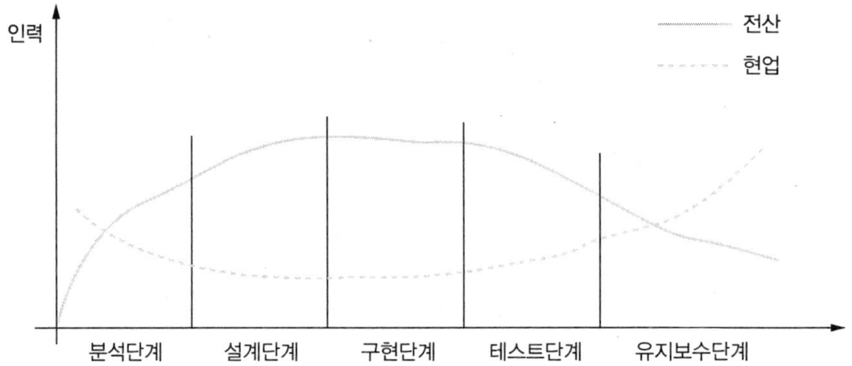

[그림 9-3] 개발 주기별 인력 소요

위의 그림에서도 알 수 있듯이 전산화가 되면, 실제로 유지보수 단계의 인력 소모가 줄어들게 된다. 뿐만 아니라, 경비도 절감이 된다. 하지만, 아직까지도 현업에서는 개발 시간과 비용에 쫓기다 보니, 유지보수 단계에 많은 노력과 수고를 쏟게 된다.

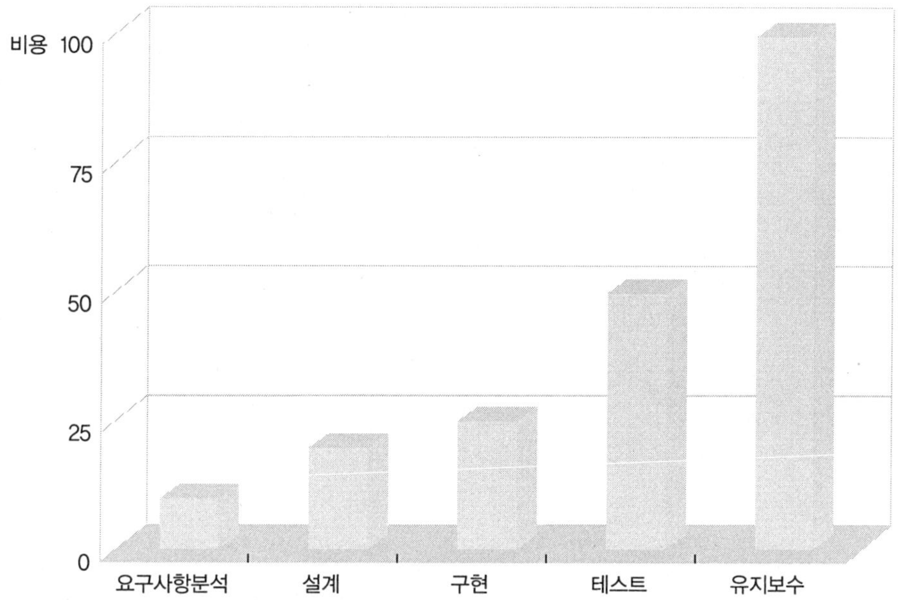

[그림 9-4] 오류 발견 단계의 소요 비용

실제로 요구사항 분석에서 오류를 발견했을 때의 수정하는데 드는 비용과 유지보수 단계에서 오류를 발견했을 때 수정하는데, 드는 비용을 비교해 보더라도 요구사항 분석과 설계 단계가 얼마나 중요한지 알 수 있다.

이런 고통을 방지하고자 구조적 설계 기법과 객체지향적 설계 기법을 자세히 알아 보도록 하자.

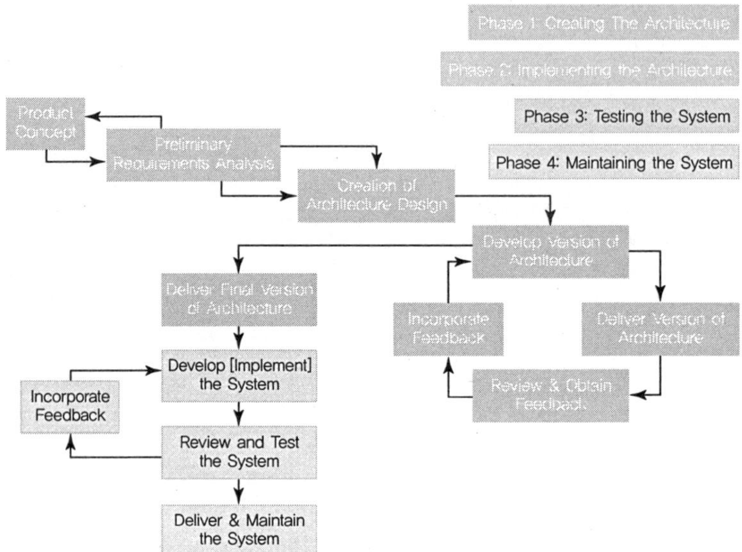

[그림 9-5] 임베디드 시스템 설계 및 개발 생명 주기

9.2 구조적 설계 기법

1979년 DeMarco가 도식적 기초를 이용하여 소개, 1980년대부터 널리 활용되기 시작 현재 요구사항 분석에 가장 많이 활용하는 기법이다. 다음은 구조적 설계 도구들이다.

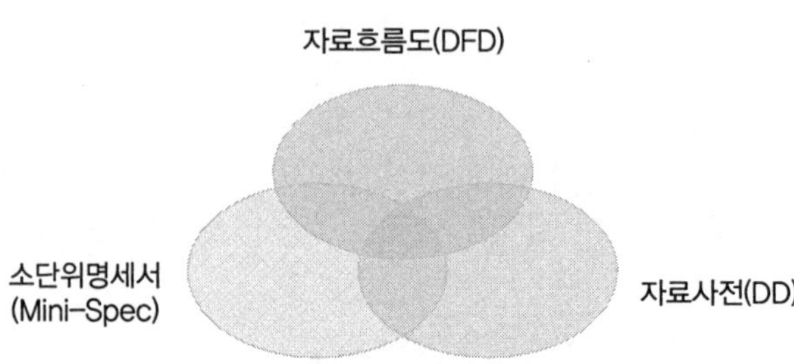

[그림 9-6] 구조적 설계 도구

(1) 자료 흐름도 (DFD)

사용자의 업무 및 요구사항을 쉽게 문서화하며 사용자와 분석가 사이의 의사소통을 위한 공용어 역할을 담당하게 된다. 자료 흐름도는 일관성 있고, 정확한 사용자의 요구 사항을 파악할 수 있는 요구 분석용 도구의 역할을 한다.

자료 흐름도에는 4가지 구성요소가 있다.

◎ 처리

입력된 자료를 출력으로 변환하는 것으로 원으로 표시하며 그 안에 처리의 이름을 부여한다.

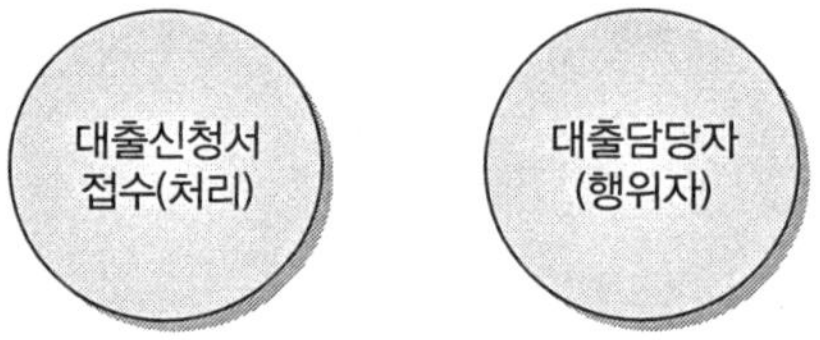

◎ 자료 흐름

발생지, 종착지, 처리 및 저장소 사이에서 자료의 흐름을 나타내며 화살표로 표시한다.

◎ 자료 저장소

시스템 상의 자료를 저장하기 위한 장소로 아래와 같이 평행선이나 한쪽이 열린 사각형으로 표시한다. 경우에 따라 번호를 매겨 자료 저장소의 세부 항목으로 표시된다.

◎ 단말

시스템에 필요한 자료가 입력되는 발생지와 시스템에서 처리된 자료가 출력되는 종착지를 나타내며 사각형 안에 단말의 이름을 적는다.

다음은 자료 흐름도의 예이다.

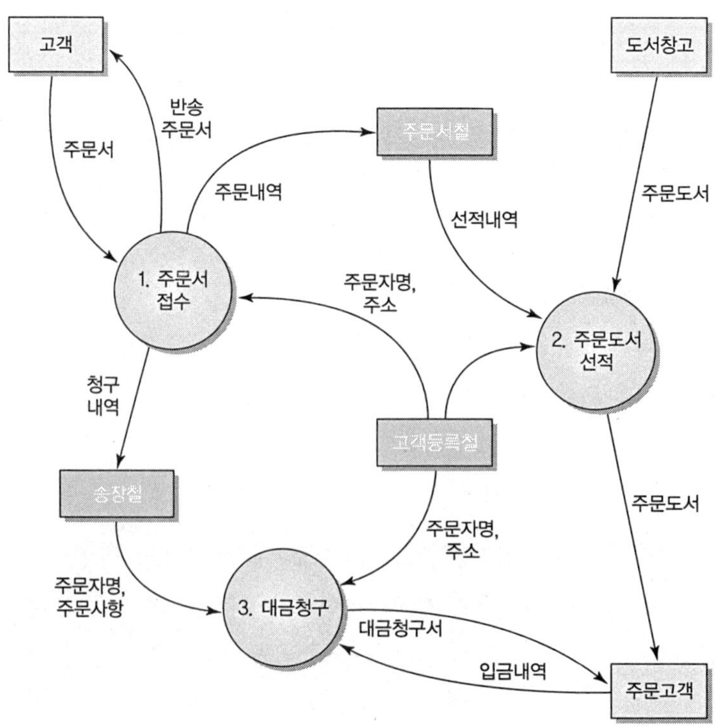

[그림 9-7] 자료 흐름도

DFD의 첫 그림은 항상 배경도(Context Diagram)로부터 시작한다는 것을 기억하자. 배경도는 시스템을 전체적인 관점에서 이해할 수 있도록 개발하고자 하는 시스템과 외부 객체들 사이의 자료 흐름을 개략적으로 표현이다.

배경도로 시작된 DFD는 버블 즉 처리 과정을 점차 분해, 상세화시켜면서 세부 모양을 표현하게 되며 DFD의 상세화는 배경도를 Level 0로 했을 때 통상 Level 3까지 분해하여 작성한다.

우선 세탁물을 분류하고, 물에 담가 때를 불린 후 비누질을 하고 헹구어 낸 후 (이 과정을 반복할 수도 있다) 탈수해서 말리기까지의 과정을 DFD로 표현해 보자.

1. 처리 과정

세탁물 분류, 물불림, 비누질, 비벼빨기, 헹굼질, 탈수, 건조

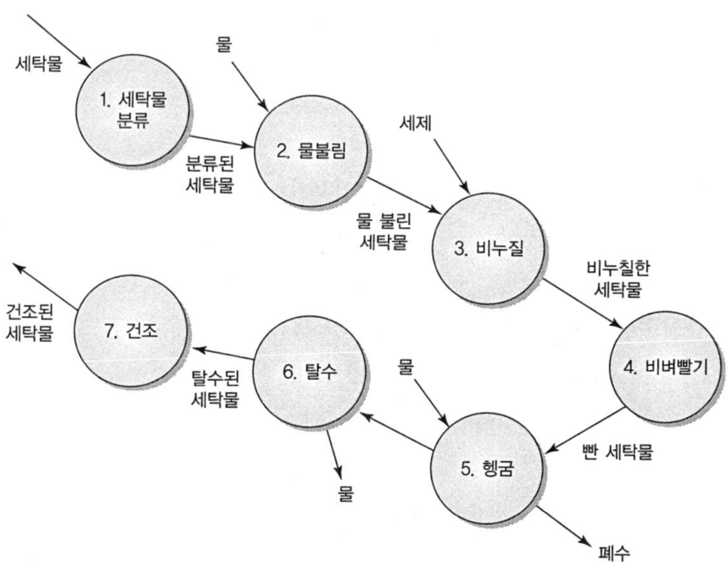

(2) 자료 사전

자료사전은 자료흐름도에 기술된 모든 자료들에 대해 다음 사항들을 정의한다.

- 자료흐름을 구성하는 자료항목
- 자료저장소를 구성하는 자료항목

- 자료에 대한 의미
- 자료원소의 단위 및 값

다음은 자료사전에 사용되는 기호이다.

〈표 9-2〉 자료사전의 사용기호

기호 (symbol)	의미 (Meaning)
=	정의 ('is composed of')
+	구성 ('and', 'along with')
{ }	반복 ('iteration of')
[ ]	택일 ('choose only one of')
( )	생략 가능 ('optional')
* *	주석 ('comment')

▶ **도서대출신청서 자료사전(DD) 작성 예시**

청구번호		확인	대출	
			반납	
저자				
서명				
성명				
소속	(주, 야) 과 학년			
학번				
보증 번호				
대출일				

1. 도서대출신청서 = 청구번호 + 저자 + 서명 + <u>대출자인적사항</u> + 대출일
   - 1.1 대출자인적사항 = 성명 + <u>소속</u> +학번 + <u>보증번호</u>
     - 1.1.1 소속 = ["주"|"야"] + 학과 + 학년
     - 1.1.2 보증번호 = * 대출자 개개인의 보증카드 고유번호 *

(3) 소단위 명세서

소단위 명세서는 최하위 자료 흐름도에 나타나 있는 처리 항목을 한 페이지 정도의 소규모 분량으로 논리적 처리 절차를 요약하여 나타내는 명세서이다.

다음은 소단위 명세서의 작성 단계를 그림으로 표현했다.

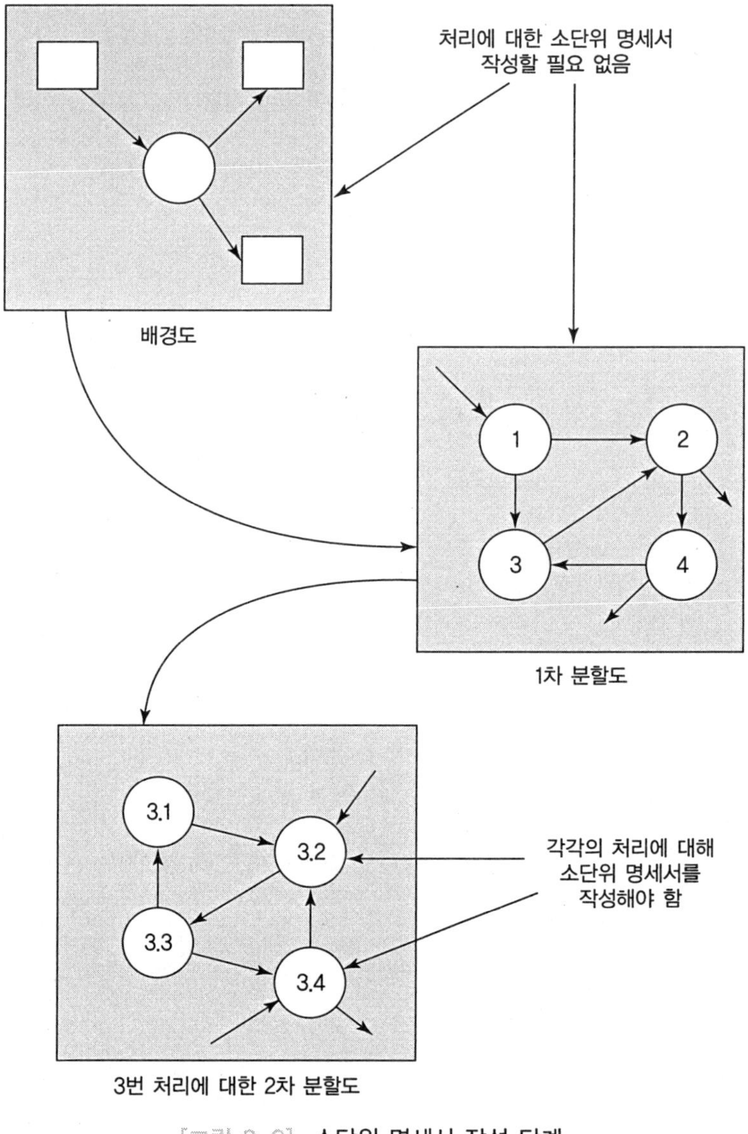

[그림 9-8] 소단위 명세서 작성 단계

소단위 명세서는 아래와 같이 구조적 언어로 표현한다.

구조적 언어는 처리 내용을 설명하기 위해 조건, 반복, 선택의 제한된 구조로 표현된다.

- If/Else, Switch Case, While, For 구문으로 표현

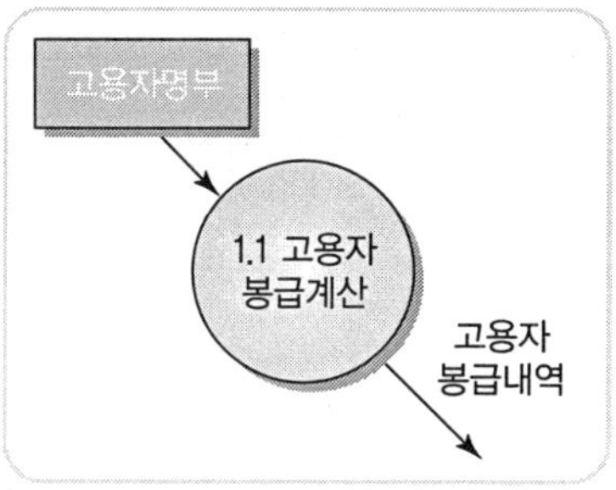

고용자명부 = {급여형태 + 성명 + 근무시간}

급여형태 = ["사무직" | "기능직"]

고용자봉급내역 = 성명 + 봉급액

1.1 고용자 봉급계산

FOR 고용자명부의 각 고용자에 대해

1. 고용자의 급여형태를 파악한다.

2. IF 급여형태 = "사무직"

   2.1 THEN 봉급액 = 근무시간 × 3000

   2.2 ELSE 봉급액 = 근무시간 × 2500

3. 성명과 봉급액을 고용자봉급내역으로 출력한다.

[그림 9-9] 자료흐름도, 자료사전, 그리고, 소단위 명세서의 관계

다음의 자료흐름도, 자료 사전 및 처리 조건을 참조해 처리 번호 3.1에 대한 소단위 명세서를 작성해 보자.

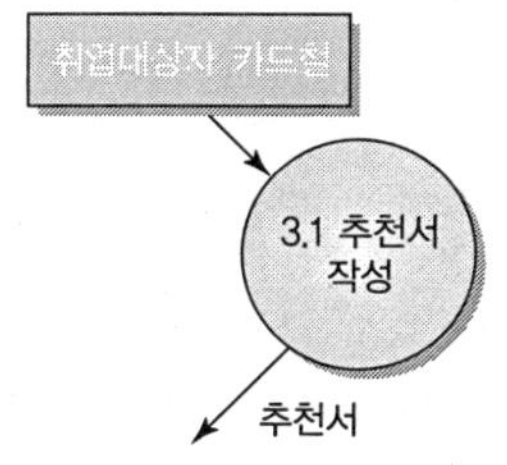

1. 추천서 = 성명 + 생년월일 + 성별 + (군필여부) + 학업성취도

   1.1 학업성취도 = * 평어로 표시 *

추천조건

- 인원 5명
- 학업성취도 B+ 이상
- 남자인 경우 군필자
- 여자인 경우 25세 미만

```
FOR 취업대상자 카드철의 각 취업대상자에 대해
1. 취업대상자 카드철의 학업성취도를 파악한다.
2. IF 학업 성취도 >= B+
   2.1. IF 성별 = 남 AND 군필 여부 = 군필
        2.1.1. THEN 성명, 생년월일, 성별, 군필여부, 학업성취도를 추천대상자철에 기록한다.
               추천대상 인원수에 1을 더한다.
        2.1.2. ELSE IF 연령 <25
               2.1.2.1. THEN 성명, 생년월일, 성별, 군필여부, 학업성취도를 추천대상자철에
                        기록한다.
                        추천대상 인원수에 1을 더한다.
ENDFOR
3. 추천인원 = 0
   REPEAT 선정된 각 추천대상자에 대해
4. 성적순으로 추천대상자를 선정한다.
5. 성명, 생년월일, 성별, 군필여부, 학업성취도를 추천서에 기록한다.
6. 추천인원에 1을 더한다.
   UNTIL 추천 인원 < 5
```

9.3 객체지향적 설계 기법

(1) 객체지향적 설계 기법의 정의

구조적 설계 기법은 소프트웨어를 단위 모듈로 분할하여 전체 프로그램의 구조를 세분적으로 쪼갠 다음 각 부분을 구현하고, 다시 통합해서 완성하는 방법이다. 분석-설계-개발-테스트로 이어지는 소프트웨어 개발 생명주기 모델을 충실히 따르는 구조적 개발 방법은 각 단계별로 해야할 일이 명확하게 정의된다. 따라서, 사용자 요구사항이 명확하고 변화가 많지 않은 환경에서는 매우 효율적인 개발 방법이라 하겠다.

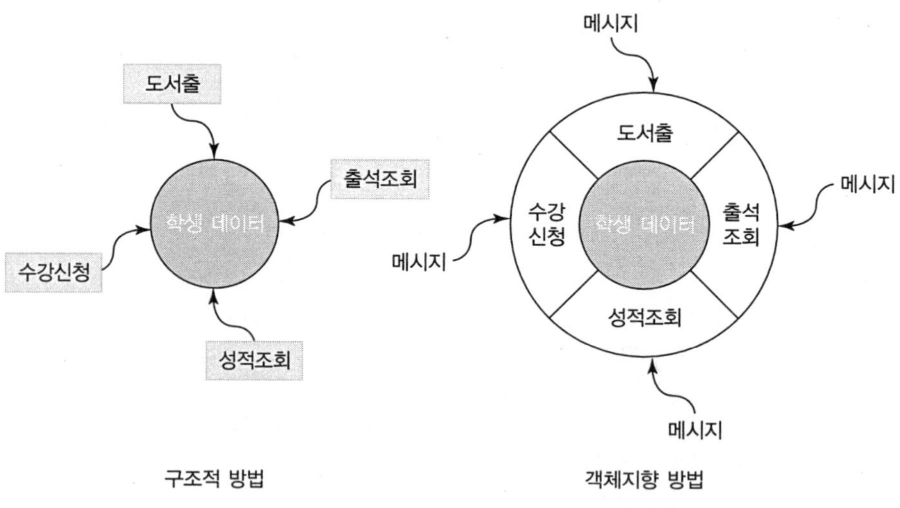

[그림 9-9] 구조적 설계와 객체지향 설계
(출처: UML 입문, 한빛미디어)

하지만 위의 그림을 보더라도 프로그램의 논리와 데이터를 분리해서 소프트웨어를 설계하기 때문에, 생명주기 각 단계에서 단계별로 자연스럽게 연결되지 않고, 프로그램 내부 기능들은 데이터와 복잡하게 얽혀 있어 소프트웨어를 변경하는 일이 쉽지 않다. 따라서 유지보수 비용이 많이 발생하는 문제점이 있다.

이를 해결하기 위해 객체 지향적 설계 기법이 등장하게 된다.

이는 인간의 사고 방식대로 프로그램을 개발하려는 노력에서 탄생하였다. 객체 지향이란 현실세계에 존재하는 실체 및 개념들을 객체라는 독립된 단위로 구성하고, 이 객체들의 메시지를 통하여 상호작용함으로써 전체 시스템이 운영되는 개념이다.

(2) UML

UML의 개념에 대해 알아 보자.

소스 코드를 작성할 때 사용되는 C, Java, C++, 베이직 등과 같은 언어를 프로그래밍 언어라 하듯이 모델링의 결과 즉, 모델을 표현할 때 사용되는 언어를 모델링 언어라고 부른다. UML은 바로 이러한 목적으로 사용될 수 있게 정의된 모델링 언어이다.

〈표 9-3〉 모델링과 프로그래밍

	모델링	프로그래밍
목적	구축할 시스템의 모습 정의	시스템의 실제 구현
세부 수행 활동	요구사항 정의, 분석, 설계	소스 코드 편집, 컴파일, 시험, 디버깅
결과물	모델	소스 코드를 포함한 구현된 시스템
표기법 지원 도구	모델링 언어(UML, ERD, DFD) CASE 도구(Rose, Together)	프로그래밍 언어(Java, C++) 개발도구(Jbuilder, Visual Studio, Net)

UML은 통합모델링 언어로 그래디 부치(Grady Booch), 제임스 럼바(James Rumbaugh), 이바 야콥슨(Ivar Jacobson)에 의해서 연구되었다. 1997년 객체관리그룹 (OMG, Object Management Group)에서 여러 표기법을 통합하여 UML을 발표하였다. 현재 UML은 객체지향 시스템 개발 분야에서 가장 우수한 모델링 언어로 인식되고 있다.

UML의 특징은 다음과 같다.

- 가시화 언어: 그래픽 형태로 작성한다.
- 명세화 언어: 필요한 모델을 정확하고 완전하게 명세화할 수 있다.
- 구축 언어: 다양한 프로그래밍 언어로 표현할 수 있다.

- 문서화 언어: 모든 상세 내역에 대한 문서화를 제공한다.

무엇보다도 UML은 구축할 시스템에 관계없이 적용될 수 있다는 큰 장점이 있다.

UML의 구성요소 중 가장 대표적인 산출물이 다이어그램이다. 이 다이어그램은 여러가지가 있으나 시스템 유형과 설계 단계에서 사용되는 다이어그램은 유스케이스 다이어그램, 클래스 다이어그램, 순차 다이어그램, 통신 다이어그램, 상태 다이어그램으로 나누어 볼 수 있다.

〈표 9-4〉 시스템 유형별 UML 다이어그램의 사용

뷰	UML 다이어그램	시스템 유형		
		간단한 시스템	반응적 시스템	분산 시스템
유스케이스 뷰	유스케이스 다이어그램	V	V	V
설계 뷰	클래스 다이어그램	V	V	V
	순차 다이어그램	V	V	V
	통신 다이어그램	V	V	V
	상태 다이어그램		V	V
프로세스 뷰	클래스 다이어그램			V
	순차 다이어그램			V
	통신 다이어그램			V
구현 뷰	컴포넌트 다이어그램			V
배치 뷰	배치 다이어그램			V

(1) 유스케이스 다이어그램

유스케이스는 시스템이 제공하는 서비스 혹은 기능이다. 유스케이스는 시스템이 외부에 제공하는 사용자 관점의 기능단위이며 외부의 요청에 반응하여 원하는 처리를 수행하거나 원하는 정보를 제공한다. 따라서 유스케이스는 그 자체로 의미있는 자기완결형(Self Contained)의 서비스 단위라고 한다.

[유즈케이스]

유스케이스 다이어그램을 정의하면, 시스템이 제공하는 서비스와 외부 환경과의 관계를 표현하는 다이어그램이다. 이는 시간개념과 순서개념이 없으므로 정적인 관점에서의 모델이고, 사용자 관점에서 시스템의 기능을 정의하고 외부 환경을 정의하는 목적으로 작성된다.

[그림 9-10]은 유스케이스 다이어그램의 예이다.

어느 회사의 간단한 인사관리시스템으로 이 시스템의 사용자는 액터인 인사담당자와 시스템관리자라고 가정하자. 인사담당자에게 시스템은 인사정보를 신규등록하고 수정하고 인사현황 조회를 서비스하고 이를 위해 사원 검색 서비스를 공통 서비스로 분리하여 정의하였다. 시스템 관리자는 기준정보를 관리한다라고 했을 때의 유스케이스 다이어그램이다.

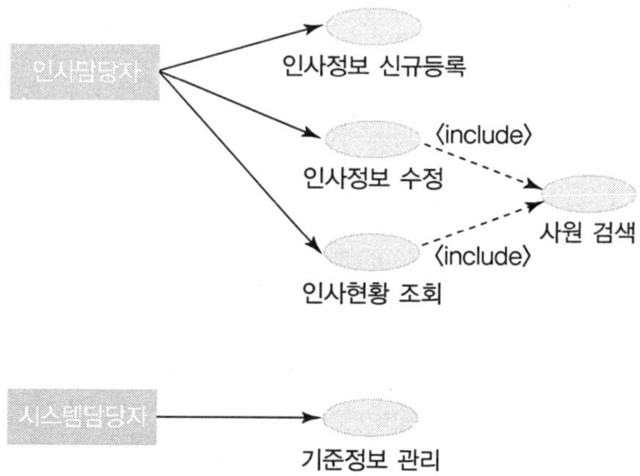

[그림 9-10] 유스케이스 다이어그램

(2) 클래스 다이어그램

유스케이스 다이어그램 다음으로 작성해야 하는 것이 클래스 다이어그램인데, 클래스와 클래스 간의 관계를 나타내며 UML의 모델 가운데 가장 공통적으로 많이 쓰이는 다이어그램이다. 직접적으로 프로그래밍과 관련된 내용을 담고 있다. 클래스 다이어그램도 역시 시스템의 정적인 관점을 나타낸다

다음은 배구 경기에 관한 클래스 다이어그램이다.

- 클래스 추출: 배구선수, 점수, 세트, 경기
- 객체 추출: 리베로, 센터, 공격수
- 메서드 추출 토스, 스파이크, 리시브, 이긴다, 진다, 올라간다.

이때, 한 세트는 25점으로 이루어져 있고, 3세트까지 경기한다고 가정해 보자.

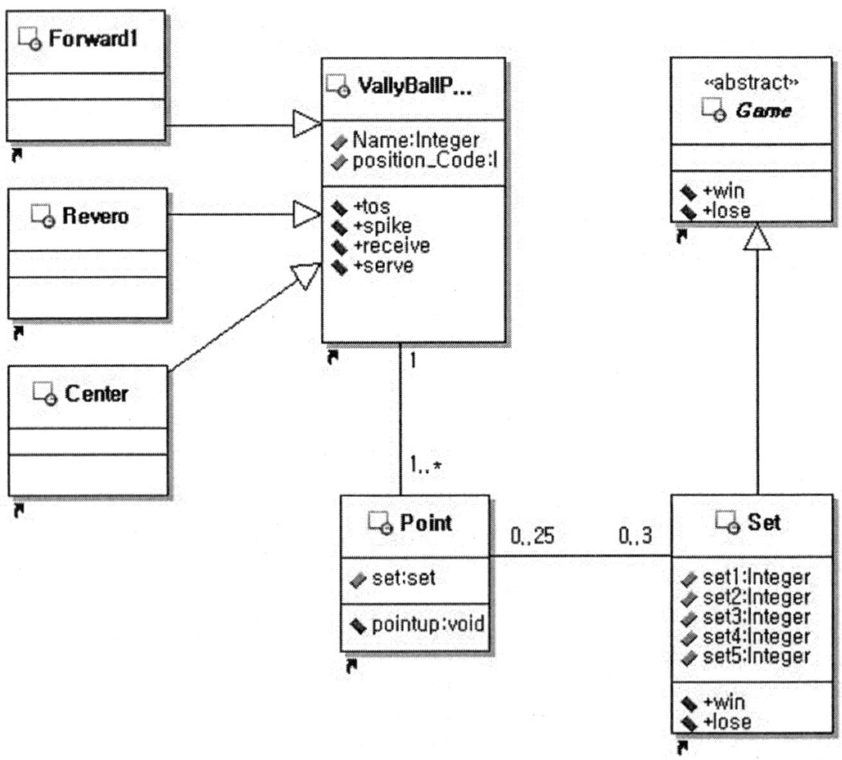

[그림 9-11] 배구 경기에 관한 클래스 다이어그램

(3) 순차 다이어그램

외부의 특정한 처리요청을 해결하기 위해 필요한 객체들과 그 객체들이 참여

한 시간적, 순서적 처리흐름을 표현하는 다이어그램이다.

클래스 다이어그램까지 만들었다면, 순차 다이어그램이나 통신 다이어그램은 쉽게 만들수 있다.

우선 디지털 도어락에 대한 클래스 다이어그램을 먼저 살펴보자.

- 디지털 도어록은 부착된 감지시스템에 스마트카드를 접속시키거나 비밀번호를 입력하면 자동으로 도어록이 해제되면서 문이 열리고, 문이 닫히면 자동으로 잠긴다.
- 도어록이 해제되거나 잠기면 삐리릭 하는 소리를 낸다.

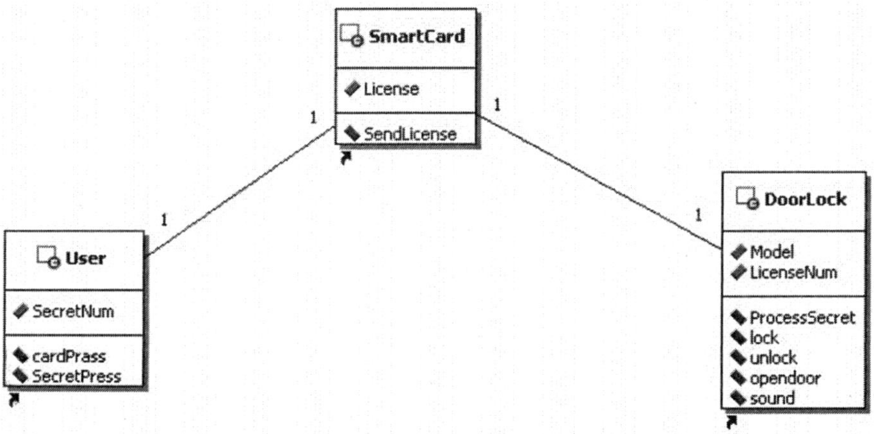

[그림 9-12] 디지털 도어락에 대한 클래스 다이어그램

디지털 도어락의 클래스 다이어그램을 가지고 순차 다이어그램을 그려보자.

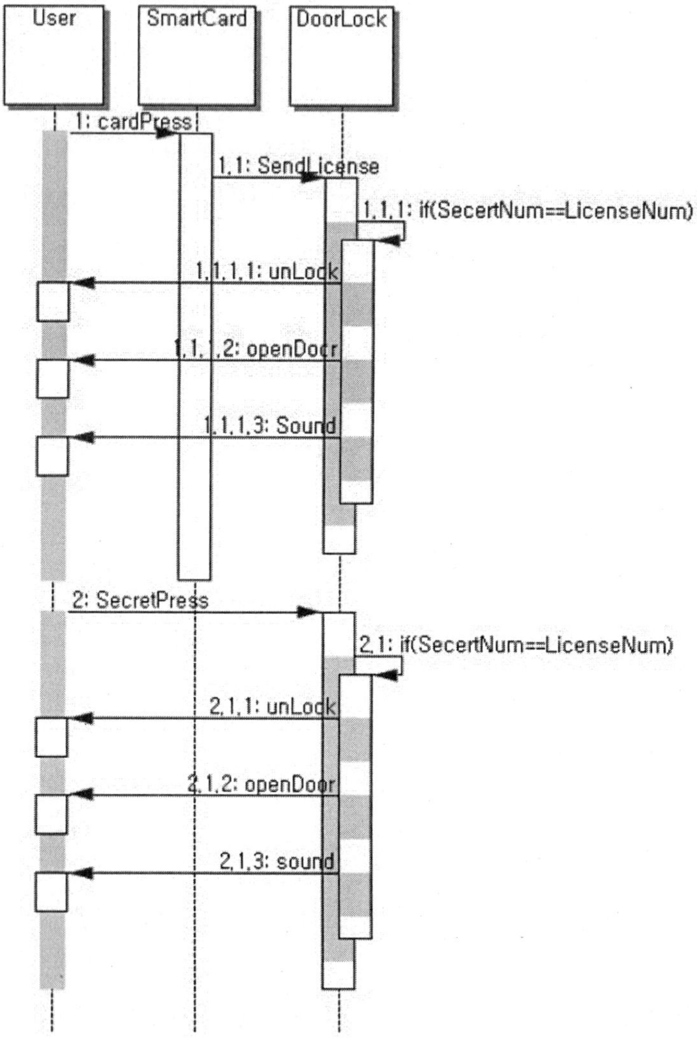

[그림 9-13] 디지털 도어락에 대한 순차 다이어그램

위의 그림과 같이 시스템의 동적인 관점을 나타내게 되는데, 시간의 관점에서 시스템을 모델링하게 된다. 시간 축은 기본적으로 수직선을 그려 나타내며 그 시간 축에 동적 상태를 표현하게 된다.

(4) 상태 다이어그램

상태 다이어그램은 하나의 객체가 생성되어 소멸될 때까지 가질 수 있는 가능한 모든 상태(state)를 분석하고, 표현하는 다이어그램으로 시스템에서 복잡한 역할을 수행하는 핵심 객체에 대해 자세한 변화를 추적하여 완전성을 기하기 위해 작성한다.

상태 다이어그램 역시 시스템의 동적인 관점을 다루는 모델이다.

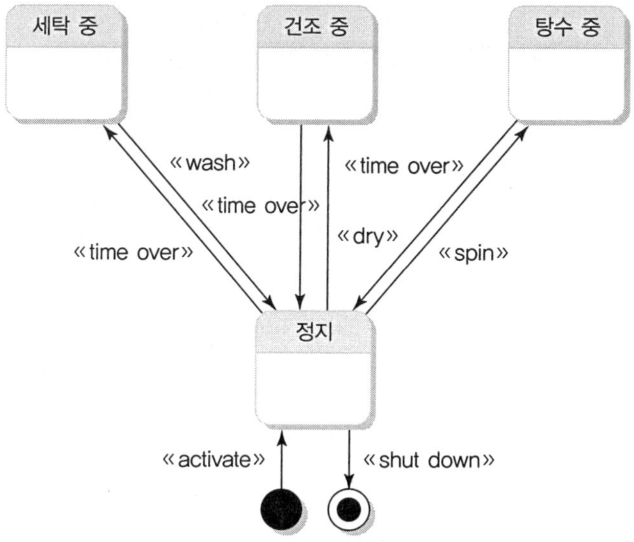

[그림 9-14] 세탁기에 대한 상태 다이어그램

검정색 색칠 원은 시작점을 뜻하고, 이중 원은 종료점을 뜻한다.

(5) 활동 다이어그램

처리흐름을 모델링하는 범용적인 다이어그램이다. 대상은 클래스의 처리흐름일 수도 있고, 비즈니스 측면의 워크플로우일 수도 있고, 기타 다른 다양한 분야가 대상이 될 수 있다. 논리 흐름과 처리 순서, 프로세스 플로우 등에 대해 판단, 처리, 액티비티를 사용하여 분석하는 모델이다.

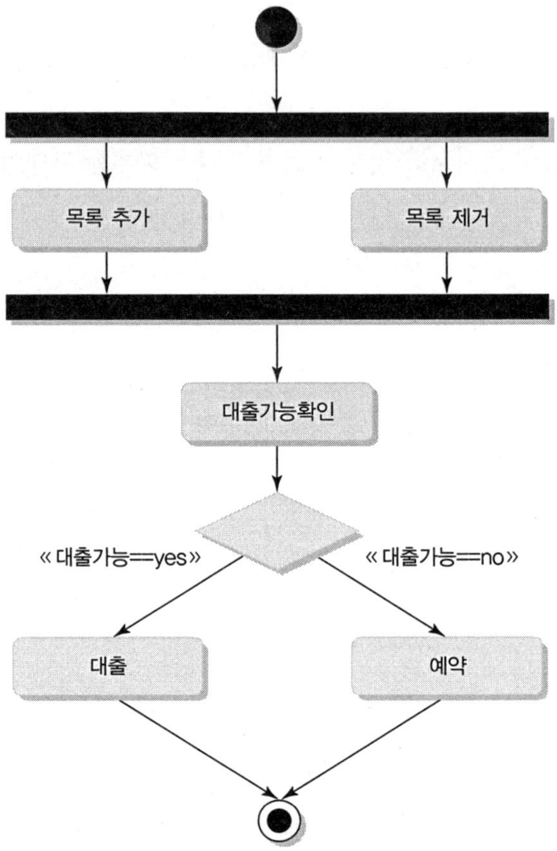

[그림 9-15] 도서 관리에 대한 활동 다이어그램

활동 다이어그램은 흔히 순서도와 비슷하여 범용으로 사용이 된다. 한가지 특이 사항은 검정색 수평 바를 이용하여 동시성을 나타낸다.

위의 도서 관리에 대한 활동 다이어그램에서는 목록 추가와 목록 제거 작업을 동시에 할 수 있다는 의미가 내포되어 있다.

9.4 구현

H/W와 S/W로 분리되어 개발된 모듈들은 구현 과정에서 하나로 통합된다. 구현된 H/W에 개발된 S/W의 Object코드를 ROM Writer 또는 로더를 이용한 후 실제 Target 환경에서 Test를 실시한다. 또한 외부 시스템과 연계가 필요한 경우 필요한 Port의 제어에 문제가 없는지 그리고 전달된 데이터는 정확히 전달이 되는지 Log를 확인하면서 Debug작업을 반복한다.

이런 과정을 거친 다음 검수 및 적용 단계로 넘어가게 된다. 시스템 개발에서 가장 중요한 것은 사용자가 요구한 기능이 정확히 구현됐느냐 이다. 따라서 적용에 앞서 사용자의 요구사항과 시스템 기능을 검증 및 확인하여 검수작업을 하고 이를 통과하면 실제 업무에 적용한다.

(1) 호스트

임베디드 시스템의 세계에선 소프트웨어가 실제로 실행될 시스템이 아닌 다른 시스템에서 프로그래밍되어야 하는 많은 이유가 있다. 선적할 시스템은 키보드, 스크린, 디스크 드라이브, 또는 프로그래밍에 필요한 다른 주변장치들을 가지고 있거나 가지고 있지 않을 것이다. 프로그램 편집기를 실행할 충분히 메모리를 가지고 있지 못할 수도 있고, 심지어 어느 누구도 아직 그 시스템이 사용하는 마이크로프로세서에서 돌아가는 편집기를 작성하지 않았을 수도 있다. 그러므로, 임베디드 시스템을 위한 대부분의 프로그래밍 작업은 모든 프로그래밍 툴이 실행될 컴퓨터 시스템인 호스트에서 이루어져야 한다. 단지, 프로그램이 작성되고, 컴파일되고, 어셈블되고, 링크된 후에, 프로그램은 고객에게 선적될 시스템인 타깃에 올라간다.

따라서, 임베디드 시스템은 호스트와 타깃 시스템으로 분류된다.

(2) 타깃

타깃 시스템은 여러 가지 조건들을 갖추고 있어야 한다. 우선, 프로세서의 성능, 메모리 용량, 전원 공급장치 등 하드웨어 자원이 제품의 크기, 가격, 발열 등의 이유로 제한적이므로 경량화, 저전력 사용, 자원의 효율적 관리 등 하드웨어에 최적화된 임베디드 소프트웨어 개발을 지원할 수 있는 도구의 지원이 필요하다.

범용 데스크탑 또는 서버에서 실행되는 패키지 소프트웨어와는 달리 특정 시스템에서의 실행을 목적으로 하므로, 임베디드 소프트웨어의 기능은 탑재될 임베디드 시스템의 기능에 따라 결정되며, 임베디드 소프트웨어의 개발에는 풍부한 하드웨어 지식과 시스템 소프트웨어 개발 경험이 요구된다.

환경 제약적이며 실시간적으로 변경되는 외부 환경에 맞는 최상의 임베디드 S/W 서비스 제공을 위해서는 임베디드 소프트웨어의 동적 모니터링 및 동적 재구조화사 가능한 임베디드 에이전트 기술 기반의 통합 프레임워크 도구가 필요하다.

마지막으로 임베디드 소프트웨어 개발 도구는 분석, 설계, 구현, 시험, 유지보수 등 개발 전 라이프 사이클을 지원할 수 있는 방대한 기술이 필요하다.

(3) 임베디드 소프트웨어 개발 도구

임베디드 소프트웨어 개발 도구는 아래 그림과 같이 호스트와 타깃 시스템으로 분리되어 있다. 호스트에서 개발 프로그래밍을 다한 후 타깃 보드로 다운로드하여 테스트해 보게 되는데, 다운로드할 때 Ethernet이나, 시리얼 포트, 패러럴 포트를 이용한다. 특히, 패러럴 포트에는 JTAG[2]를 연결하여 사용한다,

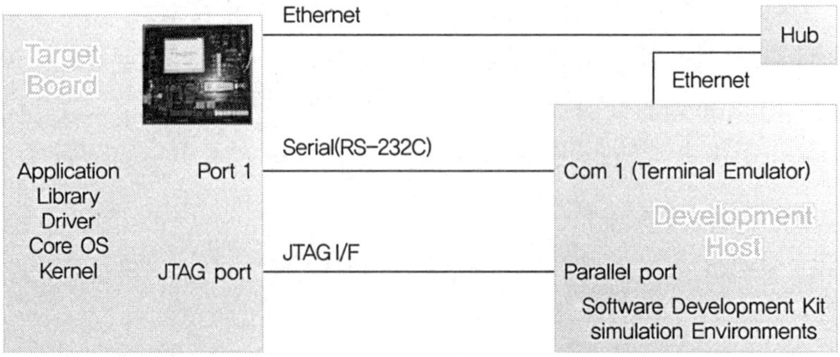

[그림 9-16] 임베디드 소프트웨어 개발 구성도

2) 마이크로프로세서의 상태와 관계 없이 디바이스의 모든 외부 핀을 쓰거나 읽을 수 있도록 하는 장치이다. 비싼 것은 천만원을 웃도는 장비도 있다.

(4) 크로스 컴파일러

호스트로 사용되는 대부분의 데스크톱 시스템은 컴파일러, 어셈블러, 링커 등의 프로그램을 제작하는 툴을 가지고 있다. 이러한 툴들은 네이티브 툴이라고 불린다.

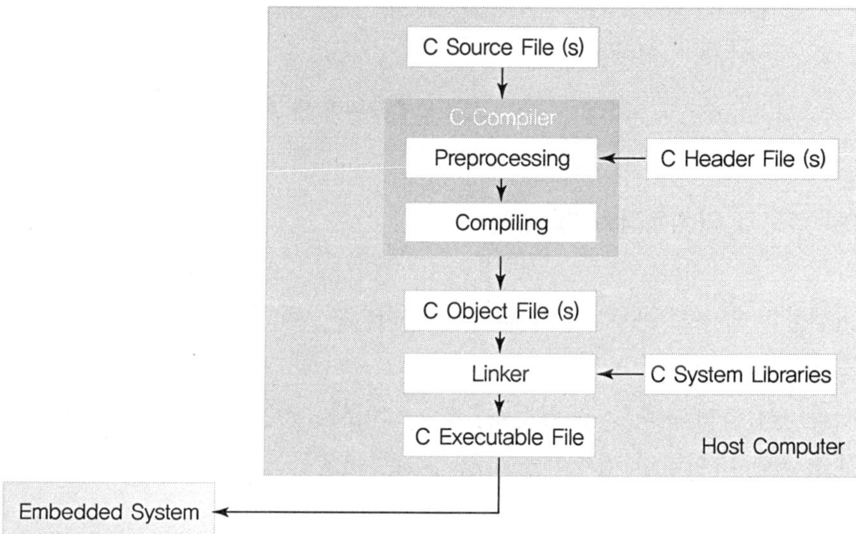

[그림 9-17] 네이티브 툴

예를 들어, 인텔 펜티엄 기반의 윈도우 NT 시스템의 네이티브 컴파일러는 모든 인텔 펜티엄 프로세서에서 돌아가는 프로그램을 제작한다. 만약 타깃 마이크로프로세서가 펜티엄이라면 컴파일러는 유용하게 사용될 것이다. 하지만 타깃 마이크로프로세서가 모토롤라 68000, MIPS, 자일로그 Z80 등의 다른 프로세서라면 전혀 쓸모가 없게 된다.

이상적으로는 C 또는 C++로 작성한 프로그램은 네이티브 컴파일러로 컴파일 하면 호스트에서 돌아가고, 크로스 컴파일러로 컴파일을 하면 타깃에서 돌아갈 것이다.

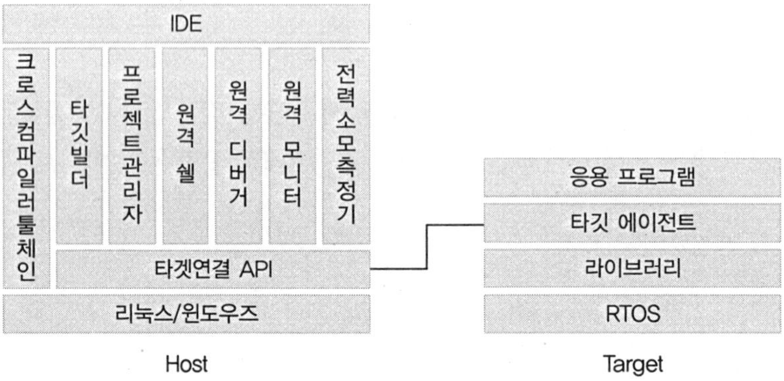

[그림 9-18] 크로스 컴파일러 툴 체인

(5) 크로스 어셈블러와 툴 체인

어셈블리 언어로 프로그램을 작성해야 한다면, 필요하게 될 툴은 크로스 어셈블러이다.

이름에서 쉽게 유추할 수 있듯이, 크로스 어셈블러는 호스트에서 실행되지만 타깃을 위한 바이너리 명령어들을 생성하는 어셈블러이다. 크로스 어셈블러의 입력은 타깃에 적합한 어셈블리어일 것이다.

(6) 임베디드 소프트웨어를 위한 링커/로케이터

파일로부터 소스를 읽어서 링커에 적합한 오브젝트 파일을 생성하는 크로스 컴파일러의 작업은 네이티브 컴파일러와 큰 차이가 없지만, 임베디드 시스템을 위한 링커는 네이티브 링커와는 다른 많은 작업을 해야 한다. 사실, 임베디드 시스템을 위한 링커는 종종 로케이터(locator) 또는 링커/로케이터(linker/locator)라고 부른다.

로더는 또한 운영체제의 함수를 호출하면서 프로그램을 끝내는 루틴에 들어있는 CALL로 처리한다. 대부분의 프로그램은 더 이상 수행할 것이 없을 때 프로그램을 끝내려고 운영체제의 함수를 호출한다. 운영체제는 이미 응용 프로그램의 메모리 영역에 올라와 있기 때문에, 로더는 이러한 함수들이 어디에 있는지 알 수 있고 응용프로그램에 있는 CALL 명령어를 수정한다.

대부분의 임베디드 시스템에서는 로더가 없다. 로케이터가 작업을 마쳤을 때, 그 결과물은 타깃 시스템으로 복사된다. 그러므로, 로케이터는 프로그램이 메모리 어디에 올라가는지 알아서 모든 주소를 변경해야 한다. 로케이터는 프로그래머가 프로그램이 타깃의 어디로 올라갈지를 말해 줄 수 있도록 허용한다.

(7) 로케이터 맵

대부분의 로케이터는 맵이라고 불리는, 각 세그먼트를 메모리의 어디에 위치시킬 지를 열거하는 출력파일을 생성한다. 일반적으로, 맵은 공개 함수의 주소와 전역변수의 주소까지도 포함한다. 로케이터가 타깃 하드웨어에 맞는 프로그램을 생성했는지를 확인할 때 맵 파일은 유용하다.

예를 들어, 데이터 영역이 RAM에 있는 프로그램, 함수의 주소가 ROM에 있는 프로그램등을 점검해 볼 수 있다. 디버깅을 할 때도 맵이 유용하다. 요즘 사용되는 많은 디버깅 툴들은 자동으로 실행되는 명령어의 주소를 모듈 이름이나 줄 번호로 변환시켜 주지만, 간혹 이러한 툴들이 동작할 수 없는 상황에서 디버깅을 해야 하는 경우가 있다. 이러한 경우, 로케이터 맵을 통해서 실제로 마이크로프로세서가 어떤 일을 했는지를 아는데 도움을 받을 수 있다.

로케이터는 (ROM에 있는) 어떤 영역의 주소에 프로그램을 저장하지만, RAM에 있는 다른 어떤 영역의 주소를 복사된 후 시스템을 파는 RTOS 제조회사들은 이러한 프로그램을 만드는 로케이터를 제공하고 시스템을 ROM에서 RAM으로 복사하는 스타트업 코드를 제공한다

(8) 커널 컴파일 절차

일반적으로 커널 컴파일(Kernel Compile)이 이루어지는 절차는 아래의 [그림 9-19]와 같은 절차로 구성된다. 먼저 커널 소스를 작업 디렉토리에 복사하고 cross-compiler 설치되어 있는지 확인한다. 이때 ARM, Xscale 환경으로 Patch를 수행한다. 그 다음에는 make config를 이용하여 커널의 컴파일 환경을 타깃보드에 맞게 적용한다. 적용할 시에는 이전의 작업한 관련 커널 작업 환경을 삭제하고 커널 설정을 수행하면 된다. GNU C compiler를 이용하여

Makefile 간의 상호 연관성 파일을 생성하고 컴파일을 수행한 후에는 불필요한 object 파일을 삭제한다. 여기까지의 과정이 마무리 되면 zimage로 커널을 컴파일한다.

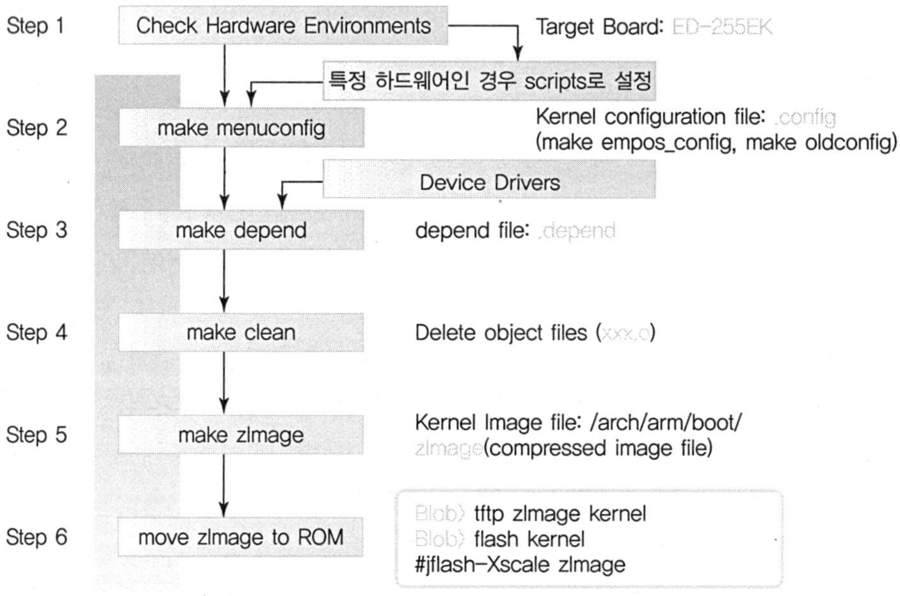

[그림 9-19] 커널 컴파일 절차

▶ **임베디드 시스템을 설계할 때 고려해야 할 사항**

1. 메모리 절약

   임베디드 시스템에서는 코드 공간을 짧게 할 수도 있고, 데이터 공간을 짧게 할 수도 있다. 메모리 줄이는 작업을 할 때는 반드시 정확한 종류의 메모리를 절약하도록 해야 한다.

2. 파워 절약
   - 슬림 모드
   - 저전력 모드
   - 대기 모드
   - 스탠바이 모드

▶ **RTOS를 설계할 때 고려해야 할 사항**

1. 스택

   각 태스크는 스택을 위한 메모리가 필요하다. 따라서 시스템이 필요한 양만큼의 스택을 할당하도록 해야한다.

연 / 습 / 문 / 제

1. 컴퓨터 시스템의 입출력 장치 설계시 고려해야 할 중요한 요소를 시간 및 공간적 특성을 고려하여 설명하시오.

2. 코드 공간을 절약하는 방법을 생각해 보자.

CHAPTER

O

● 이번 장에서는 교차개발 환경에 대해 배워보자

교차개발환경

CHAPTER 10

교차개발환경

10.1 교차개발환경의 개요

(1) 교차개발 환경의 정의

교차개발환경이란 호스트환경과 타깃환경이 다른데에 따른 개발환경을 말한다. 즉, 호스트와 타깃시스템이 서로 다른 마이크로프로세서를 쓰기 때문에 보통 컴파일러로는 개발을 할 수가 없다. 각 마이크로프로세서마다 명령어셋이 다르므로 호스트의 마이크로프로세서에 맞추어진 컴파일러로 컴파일을 할 경우 타깃시스템에서는 동작을 하지 않는다.

여기서 말하는 명령어셋이란 예를 들어 한 마이크로프로세서의 경우 저장하는 코드가 1000이라 치면 다른 마이크로프로세서는 같은 동작을 하는 명령어 코드가 1001일 수가 있다. 이러한 불일치 때문에 교차개발환경이라는 것이 탄생한 것이다. 개발환경에는 컴파일러, 교차링커, 바이너리도구, 라이브러리 등 기존 개발환경과 유사하지만 다른 점이 있다면 이 모든 것들이 타깃에 맞추어져 있다는 것이다. 개발은 호스트에서 하되 최종 결과물인 프로그램은 호스트에서는 돌아가지 않고 타깃에서만 돌아가게 된다. 이 때문에 디버깅을 하기위해서는 타깃시스템에 프로그램을 올리고 태스트하는 과정이 필요하다. 아래 그림은 전체적인 호스트, 타깃 환경을 보여준다.

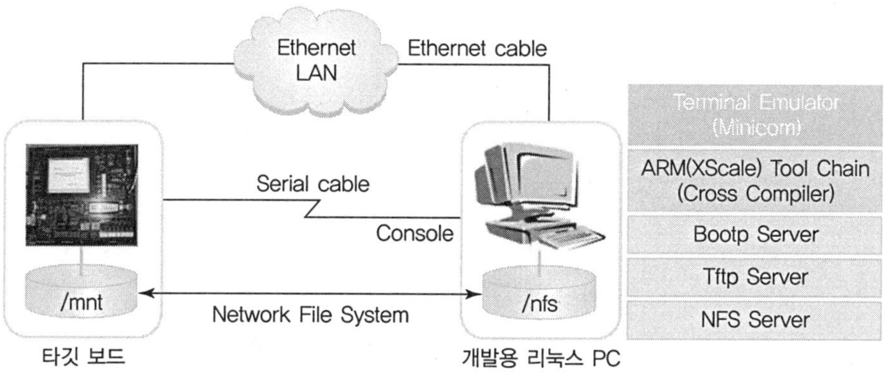

[그림 10-1] 전제적인 호스트 타깃 환경

(2) 호스트(Host)

호스트는 타깃에 필요한 개발 환경 및 인터페이스를 제공해 주는 외부 시스템을 의미하다. 호스트는 개발상의 문제로 꼭 필요하다. 임베디드 시스템에 전원이 인가되면 부가적인 외부장비의 도움 없이 독립적으로 초기화를 마치고 예정된 작업을 수행하는 것이 일반적이며 독립적인 임베디드 시스템으로 완성되기까지 개발 과정상 호스트라고 하는 부가적인 외부 시스템에 의존하여 개발이 이루어지기 때문이다. 또한 특정 목적을 위해 간결하게 만들어지므로 호스트 없이 독자적인 임베디드 시스템만으로는 개발 작업에 필요한 환경 구성이 불가능하다.

(3) 타깃(Target)

타깃은 임베디드 시스템 자체를 가리키는 용어로 개발 대상인 보드나 H/W로 독립적으로 동작이 되지 않는 장비를 일컫는다. 독립된 동작을 위해서는 커널, 다바이스 드라이버, 응용 프로그램 등이 host을 통해서 개발된 뒤에 다운로드나 이식이 되어야 동작이 가능하다.

(4) 케이블의 종류

① 시리얼 케이블

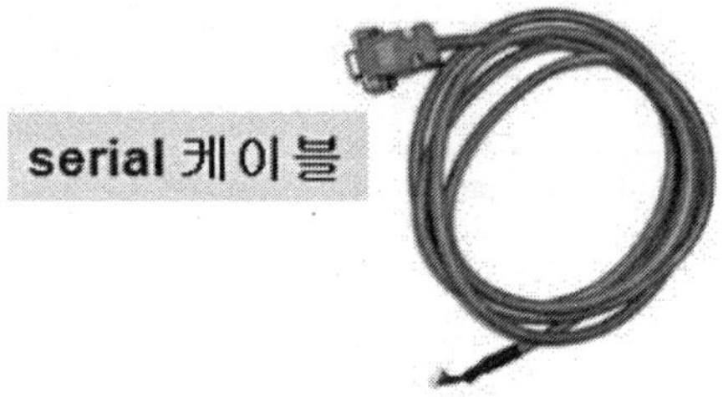

[그림 10-2] 시리얼 케이블

가장 흔한 케이블중에 하나로 시리얼포트를 이용하여 타깃시스템과 통신한다. 리눅스에서는 minicom, 윈도우에서는 하이퍼터미널 프로그램을 사용하여 간단하게 접속이 가능하다. 부트로더만 있을 때에 사용한다. 속도가 느린 것이 단점이다.

② UTP

[그림 10-3] LAN 케이블

부트로더와 TFTP프로그램이 타깃시스템에 저장되어 있다면 IP주소를 지정하여 서로 통신이 가능하다. 속도가 상대적으로 빠르기 때문에 개발시간을 단축시킬 수 있다.

③ JTAG

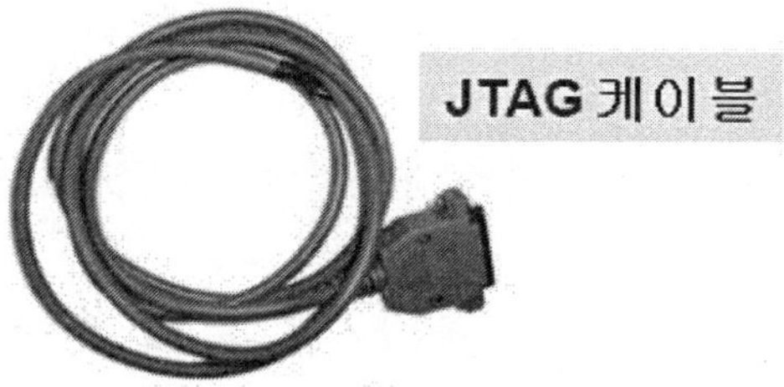

[그림 10-4] JTAG 케이블

타깃 시스템에 부트로더 같은 프로그램이 없다면 더미보드상태라고 하는데 이런 상태의 경우 프로세서에서 제공하는 특별한 프로토콜인 JTAG나 BDM (Board Debugging Mode)을 사용하여 타깃에 접속하여 데이터를 메모리에 적재한 후 플래쉬에 저장한다.

(5) 터미널

① 미니컴(리눅스)

리눅스에서 제공하는 통신프로그램으로 시리얼통신에 쓰인다.

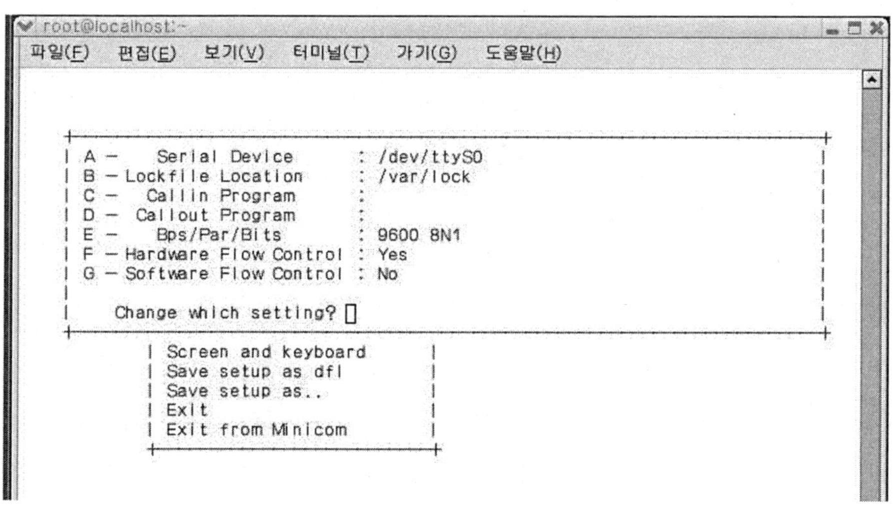

root관리자로 minicom -s(set의 의미) 커맨드 입력하면 configuration창이 뜨면 Serial port setup메뉴로 들어간다.

Serial Device : /dev/ttyS0 (COM1) or ttyS1(COM2)//둘 중 시리얼케이블이 연결된 포트 하나를 선택하고

Bps/Par/Bits : 시리얼속도/패리티/데이터비트 설정//각 보드에서 요구하는 속도와 패리티비트, 데이터 비트를 설정하여 준다.

Hardware/Software Flow Control : Yes or No//보드에 맞게 설정하여주고 설정이 완료되면 Serial Portsetup메뉴에서 나와 Save setup as dfl로 저장 후 Exit로 빠져나온다. 설정과 시리얼 케이블 접속이 올바르다면 타깃보드를 켰을 때 타깃보드에서 보내는 메시지가 정상적으로 미니컴에서 보일 것이다.

② 하이퍼 터미널(윈도우)

윈도우에서 기본적으로 제공하는 통신 에뮬레이터, 시리얼, 모뎀 등에 사용

시작-보조프로그램-통신-하이퍼터미널 클릭하고 이름란에 원하는 이름을 적은 후 아무 아이콘을 선택 후 확인을 클릭한다. 연결 대상이라는 창이 뜨는데 연결에 사용할 모뎀에 COM1 or COM2 둘 중 자신이 연결한 시리얼포트를 선택

하면 COM포트 등록정보 창이 뜨고 비트/초, 데이터비트, 패리티, 정지 비트, 흐름 제어의 설정들을 타깃보드에 맞게 설정하고 확인을 눌러 저장시킨다. 시리얼 연결과 설정이 올바르다면 타깃보드를 켰을 때 타깃보드에서 보내는 메시지가 정상적으로 보일 것이다.

10.2 MAKE

(1) Make의 정의

Make는 Unix계열 OS에서 프로그램 컴파일 및 링크를 자동화하기 위한 빌드 자동화 툴이다.

(2) Make의 목적

프로그램을 생성하기 위해서는 여러가지의 소스코드들을 컴파일하고 의존성 등을 검사하여 링크를 시켜주어야하는데 작업들이 프로그램에 대한 요구가 늘어남에 따라 프로그램이 복잡하고 대형화되어서 반복적이고 많은 일련의 작업들을 명령어들과 과정들을 서술함으로써 편하게 개발할 수 있도록 해 준다. 그리고 프로그램 개발시 컴파일을 자주하게 되는데 어느 파일이 수정되었는지를 판단하여 컴파일이 필요한 부분만 재컴파일함으로 효율적으로 개발할 수 있다.

(3) Make의 사용법

make라는 유틸리티는 보통 현재 디렉토리에 Makefile 또는 makefile 이라는 일정한 규칙을 준수하여 만든 파일의 내용을 읽어서 target파일을 만들어낸다. Makefile의 이름을 다르게 명시하고 싶을 때는 다음과 같이 하면 된다.

```
$ make -f Makefile.linux
```

파일이름에 대한 제한은 없지만 파일 이름 뒤에 make 표기를 권장한다.
Makefiles의 작성규칙은 간단하다. 밑의 그림처럼 3부분으로 되어있다.

```
targetList:   dependencyList
[TAB]         commandList
              targetList          : 목적 파일 목록
              dependencyList      : 의존 파일 목록
              commandLit          : 명령어 목록
```

targetList는 command가 수행된 후 생성되는 목적파일 목록이고 dependencyList는 의존 파일의 목록이고 command List는 dependency에 해당하는 파일이 없거나 변경되었을 때 실행되는 명령어의 목록이다.

① Make 일반적인 사용 예로 main1.make 파일을 이렇게 작성하여서

```
test : main.o read.o write.o
[tab]gcc -o test main.o read.o write.o

main.o : io.h main.c
[tab]gcc -c main.c

read.o : io.h read.c
[tab]gcc -c read.c

write.o : io.h write.c
[tab]gcc -c write.c
```

$ make -f main1.make를 실행하면 최종적인 파일 test가 만들어지게 된다.

② 매크로(Macro)를 사용하여 일련의 반복적인 특정코드들을 간단하게 표현

하여 나중에 파일이름을 변경하여도 일일이 수정할 필요가 없도록 make에서 지원한다.

이름= 내용들 이렇게 지정해 두면 $(이름)으로 사용할 수 있다. 예로 token = replacementText이라하면 make 파일 내에 모든 $(token)는 replacementText로 대치된다. 이미 정해져 있는 매크로도 있다. ASFLAGS, CFLAGS, CPPFLAGS 등이 그것인데 이 플래그의 용도가 정해져 있기 때문에 그에 맞게 내용들을 넣어주고 쓰면 된다. 내부매크로라고 이미 내용까지 정해져 있는 것이 있는데 밑의 표가 그것이다.

〈표 10-1〉 내부 매크로 심볼

내부 매크로 심볼	의미
$*	확장자가 없는 현재의 목표 파일(target)
$@	현재의 목표 파일(target)
$<	현재의 목표 파일보다 더 최근에 갱신된 파일 이름
$?	현재의 파일보다 더 최근에 갱신된 파일 이름
$^	디폴트 소스 파일들(확장자가 .c인 파일들)

예를 들면

```
OBJS = main.o read.o write.o
CC = powerpc-liux-gcc
CFLAGS = -g -c
test : $(OBJS)
   $(CC) -o $@  $^
main.o : io.h main.c
read.o : io.h read.c
write.o : io.h write.c
clean:
rm $(OBJS)
```

으로 쓸 수 있다. 위의 결과는 앞에서 다룬 일반적인 make를 사용했던 경우와 같이 test파일이 생성되는데 다른 점이 있다면 중간에 생성되는 오브젝트 파일들은 마지막에 지워주는 명령어가 추가된 것이다.

10.3 Compile

(1) gcc를 이용한 compile

Step1〉 vi를 이용하여 hello.c를 작성한다.

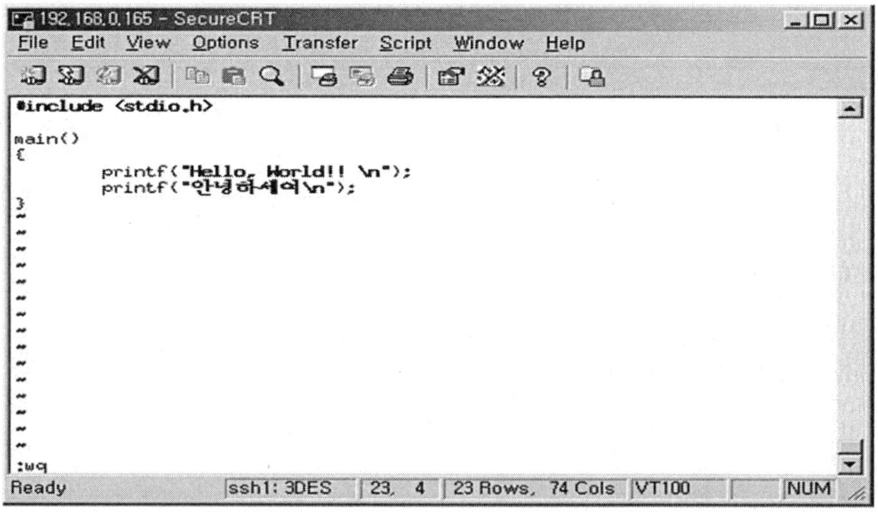

Step2〉 gcc -o hello hello.c 명령어를 쳐서 컴파일한다.

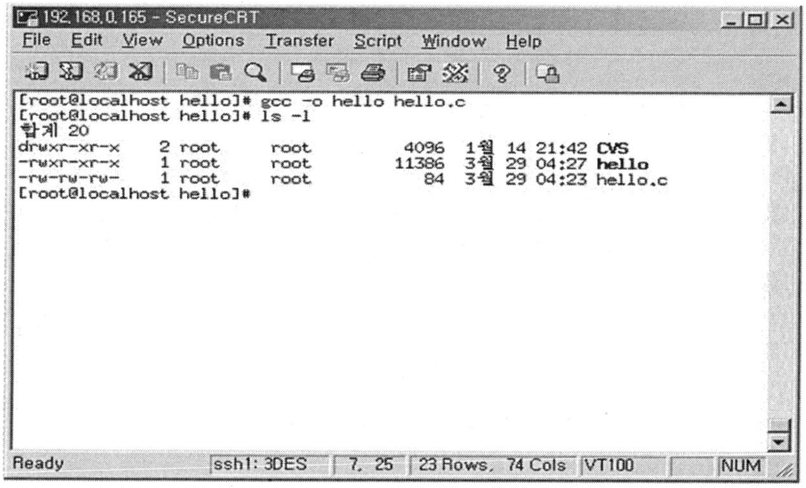

(2) makefile을 이용한 compile

① 단일 소스컴파일

Step1〉 vi를 이용하여 makefile을 작성한다.

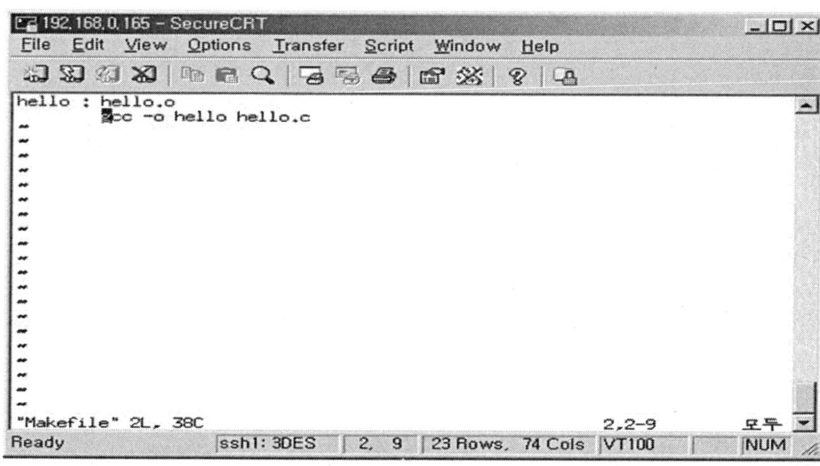

Step2〉 make 명령어를 실행하여 컴파일한다.

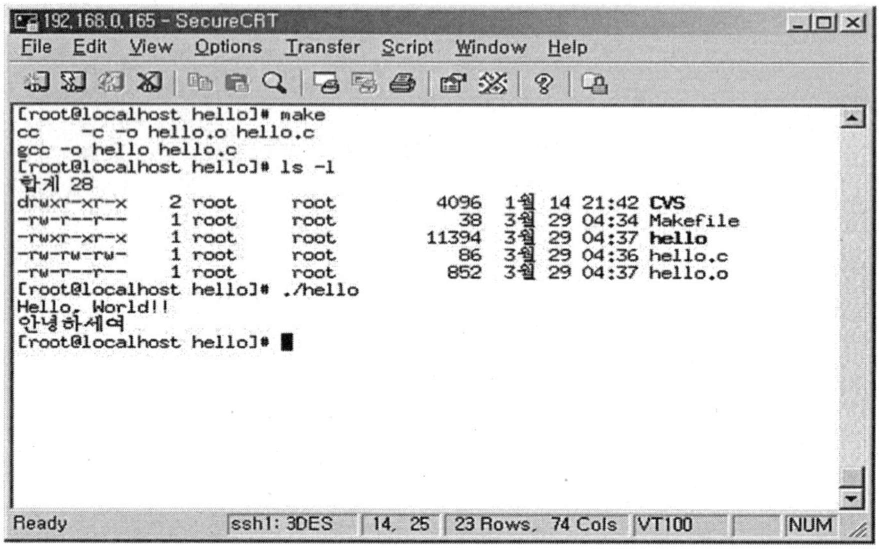

② **다중 소스컴파일**

Step1〉 hello.c 파일을 여러 개 다른 이름으로 복사 한 후 Makefile을 이용하여 컴파일한다.

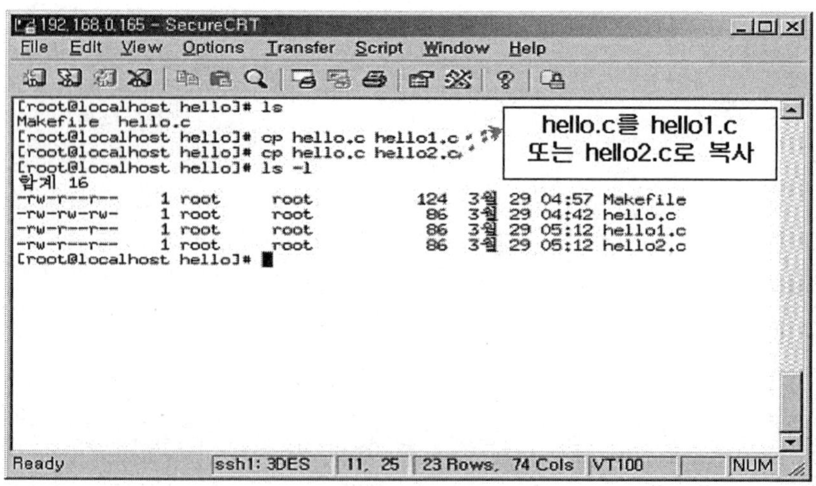

Step2〉 기존 makefile을 다수의 소스파일을 컴파일할 수 있도록 수정한다.

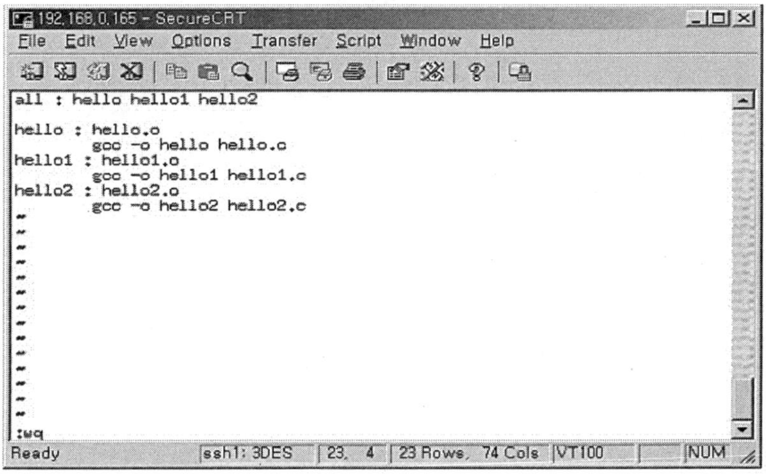

Step3〉 make명령어를 실행하여 컴파일한 후 결과를 본다.

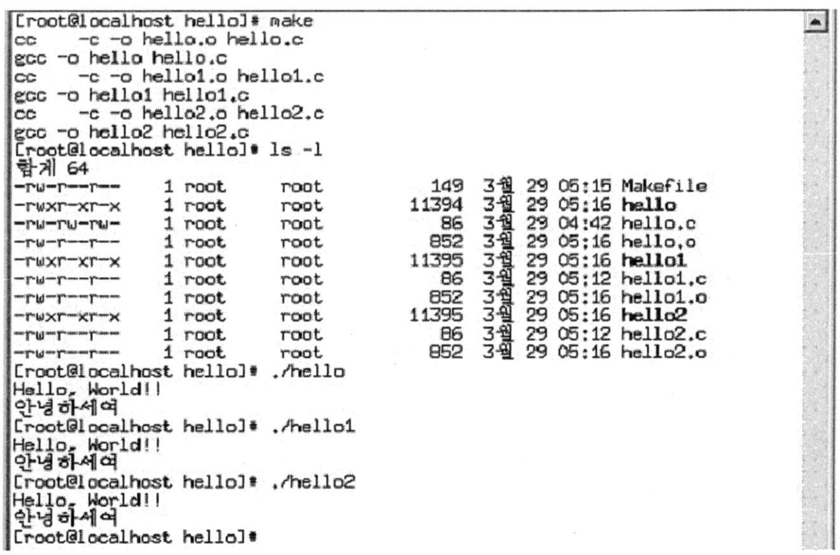

③ Macro와 Label을 이용한 Makefile 작성하기

Step1〉 vi를 이용하여 다음과 같이 수정한다.

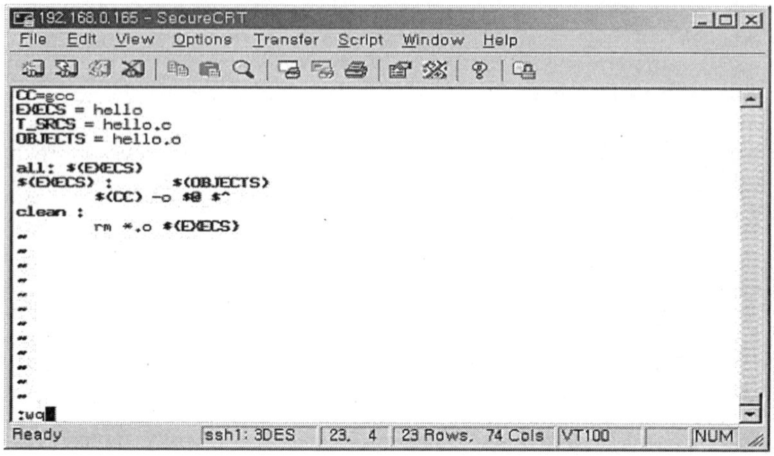

Step2〉 make 명령어를 수행하여 컴파일한다.

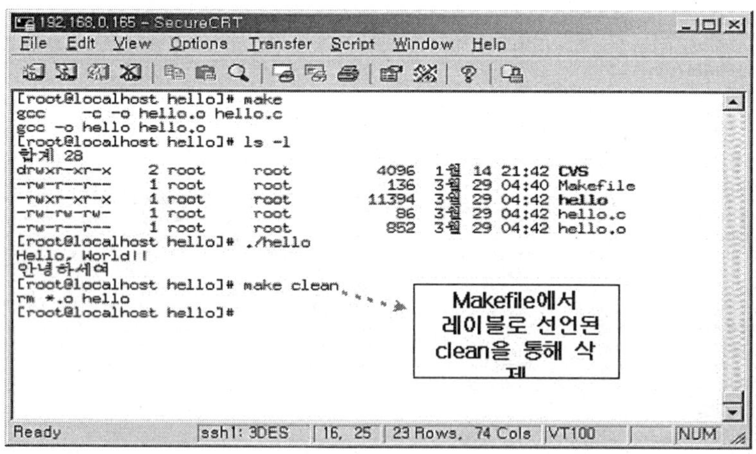

10.4 JTAG

(1) JTAG의 정의

JTAG은 PCB와 IC를 테스트하기 위한 목적으로 1985년에 조직된 JTAG(Joint Test Action Group)에 의해 제정된 표준이다. 1990년에 IEEE에 의해 IEEE 1149.1(Test Access Port and Boundary-Scan Architecture)로 지정되었으며 1993년에는 표준에 추가 작업이 이뤄져서 IEEE1149.1a로 지정되었다. 1995년에 또한 추가 작업을 통해 IEEE 1149.1b로 지정되어 있는 상태이다.

과거에는 직접 PCB(Print Circuit Board)에 접촉하는 방식으로 Board를 테스트 하였다. 그런데 지금은 칩의 소형화와 다층의 PCB Layer를 사용하게 됨으로써 Board를 테스트한다는 것이 매우 어렵게 되었다. 이런 문제를 해결하기 위해 JTAG라는 개념이 생기게 되었다.

JTAG은 칩 내부에 Boundary Cell이란 것을 두어 외부의 핀과 일대일로 연결시켜 프로세서가 할 수 있는 동작을 중간에 Cell을 통해 인위적으로 수행할 수 있어 하드웨어의 연결 상태 및 테스트를 할 수가 있다. 각각의 셀은 시리얼 쉬프트 레지스터(바운더리 스캔 레지스터)를 형성하기 위해서 서로 연결되어 있고 전체적인 인터페이스는 5개의 핀에 의해서 제어회로의 배선과 소자의 전기적 연결상태와 디바이스간의 연결상태를 검사한다. 임베디드 시스템에서는 하드웨어 디버깅이나 Flash memory fusing 용도로 많이 사용한다.

(2) JTAG pin

Pin은 TDI(Test Data In), TMS(Test Mode Select), TCK(Test Clock), nTRST(Test Reset), TDO((Test Data Out))으로 총 5가지로 구성되어 있다. 부가적으로 달릴 수 있는 핀으로 Test Reset(TRST)를 제외한 다른 4핀들은 JTAG를 지원하는 IC에서는 IEEE 표준에서 꼭 있어야 하는 핀으로 규정하고 있다. 이들 핀들을 Test Access Port(TAP)라고 부른다. JTAG지원 IC들은 내부적

으로는 Instruction Register, 1-bit Bypass Register를 가지고 있어야 하며, 옵션으로 32-bit Identification Register, TAP Controller를 가진다. 외부 핀들(TAP)을 통해 데이터를 주어 이 컨트롤러의 상태를 제어함으로써 JTAG에 대한 모든 제어가 가능하다. 아래의 도표는 각 핀의 방향 및 동작을 보이고 있다.

〈표 10-2〉 JTAG 핀

핀이름	방향	동작
TDI	In	직렬 입력포트로 셀의 SI로 연결된다. TCK신호의 Rising Edge에서 전달된다.
TDO	Out	직렬 출력포트로 셀의 SO로 연결된다. TCK신호의 Falling Edge에서 전달된다.
TCK	In	시그널들의 동기화를 위한 클럭신호이다.
TMS	Out	TAP 컨트롤러에서의 모드를 선택하기 위한 제어시그널이다.
		TCK의 Rising Edge에서 이 핀의 상태에 따라 다음 상태로의 전이가 일어난다.
TRST	In	TAP 컨트롤러의 리셋 신호이다.

(3) JTAG Compliant Device

JTAG은 많은 종류의 IC에 내장될 수 있으며, 아래 도표는 JTAG의 호환 장치에 대한 모든 동작을 정의 및 수행할 수 있는 상태 천이를 나타낸다.

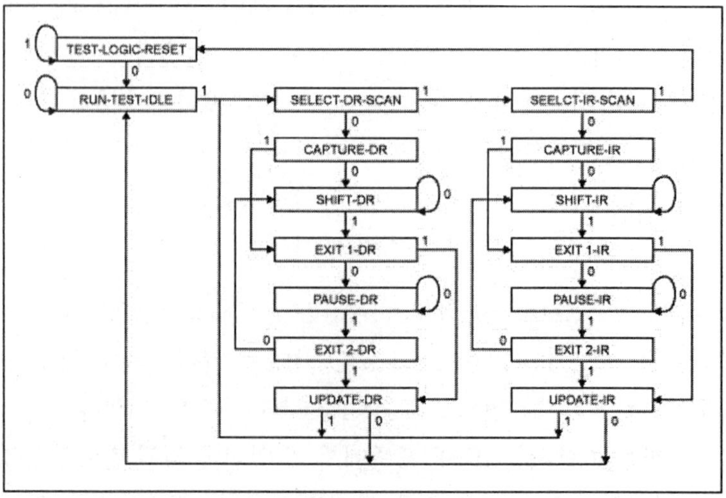

[그림 10-5] JTAG 컴파일러의 동작순서

모든 JTAG 동작은 소자의 테스트 액세스 포트(TAP)를 통해 제어된다. 명령과 데이터는 TDI 핀에서 소자 안으로 이동되고 TDO 핀에서 소자 밖으로 이동한다.

모든 상태 변환과 TDI 및 TDO 신호에서의 활동은 TCK에 동기화된다.

〈표 10-3〉 JTAG 모드

모드	설명
Test_Logic Reset	TAPC 및 JTAG의 모든 내용을 초기화한다.
Run-Test/Idle	시험을 시작하기 위한 대기 상태이다.
Select DR-Scan	SHIFT_DR로 가기 위한 상태전이 중간단계로 하는 일은 없다.
Capture_DR	PI 값을 SHIFT하기 위한 준비단계로 하는 일은 없다.
Shift_DR	PI 값을 IR 레지스터에 의해 선택된 내부 레지스터에 써넣는다. (TDI의 값을 TCK시그널에 맞춰 써넣는다.)
Exit1_DR	상태전이 중간단계로 하는 일은 없다.
Pause_DR	상태변이 중간단계로 하는 일은 없다.
Exit2_DR	상태변이 중간단계로 하는 일은 없다.
Update_DR	이 단계에서 위에서 PI 값을 IR 레지스터에 의해 선택된 내부 레지스터에 써넣은 값을 PO에 적용시킨다.
Select IR-Scan	SHIFT_IR로 가기 위한 상태전이 중간단계로 하는 일은 없다.
Capture_IR	PI 값을 SHIFT하기 위한 준비단계로 하는 일은 없다.
Shift_IR	PI 값을 IR 레지스터에 써넣는다.(위에서 본 작업하고자 하는 명령코드를 TDI의 값을 TCK시그널에 맞춰 써넣는다.)
Exit1_IR	상태전이 중간단계로 하는 일은 없다.
Pause_IR	상태변이 중간단계로 하는 일은 없다.
Exit2_IR	상태변이 중간단계로 하는 일은 없다.
Updte_IR	이 단계에서 위에서 써넣은 명령코드를 IR 레지스터에 적용시킨다.

(4) JTAG Boundary scan

하드웨어를 테스트하는 중에 문제가 발생하면 원인을 알아내기 위해 특정 단자의 상태를 볼 수도 있고 임의로 설정을 줄 수도 있도록 해야 한다. 그러나 각 디바이스들은 이미 PCB위에서 다른 디바이스들과 연결되어있기 때문에 강제로 핀들을 끊고서 하기도 쉽지않을 뿐더러 너무 많고 다시 붙이기도 어렵다. 이런 이유로 시스템의 동작을 중간에 검사할 수 있도록 할 수 있는 회로를 붙여서 개발자가 원할 때 출력 신호를 볼 수도 있고 입력되는 신호를 개발자 임의대로 넣을 수 있게 되어 위의 문제점들이 해결된다. 문제는 이런 회로를 일일이 집어 넣는 것도 무모한 짓이지만 그 자체가 문제를 일으킬 소지가 있다.

그래서 절충안으로 나온 것이 CPLD와 같은 대규모 LSI에 넣으려는 코어 로직에 아예 그런 기능을 하는 로직을 집어 넣어서 만드는 것이다. 그러면 CPLD에 넣을 수 있는 용량의 일부분을 낭비하지만 하드웨어 체크를 하기 위해 소모하는 시간에 비하면 절대 아까운 투자는 아니다. 물론 모든 로직 연결마다 다 하는 것은 아니다. 입력과 출력부분만 검사하면 된다. 그래서 주변을 둘러싸는 모양이 나오는 것이다. 그래서 Boundary라는 말이 붙은 것이다. Boundary-Scan Cell을 한 단자에 하나씩 단다면 매우 복잡해질텐데 이런 문제를 해결하기 위해 고안해낸 방법이 Boundary-Scan Cell을 시프트레지스터 형식으로 만드는 것이었다. 이런 쉬프트레지스터 형식을 이용하여 각 셀의 상태를 읽어오거나 써넣는 것은 시리얼 입출력 방식을 이용한다.

Cell의 구성

Cell은 PI(Parallel Input), PO(Parallel Output), SI(Serial Input), SO(Serial Output)를 가지고 있다. PI은 Parallel Input의 약자로 외부 신호입력 또는 로직에서 나오는 출력을 Cell입장에서 입력으로 볼 수 있다.

PO은 Parallel Output의 약자로 외부 신호출력 또는 로직에 인가되는 입력을 Cell입장에서는 출력으로 볼 수 있다.

SI는 Scan Input의 약자로 직렬입력 단자이다.

SO는 Scan Output의 약자로 직렬출력 단자이다.

Cell의 특징

PI의 신호를 볼 수 있는 기능과 PI에 들어오는 신호를 메모리에 기억시키는 기능이 있다.

메모리에 있는 내용을 PO에 인가하는 기능이 있다.

PI의 신호를 PO에 바로 넘기는 기능으로 PI의 신호가 바로 PO에 전달된다.

SI의 입력을 메모리에 기억시키고 메모리의 내용을 SO에 옮기는 기능이 있다. 이 기능을 이용하여 각 CELL의 내용을 외부에서 읽어볼 수 있고 특정상태를 내부에 줄 수 있다.

이런 기능들은 CELL 외부에 있는 레지스터에 의해 제어를 받게 된다.

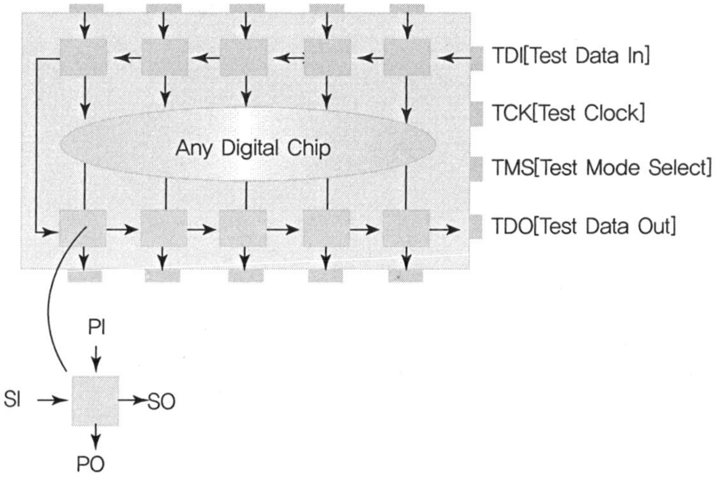

[그림 10-6] Boundary Scan

(5) JTAG Hardware Controller

슬롯 방식이나 독립적인 programmer의 형태로 PC를 통해 Hardware controller가 JTAG 호환 장치를 포함하고 있는 PCB와 연결된다. JTAG 호환 장치는 플래쉬 메모리와 연결되어 있으며, JTAG Hardware Controller는 명령과 데이터를 JTAG 호환 장치로 보내게 된다. 이를 통해 다시 플래쉬 메모리로 데이터를 전송하게 된다. 그래서 JTAG Hardware Controller를 통해 JTAG 호환 장치와 통신을 할 수 있게 되므로, OBP(On Board Programming)를 수행할 수 있는 Software를 구현할 수 있다.

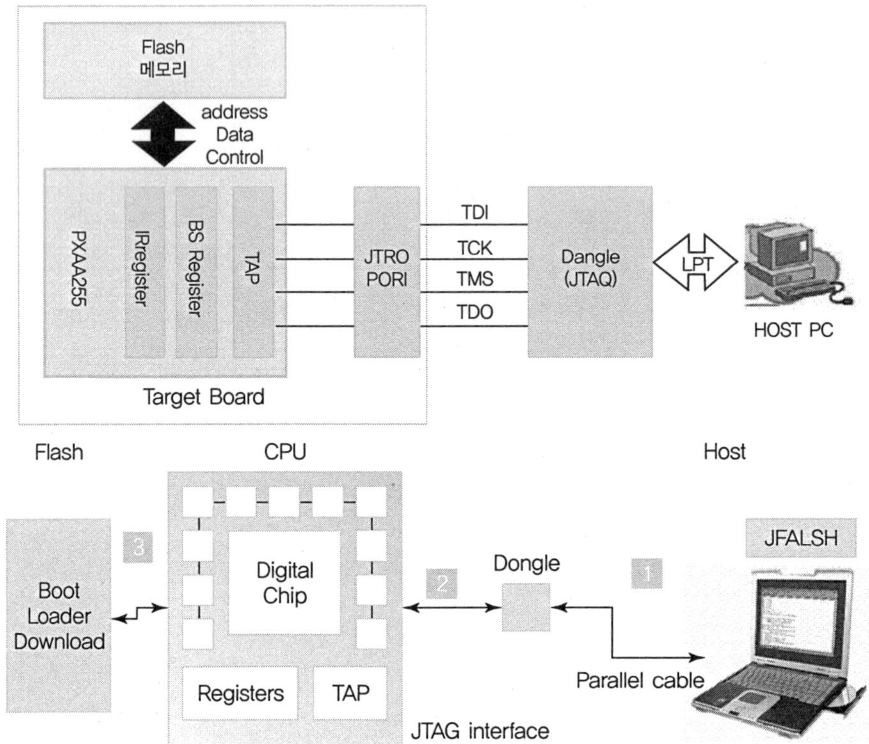

1. Parallel Port ↔ JTAG
2. 전압 변환 : 5V ↔ 3V
3. 메모리 인터페이스 에뮬레이션

[그림 10-7] JTAG을 이용한 하드웨어 디버깅

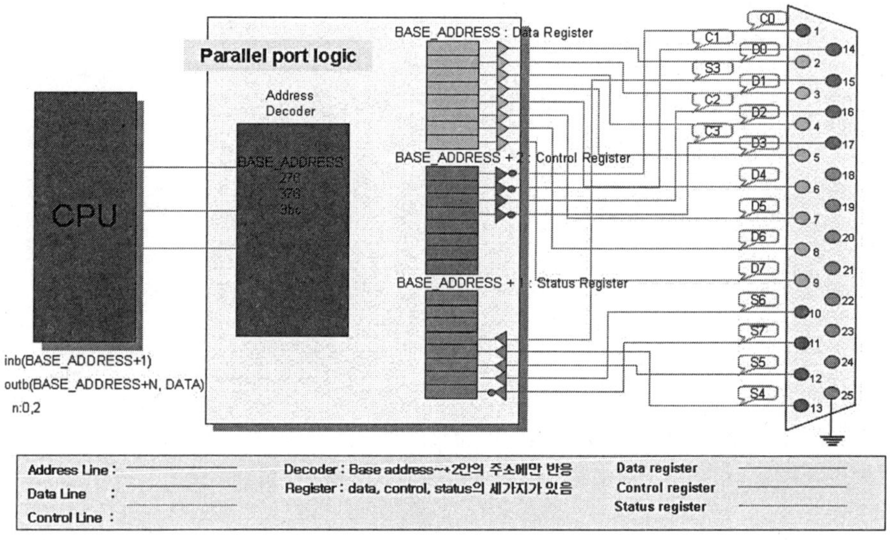

[그림 10-8] JTAG 블록다이어그램

10.5 Linux용 JTAG 프로그램 설치 및 사용

(1) 설치

Step1〉 JTAG 프로그램을 다운로드한다.

```
Linux JTAG

# JTAG down
http://prdownloads.sourceforge.net/openwince/jtag-0.5.1.tar.bz2
# include down
http://prdownloads.sourceforge.net/openwince/include-0.3.2.tar.bz2
```

Step2〉 CD에 JTAG 프로그램이 있다면 복사 후 압축을 푼다.

```
[root@localhost opt]# pwd
/opt
[root@localhost opt]# mkdir ED-255EK_jtag
[root@localhost opt]# cd ED-255EK_jtag
[root@localhost ED-255EK_jtag]# mount /dev/cdrom /mnt/cdrom
[root@localhost ED-255EK_jtag]# cp /mnt/cdrom/JTAG/ jtag-0.5.1.tar.gz ./
[root@localhost ED-255EK_jtag]# cp /mnt/cdrom/JTAG/ include-0.3.2.tar.bz2 ./
[root@localhost ED-255EK_jtag]# ls
include-0.3.2.tar.bz2  jtag-0.5.1.tar.gz
[root@localhost ED-255EK_jtag]# tar -zxvf  jtag-0.5.1.tar.gz
...
[root@localhost ED-255EK_jtag]# tar -xjvf  include-0.3.2.tar.bz2
...
[root@localhost ED-255EK_jtag]# ls
include-0.3.2  include-0.3.2.tar.bz2  jtag-0.5.1  jtag-0.5.1.tar.gz
```

Step3) jtag-0.5.1 디렉토리로 이동을 하여 configure를 실행하여 컴파일 환경을 설정해 준다. 리눅스는 거의 모든 프로그램 소스 디렉토리 안에 README 파일이 존재하는데 이 파일은 프로그램의 설치 및 컴파일 옵션 등을 자세하게 알 수 있다.

Configure 옵션은 prefix는 "make install" 명령을 실행하면 컴파일되어 생성된 이미지를 저장하는 공간이며, with-include는 CD에서 jtag-0.5.1과 같이 복사를 한 헤더파일이 들어 있는 include-0.3.2 디렉토리를 지정해 준다.

```
컴파일 환경 설정

[root@localhost ED-255EK_jtag]# cd jtag-0.5.1
[root@localhost jtag-0.5.1]# ls
ABOUT-NLS  ChangeLog   Makefile.in   README      acinclude.m4
configure  doc         po            tools       AUTHORS
INSTALL    Makefile.rules THANKS     aclocal.m4  configure.ac
include    src         COPYING       Makefile.am NEWS
TODO       config.h.in data          libbrux     sysdep.h

[root@localhost jtag-0.5.1]# ./configure --prefix=/opt/ED-255EK_jtag/jtag ₩
--with-include=/opt/ED-255EK_jtag/include-0.3.2
...
config.status: creating po/Makefile
config.status: executing depfiles commands
[root@localhost jtag-0.5.1]#
```

Step4〉 Configure 명령으로 컴파일 환경을 초기화시켰으면, make를 실행하여 컴파일한다. 그리고 컴파일이 정상적으로 종료가 되면 "make install" 명령으로 해당 디렉토리에 컴파일되어 생성된 이미지들을 이미 Prefix 옵션으로 설정한 /opt/ED-255EK_jtag/jtag 디렉토리에 복사한다.

컴파일 및 파일 복사

```
[root@localhost jtag-0.5.1]# make
...
[root@localhost jtag-0.5.1]# make install
...
[root@localhost jtag-0.5.1]# cd ..
[root@localhost ED-255EK_jtag]# ls
include-0.3.2 include-0.3.2.tar.bz2 jtag jtag-0.5.1 jtag-0.5.1.tar.bz2
[root@localhost ED-255EK_jtag]# cd jtag
[root@localhost jtag]# ls
bin share
[root@localhost jtag]# cd bin/
```

Step5〉 make와 make install을 수행하면 아래와 같이 /opt/ED-255EK_jtag/jtag디렉토리에 bin과 share라는 디렉토리가 만들어지며 bin 디렉토리에 우리가 사용할 JTAG 프로그램이 들어 있는 것을 확인할 수 있다.

여기까지 하면 프로그램 컴파일은 정상적으로 수행을 한 것이다.

```
[root@localhost bin]# ls
bsdl2jtag jtag
[root@localhost bin]# pwd
/opt/ED-255EK_jtag/jtag/bin
```

Step6〉 JTAG 실행 파일을 어느 위치에서든 실행 가능하도록 Path를 걸어주어야 한다. Path는 .bashrc 파일에 크로스 컴파일을 지정했던 위치에서 추가시켜주면 된다. vi 에디터로 편집을 한다.

bash 편집

```
[root@localhost bin]# vi ~/.bashrc
```

bash 수정

```
# .bashrc
# User specific aliases and functions
alias rm='rm -i'
...
export PATH=$PATH=:/usr/local/arm-linux/bin:/opt/ED-255EK_jtag/jtag/bin
```

Step7〉 .bashrc를 재실행하여 변경된 값이 활성화되도록 source 명령을 수행한다.

bash 재실행

```
[root@localhost bin]# source ~/.bashrc
```

Step8〉 JTAG을 컴파일하고 Path까지 걸어 놓았다. 프로그램이 정상적으로 운용이 되는지 ED-255EK 장비와 연결하여 플래쉬 메모리에 부트로더인 u-boot.bin 파일을 다운로드 해 보도록 하자.
먼저 CD의 Image 디렉토리에서 u-boot.bin 파일을 Host PC의 /tftpboot 디렉토리에 복사를 한다. 꼭 /tftpboot 디렉토리에 복사를 하지 않아도 된다.

```
[root@localhost opt]# cd /tftpboot
[root@localhost /tftpboot]# mount /dev/cdrom /mnt/cdrom
[root@localhost /tftpboot]# cp /mnt/cdrom/Image/u-boot.bin ./
[root@localhost /tftpboot]# ls
u-boot.bin
```

Step9〉 [그림 10-9]에서 보는 바와 같이 이름을 JNB라 불리는 것은 JTAG 장비와 Byte Blaster의 두 가지 기능을 병행하여 이용할 수 있는 장비가 있다.

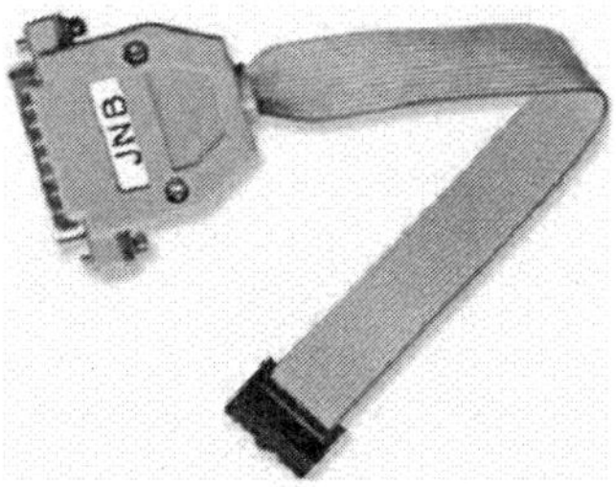

[그림 10-9] JNB(JTAG & ByteBlaster) 장비

Step10〉 먼저 [그림 10-10]과 같이 ED-255EK 장비에 JTAG Cable을 연결시키고 전원을 On시킨다.

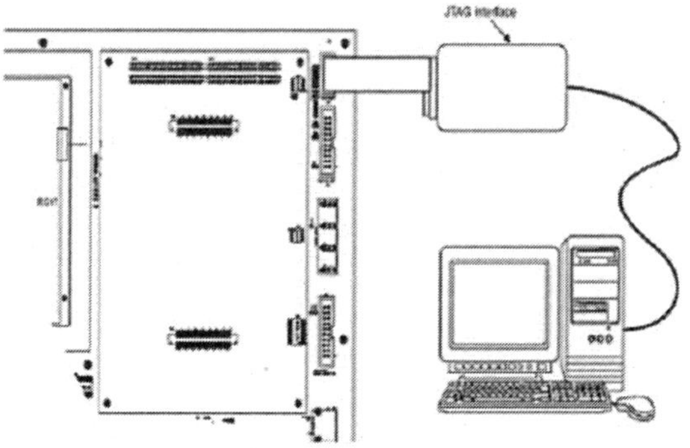

[그림 10-10] JTAG 장비 연결

윈도우에서 설치하는 방법은 따로 숙지하기 바란다.

또, 이외에 교차개발 환경에 TFTP[1]와 NFS[2]를 설치해야 완성이 된다는 사실을 꼭 기억하자.

1) Server로 부터 필요한 File을 읽어와 자신의 Memory에 Load시킬 때 필요한 Protocol로 Flash Memory에 맞도록 설계된 단순한 Protocol이다. Disk 없는 System의 가동 프로세서에 이용가능하고 UDP를 이용하여 Client와 Server 사이의 통신한다. Booting에 필요한 간단한 Program과 BOOTP, RARP, TFTP만 탑재한 시스템에서 많이 이용되며 펌웨어 자동 업그레이드에 이용도 가능하다. 장점으로는 시스템이 단순하고 간단하고 어떤 형태의 전달 서비스상에서도 동작이 가능하고 시스템 가격도 저렴하다. 단점으로는 정보보호 기능이 없고 Data에 대한 보장성도 없다.

2) SUN사가 개발한 RPC(Remote Procedure Call) 기반 시스템으로 Remote Computer의 파일을 마치 자신의 컴퓨터에 있는 것처럼 이용할 수 있게 한다. Server/Client 기반 응용 프로그램으로 File System이 존재하지 않는 Client 시스템에서 원격의 Host 시스템에서 설정된 일부 디렉터리를 이용하고 임베디드 시스템 개발 시에도 많이 이용된다.

연 / 습 / 문 / 제

1. JTAG에 대해 적어보기

2. 교차 개발 환경에 대해 적어보기

CHAPTER 11

● 이번 장에서는 임베디드 운영체제 포팅에 대해 배워보자

임베디드 운영체제 포팅

11.1 리눅스 포팅

(1) 리눅스 포팅 순서

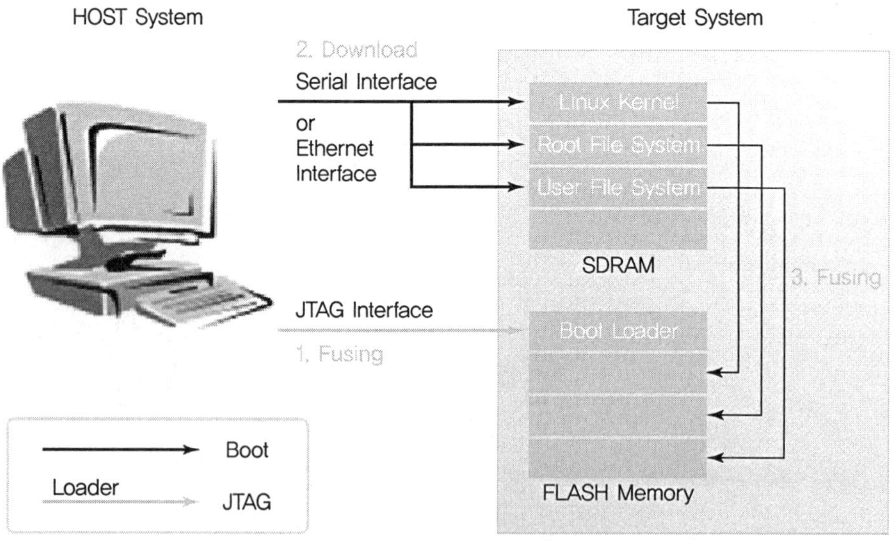

[그림 11-1] 리눅스 포팅 구성도

◎ Fusing

리눅스 포팅을 위해서는 [그림 11-1]과 같이 크게 호스트 시스템과 타깃 시스템, 시리얼 케이블, JTAG 케이블 등이 필요하다. 포팅을 수행 시에는 JTAG Interface를 통해 호스트 시스템에서 타깃 시스템의 Flash Memory로 퓨징을 한다.

◎ Download

그 다음은 시리얼 케이블을 통해 타깃 시스템의 SDRAM으로 리눅스 커널, Root File System, User File System등을 다운로드한다.

◎ 플래시 메모리로의 Fusing

마지막으로 SDRAM의 시스템을 Flash Memory로 Fusing하는 과정을 리눅스 포팅의 단계라고 볼 수 있다.

(2) 사용자 파일 시스템

User File System은 Target System을 보다 효율적으로 사용하기 위한 시스템으로 Root file system에 포함되지 않은 util이나 data file 등을 위해 추가적으로 사용할 file system을 의미한다. 필수 요소는 아니지만 target board를 보다 효율적으로 구성하기 위해서 필요하며 Flash File System으로 제작할 경우 Ramdisk와 달리 Flash Memory에 직접 file system을 구현한 것으로 Flash memory에 바로 read와 write를 한다.

Hard disk와 동일하게 사용하며 전원이 꺼진 후에도 작업 내용이 Flash Memory에 남아있다. Flash memory는 기록하는 데에 한계가 있으므로 빈번하게 기록과 삭제가 일어나면 짧은 시간에 고장날 수 있다.

(3) 부트 로더

부트로더는 시스템이 부팅될 때 가장 먼저 실행되는 프로그램을 말한다.

메인 함수로는 하드웨어 초기화와 운영체제를 RAM에 올려주고 실행하는 커널 로드 등이 있고, 추가 함수로는 타깃 보드에 개발한 program을 전송하기 위한 기능들로 구성되어 있다.

부트로더의 동작순서는 아래와 같이 Auto boot와 Manual Boot로 구성되어 있다.

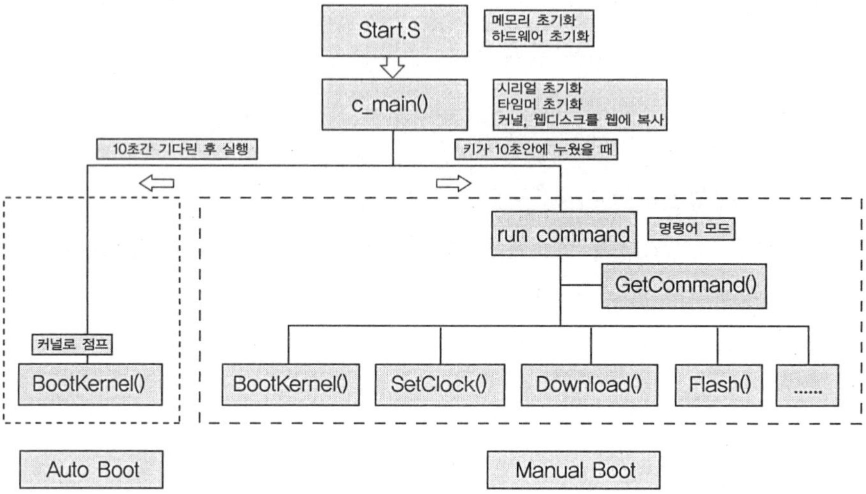

[그림 11-2] 부트로더의 동작순서

(4) 커널

커널은 OS의 핵심 기능을 수행하는 프로그램으로 process 관리, 메모리 관리, 장치 관리, 네트워크 관리, 파일시스템 관리 등을 수행하며 kernel Image는 kernel을 압축한 것으로 boot loader에 의해 압축이 해제되어 sdram으로 load된다. 또한 시스템의 저장 공간을 최소한으로 사용하기 위한 목적으로 압축 상태로 존재하게 된다.

(5) 루트 파일 시스템

Root File System은 "/" 디렉토리로 마운트되는 파일 시스템으로 리눅스가 동작하기 위해 기본적으로 필요한 프로그램 및 설정 파일을 가지고 있다. Kernel에서 기본적인 초기화 작업 후 Root File System을 마운트하며 Embedded System은 대부분 크기가 작아야 하므로 hard disk를 가지고 있을 수 없기 때문에 주로 Ramdisk를 사용하여 Root File System을 구축한다.

(6) RAM 디스크

Ramdisk는 Hard disk나 floopy 등 Kernel이 사용해야 하는 File System이 없는 경우 RAM을 이러한 용도로 사용할 수 있는데, 이렇게 ram을 disk처럼 사용하는 것을 말한다

Flasy Memory에 압축된 ramdisk 이미지를 저장한 뒤 부팅할 때마다 ram에 압축을 풀어서 Load한 후 사용하며 Embedded System의 경우 Root File System을 구성하기 위해 ramdisk를 많이 사용한다.

(7) JFFS2

JFFS2는 Journalling Flash File System으로 Red Hat에서 개발한 Flash File system으로 linux kernel에서 지원된다. 전원이 꺼지더라도 지워지지 않고 남아 있어야 하는 설정 파일이나, ramdisk에 포함되지 않은 프로그램 등을 저장하기 위해 사용된다.

11.2 Bootloader Compile

지금부터는 부트로더를 컴파일하고 jtag로 Flash에 fusing하는 방법에 대해 알아보겠다.

Boot loader 컴파일을 위해 필요한 것은 Xscale 프로세서, 제공한 CD의 blob.zip 파일, linux-2.4.19-cd.tar.gz 파일 등이 필요하다. ARM 계열 프로세서는 BLOB를 많이 사용한다.

STEP1〉 먼저 제공한 cd-rom을 마운트하고 kernel과 blob 소스를 임의의 디렉토리에 복사한 후 이동한다. 아래에서는 /usr/local/pxa255에 복사하였다.

```
[root@localhost root]# mount -t iso9660 /dev/cdrom /mnt/cdrom
mount: block device /dev/cdrom is write-protected, mounting read-only
[root@localhost root]# mkdir /usr/local/pxa255
[root@localhost root]# cp /mnt/cdrom/linux-2.4.19-cd.tar.gz /usr/local/pxa255/
[root@localhost root]# cp /mnt/cdrom/blob.zip /usr/local/pxa255/
[root@localhost root]# cd /usr/local/pxa255/
[root@localhost pxa255]# ls
blob.zip*  linux-2.4.19-cd.tar.gz*
[root@localhost pxa255]#
```

STEP2〉 아래의 명령을 입력하여 소스코드의 압축을 푼다.

```
[root@localhost pxa255]# tar xvfz linux-2.4.19-cd.tar.gz; unzip blob.zip
```

STEP3〉 압축을 풀면 blob 과 linux-2.4.19-cd 디렉토리가 생성된다. Blob 디렉토리로 이동한다.

```
[root@localhost pxa255]# ls
blob/  blob.zip*  linux-2.4.19-cd/  linux-2.4.19-cd.tar.gz*
[root@localhost pxa255]# cd blob
[root@localhost blob]#
```

STEP4〉 ./configure 명령어를 이용하여 Makefile을 생성한다.

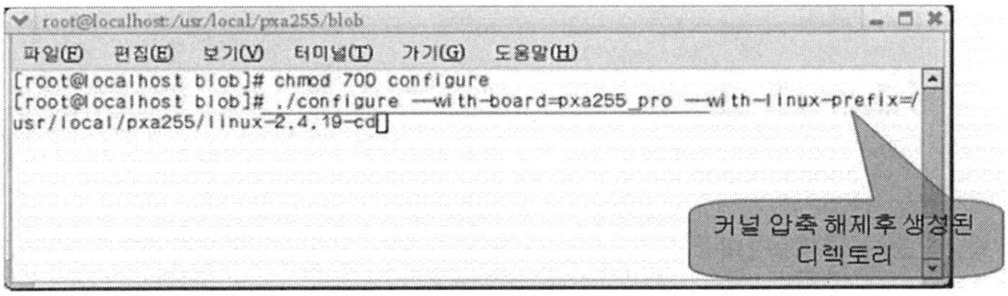

STEP5〉 /usr/local/pxa255/blob/include/blob/main.h에 다음 내용을 추가하여 Host IP 주소와 타깃 IP 주소를 설정한다.

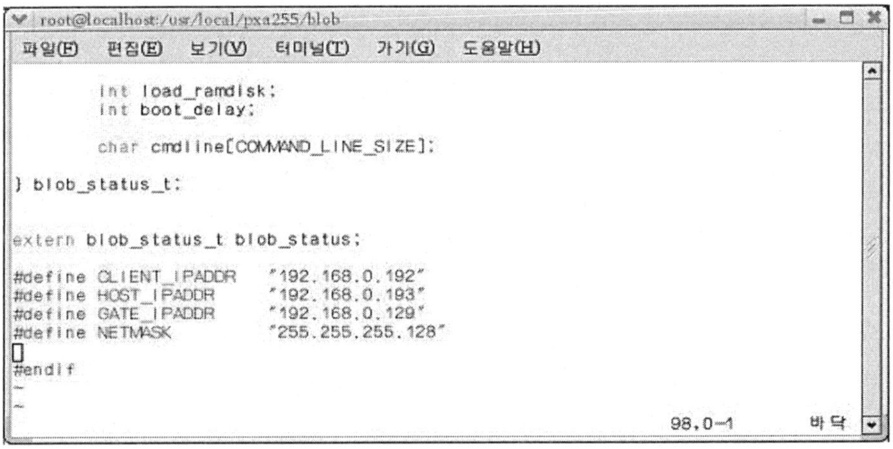

STEP6〉 컴파일을 수행한다.

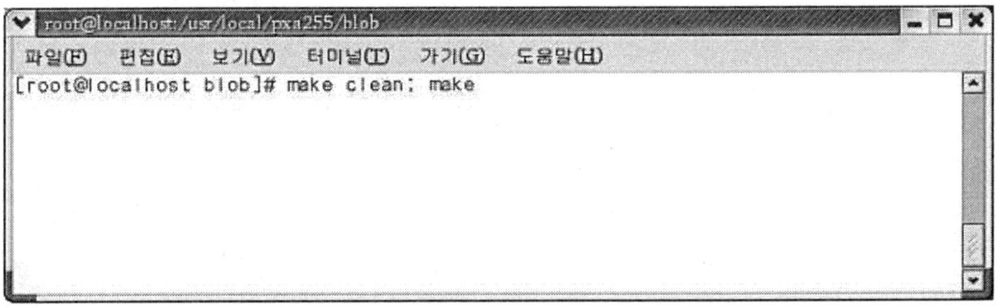

STEP7〉 /usr/local/pax255/blob/src/blob/에 생성된 blob 이미지를 확인한다.

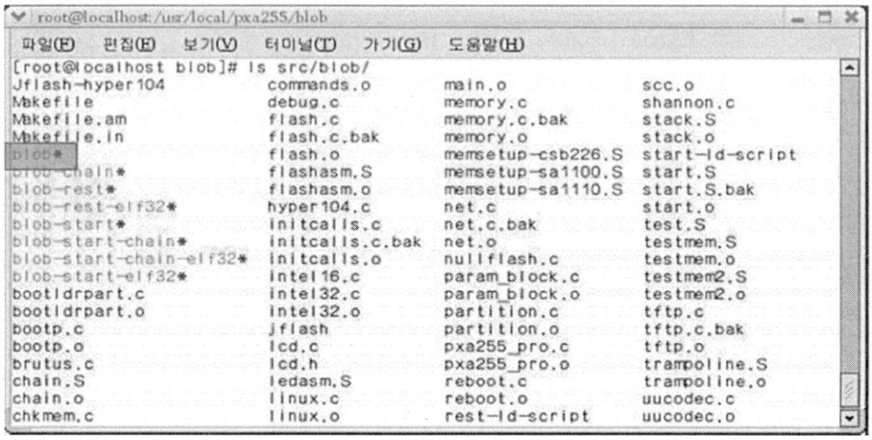

STEP8〉 컴파일을 끝나면 칩 내부에 boundary cell이란 것을 두어 외부의 핀과 일대 일로 연결시켜 프로세서가 할 수 있는 동작을 중간에 cell을 통해 모든 동작을 인위적으로 수행할 수 있어 여러 가지 하드웨어 테스트나 연결 상태를 체크할 수 있는 JTAG program을 설치를 시작한다.

먼저 ftp://ftp.arm.uk.linux.org/pub/linux/arm/people/xscale/lubbock/jtag./에서 jtag.0624.tar.gz2를 다운 받는다. 실습 보드에서는 그 보드에 맞게 수정되어 업체에서 제공하는 jtag 프로그램을 사용하여야 한다.

STEP9〉 업체에서 제공된 jtag 소스파일을 임시 디렉토리에 복사한다. 압축을 풀고, 소스파일이 있는 디렉토리로 이동하여 Makefile을 생성한 후 컴파일 및 인스톨을 한다. 방법은 위의 컴파일 방법에서 사용한 명령어 형식을 이용하여 수행한다.

STEP10〉 /usr/local/pxa255/pxa255-jtag 디렉토리로 이동하여 bin 폴더와 share 폴더가 생성되었는지 확인한 후, 제대로 되었다면 bin디렉토리를 path에 등록한다.

```
root@localhost:/usr/local/pxa255/pxa255-jtag
파일(F)  편집(E)  보기(V)  터미널(T)  가기(G)  도움말(H)
[root@localhost jtag-0.4]# cd /usr/local/pxa255/pxa255-jtag
[root@localhost pxa255-jtag]# ls
bin/  include-0.2.3/  jtag-0.4/  share/
[root@localhost pxa255-jtag]# export PATH=$PATH:/usr/local/pxa255/pxa255-jtag/bi
n/
[root@localhost pxa255-jtag]# 
```

STEP11〉 이전에 생성한 blob 이미지가 있는 곳으로 이동한 후 jtag를 실행한다.

```
root@localhost:/usr/local/pxa255/blob/src/blob
파일(F)  편집(E)  보기(V)  터미널(T)  가기(G)  도움말(H)
[root@localhost pxa255-jtag]# cd /usr/local/pxa255/blob/src/blob/
[root@localhost blob]# jtag
jtag 0.4
Copyright (C) 2002, 2003 ETC s.r.o.
jtag is free software, covered by the GNU General Public License, and you are
welcome to change it and/or distribute copies of it under certain conditions.
There is absolutely no warranty for jtag.

Warning: jtag may damage your hardware! Type "quit" for exit!

Type "help" for help.

jtag>
jtag>
jtag>
jtag>
jtag>
jtag>
jtag>
jtag> 
```

STEP12〉 부트로더 다운로드의 명령을 수행하게 되는데 다음과 같은 명령을 주어 blob를 flash 메모리에 0번지에 올린다.

```
root@localhost:/usr/local/pxa255/blob/src/blob
파일(F)  편집(E)  보기(V)  터미널(T)  가기(G)  도움말(H)
jtag> cable parallel 0x378 PXA255
Initializing HUINS PXA255 JTAG Cable on parallel port at 0x378
jtag> detect
Device Id: 01101001001001100100000000010011
  Manufacturer: Intel
  Part:         PXA250
  Stepping:     PXA255A0
  Filename:     /usr/local/pxa255/pxa255-jtag/share/jtag/intel/pxa250/pxa250c0
jtag> flashmem 0 blob
Note: Supported configuration is 2 x 16 bit or 1 x 16 bit only
Manufacturer: Intel
Chip: 28F128J3A
program:

block 0 unlocked
erasing block 0: 0
addr: 0x0000DE28
verify:
addr: 0x0000DE24
Done.
jtag> 
```

STEP13〉 minicom을 실행하고 target board를 reset하여 boot loader가 잘 작동하는가 확인한다.

STEP14〉 다음과 같은 화면이 보이면 성공한 것이다.

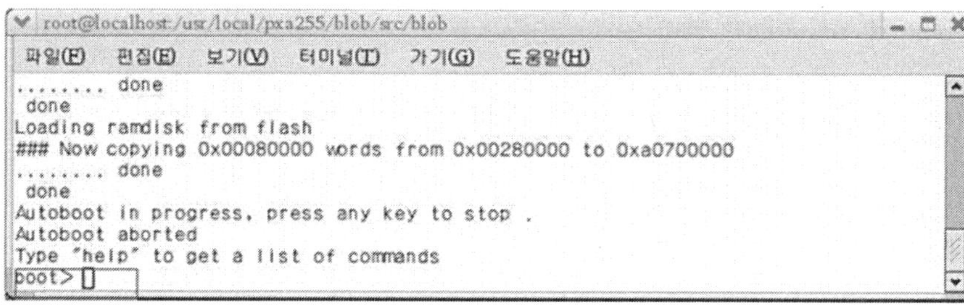

11.3 Kernel

(1) 커널 수정

STEP1〉 성공적으로 bootloader 컴파일을 완료되면 이제 커널을 수정해야 한다. 커널을 수정하기 위해 예전에 압축을 풀었던 커널 소스가 있는 디렉토리로 이동하여 make menuconfig를 실행한다.

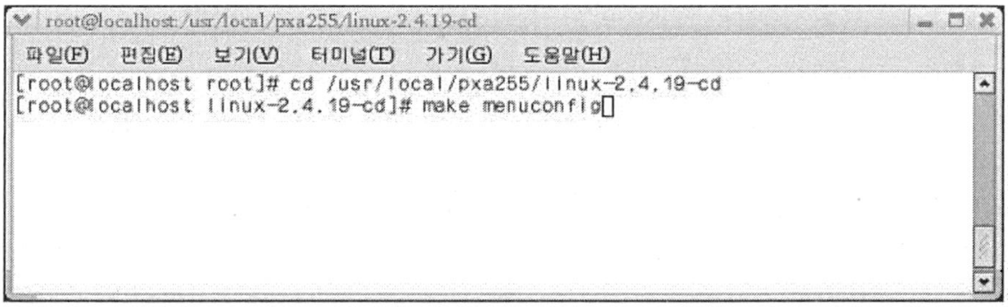

STEP2〉 Character device는 LED GPIO와 KEY GPIO를 제거한다.

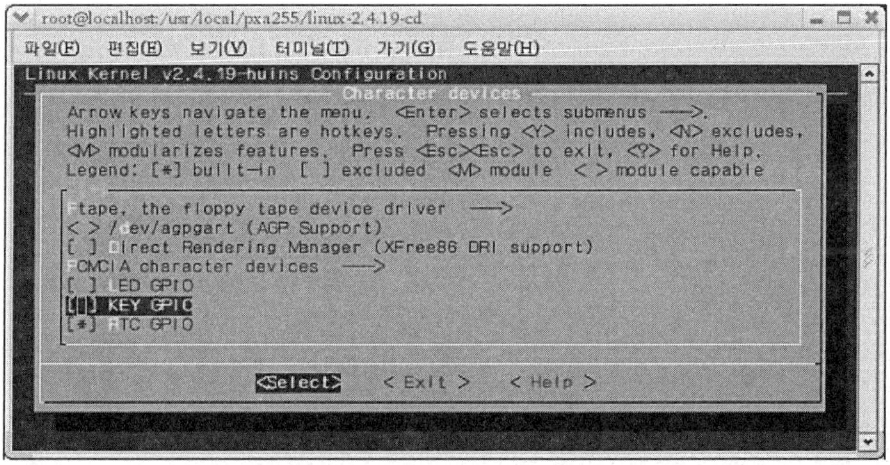

STEP3〉 설정을 저장하고 나온 후 커널 컴파일을 한다.

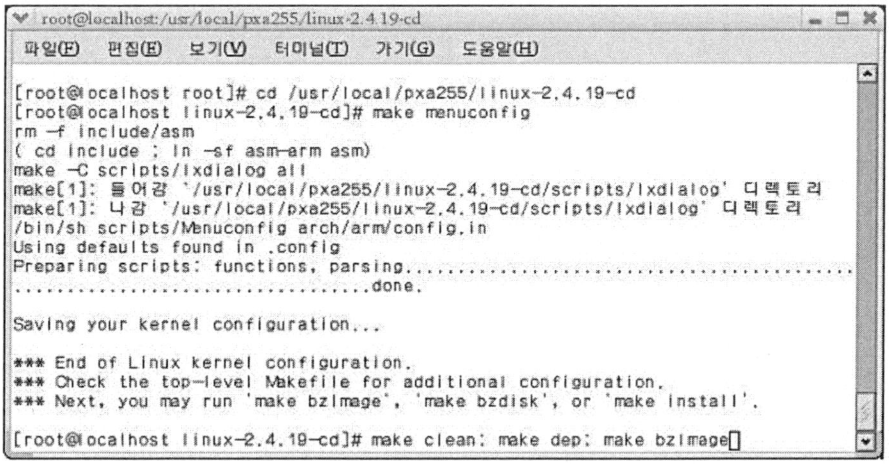

STEP4〉 컴파일된 kernel 이미지를 /tftpboot로 복사한다. 그 다음에는 minicom을 실행하고 blob command mode로 target system booting을 한다.

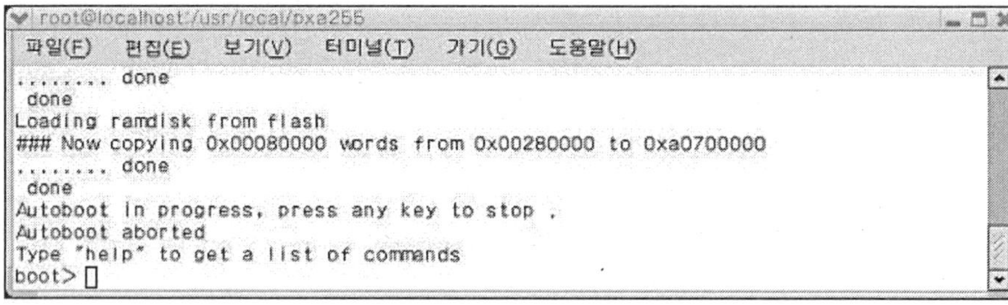

STEP5〉 마지막으로 tftp 명령어를 이용하여 커널을 다운로드하고, Fushing과정을 거쳐 Linux Kernel booting을 수행하면 된다. 아래 그림에서 자세히 확인해 볼 수 있다.

〈download〉

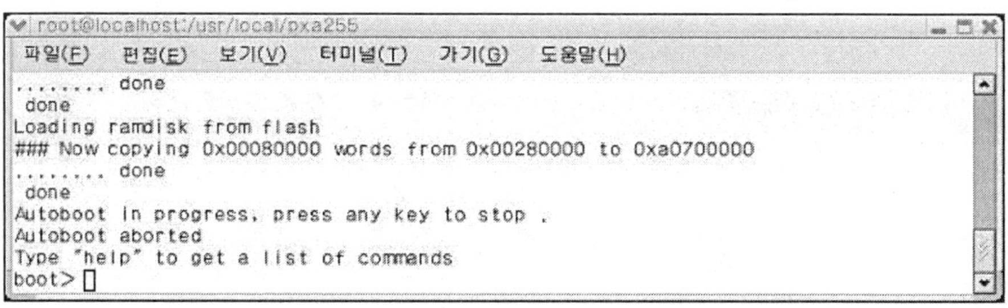

〈fusing〉

```
boot> erase 0x80000 0x120000
erasing dirty block at 0x00180000lock at 0x00080000
boot> flash kernel

 ----nbyte = 1120116----
 ----nwords = 280029----Saving kernel to flash
000445dd (280029) words from 0xa0008000 to 0x00080000
Writing at 0x00191700
280029 words source image
280029 words written to flash
0 words skipped
0 erase operations
0 words scanned down

boot>
```

〈Booting linux kernel〉

```
000445dd (280029) words from 0xa0008000 to 0x00080000
Writing at 0x00191700
280029 words source image
280029 words written to flash
0 words skipped
0 erase operations
0 words scanned down

boot> boot
```

(2) 메모리 맵 수정

현재 flash memory는 아래의 그림과 같이 구성되어 있다. 개발을 하다 보면 kernel이나 ramdisk, user file system에서 필요한 저장 공간이 아래에 나타나있는 현재 지정되어 있는 size보다 많이 필요한 경우가 발생할 수 있다. Flash memory의 각 block의 size를 조정하여 필요조건을 충족시킨다.

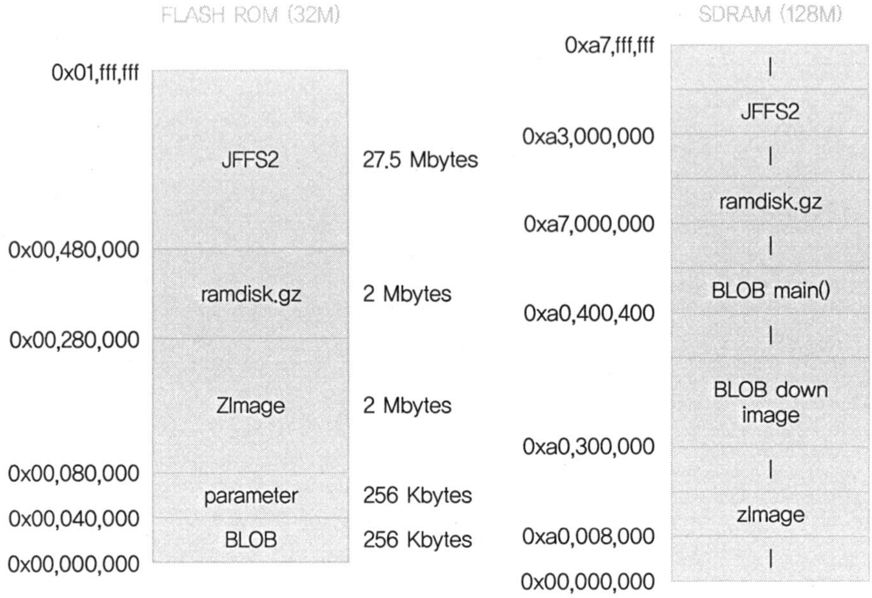

[그림 11-3] 메모리 맵

위의 이유로 필요한 작업은 크게 2가지 파일을 변경해 주어야 한다. BLOB source code의 pxa255_pro.h 헤더 파일과 kernel source code의 pxa255_pro.c 코드 파일이다. 압축이 풀렸을 때의 ramdisk size를 변경해 준 경우에는 kernel source code 디렉토리에서 make menuconifig 수행과 block devices 에서 Default Ram disk size를 수정해야 한다.

11.4 uC/OS 2 포팅

(1) uC/OS 2의 정의

미국의 엔지니어 JEAN J. LABROSSE에 의해 개발되었는데, 상용커널을 다루면서 자신도 개발할 수 있다는 생각에 개발하게 되었다.

선점형 멀티 태스킹 커널[1]이다.

H/W 의존적인 부분을 줄여 최대한 줄여 어셈블리어로 작성되었기 때문에 여러 프로세서에 포팅이 쉽다.

현재까지 40여 종의 프로세서에 포팅되었으며 (80c916, 8051, AVR, DSP 등 8비트에서 64비트까지 다양함 ucos-ii.com에서 확인가능) 의료장비, 엔진 제어, 네트워크 어댑터, ATM 단말기, 산업용 로봇 등에 사용되고 있다.

(2) uC/OS 2의 특성

- 소스코드 (Source Code) : 전체 소스 약 5,500줄 정도, 일관성있고 주석이 충분함
- 이식성 (Portable) : 이식성이 높은 ANSI C로 작성됨, 일부 프로세서 의존적인 부분만 어셈블리어로 작성하여 여러 프로세서에 포팅이 용이함
- 내장성 (ROMable) : 임베디드 시스템을 위해 개발되었기 때문에 시스템에 내장이 가능
- 유연성 (Scalable) : 필요한 기능만 이미지에 포함할 수 있도록 설계되어 코드공간과 데이터 공간의 낭비를 줄일 수 있다.
- 선점성 (Preemptive) : 항상 실행 가능한 최고 우선순위의 테스크를 실행
- 멀티테스킹 (Multitasking) : 최대 64개의 테스크 지원, 8개는 시스템 용도로 예약되어 있기 때문에 실제로 56개의 테스크를 사용한다. 모든 테스크는 고유의 우선순위를 가진다.
- 확정적 (Deterministic) : 함수의 실행시간이 확정적이므로 함수 수행시간을 얼마나 걸릴지 미리 알 수 있다.
- 태스크 스택 (Task stack) : 각 태스크 스택의 크기를 서로 다르게 설정할 수 있다. 이것으로 메모리의 용량을 줄 일 수 있다.

1) 선점형 멀티태스킹은 다른 작업에게 운영체계를 사용할 기회를 주기 전에, 한 작업에 얼마나 오랫동안 작업시간을 할당할 것인지를 결정하는데 있어서, 컴퓨터 운영체제가 어떤 기준을 사용하는 멀티태스킹이다. 하나의 작업에서 운영체계의 제어권을 잡는 행위와 그것을 다시 다른 작업에 부여하는 것을 "선점하기"라고 부른다. "선점하기"에 관한 보편적인 기준은 단순히 경과된 시간을 따지는 것이다 (이같은 종류의 시스템은 때로 시분할 시스템이라고 불린다). 일부 운영체제에, 어떤 애플리케이션들은 다른 애플리케이션보다 좀더 높은 우선 순위가 부여될 수 있는데, 더 높은 우선 순위가 부여된 프로그램들은 개시되자마자 아마도 좀더 긴 시간을 관리하게 된다.

- 서비스 (Service) : 여러 개의 서비스 함수를 제공 (세마포어(semaphore), 상호배제 세마포어(mutual exclusion semaphore), 이벤트 플래그(event flag), 메시지 메일박스(message mailboxes), 메세지 큐(message queues), 고정크기 메모리 파티션(fixed-sized memory partitions), 테스크관리, 시간관리함수 등)
- 인터럽트 관리 (Interrupt Management) : 인터럽트는 태스크 실행을 일시적으로 중단할 수 있다. 중첩된 모든 인터럽트가 끝나는 시점에서 태스크로 문맥전환이 발생한다.
- 안정성 (Robust and Reliable) : FAA(Federal Aviation Administration)에서 상용 항공기에 적용할 수 있다고 승인되었으며 어떤 어플리케이션에도 적용할 수 있고 안정된 운영체제라는 것이 검증되었다.

(3) uC/OS 2 컴파일 시 필수 요소

uC/OS-II를 컴파일 할 때에는 3가지 요소가 필요하다. 그 요소는 다음과 같다.

- 프로세서 독립 코드 (Processor independent code) : os_core.c, os_flag.c, os_mbox.c, os_mem.c, os_mutex.c, os_q.c, os_sem.c, os_task.c, os_time.c, ucos_ii.c, ucos_ii.h로 총 11개의 파일들이다.
- 프로세서 의존 코드 (Processor dependent code) : 말 그대로 프로세서마다 달라야 하는 코드로, uC/OS-II의 홈페이지(http://www.micrium.com/)에서 제공받을 수 있다.
- 응용프로그램 의존 헤더 (Application dependent header) : uC/OS-II는 각각의 응용프로그램마다 물론 code가 틀리겠지만, includes.h, os_cfg.h 역시 틀려진다. 이 헤더를 어떻게 정의하느냐에 따라서 uC/OS-II가 동작하는 방식이 틀려진다.

(4) uC/OS-II를 사용하기 위한 프로세서의 조건

- 재진입을 지원하는 코드를 생성할 수 있는 C 컴파일러
- C언어에서 인터럽트 비활성화, 활성화 지원

- 인터럽트 지원 및 일정한 주기로 발생하는 타이밍 인터럽트를 제공해야 함
- 프로세서 수준에서 지원하는 적정 크기의 하드웨어 스택 기능
- 스택 포인터 또는 레지스터의 내용을 스택이나 메모리로 저장하고 가져올 수 있는 프로세서 명령어

(5) 구조

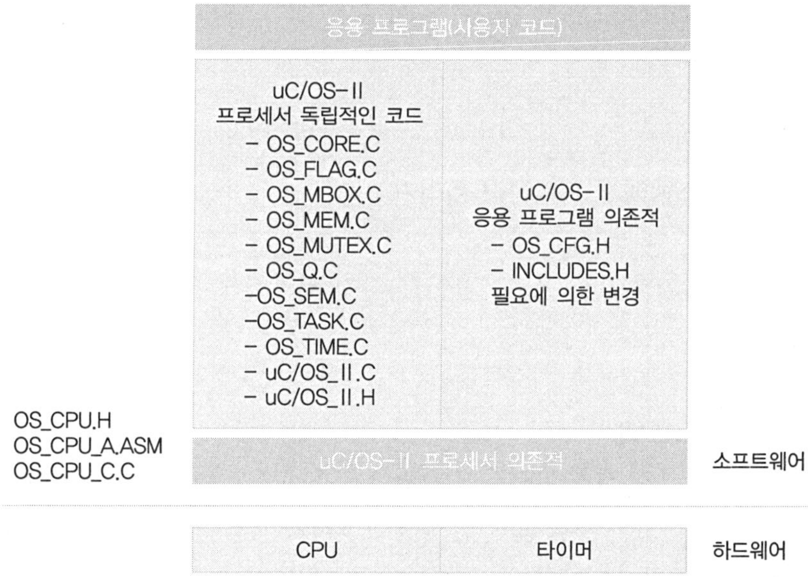

[그림 11-4] uC/OS 2 구조

- 타이머

위의 구조에서 타이머는 RTOS 탑재를 위해서는 반드시 타이머가 존재해야 한다.

- 프로세서 의존적인 코드

OS_CPU.H, OS_CPU_A.ASM, OS_CPU_C.C 이 세 가지 파일은 순수 포팅해야 할 파일들이다.

◎ 응용 프로그램에 의존적인 상수

상수 값을 적절히 잘 맞춰주어야 한다.

따라서, 포팅이라 함은 프로세서 의존적인 코드로 구성된 OS_CPU.H, OS_CPU_A.ASM, OS_CPU_C.C 이 세가지 파일을 해당 프로세서에 맞추어 설정하는 것이다.

11.5 타깃 시스템에 임베디드 시스템 올리기

(1) 타킷 시스템에 소프트웨어 올리기

이제 실제 출력 파일인 소프트웨어를 타깃 시스템에 올리는 문제로 주제를 바꿔 보자.

◎ PROM 프로그래머

출력 파일을 타깃 시스템에 올리는 전통적인 방법은 파일을 이용해서 ROM이나 PROM을 만드는 것이다. 이는 프로그래머가 출력 파일을 이해할 수 있는지가 가장 중요하다.

◎ ROM 에뮬레이터

소프트웨어를 타깃 시스템에다가 넣는 또 다른 방법은 타깃 시스템의 ROM을 대체하는 장치인, ROM 에뮬레이터를 사용하는 것이다. 하드웨어의 다른 장치들의 시각에서는 에뮬레이터는 그냥 ROM이다. 하지만 ROM 에뮬레이터는 전자회로의 큰 박스와 호스트에 연결하기 위한 시리얼 포트 또는 네트워크 연결로 구성되어 있다. 호스트에서 돌아가는 소프트웨어는 로케이터에서 생성된 파일을 ROM 에뮬레이터로 보낼 수 있고, 그리고 나면 ROM 에뮬레이터는 작성한 프로그램을 담고 있는 ROM처럼 행동한다. 이 역시 프로그래머는 코드를

ROM 에뮬레이터에 다운로드하는 소프트웨어가 로케이터가 생성한 파일 형식을 이해할 수 있는지 확인해야 한다.

◎ 인 서킷 에뮬레이터

소프트웨어를 디버깅하기 위해서 인 서킷 에뮬레이터를 사용하는 경우도 있다. 이 방법은 인 서킷 에뮬레이터의 일반적인 형태인 오버레이 메모리를 사용할 수 있다.

◎ 플래시

타깃 프로그램을 플래시 메모리에 다운로드시킬 수 있다. 항상 채택할 수 있는 방법은 플래시를 소켓에 넣어 EPROM처럼 다루는 것인데, 대부분의 PROM 프로그래머는 플래시 메모리로 프로그램할 수 있다. 하지만, 타깃이 시리얼 포트나 네트워크로 연결되어 있어야 한다.

◎ 모니터 프로그램

일반적인 모니터 프로그램은 소프트웨어를 시리얼 포트를 통해 보내고, 타깃의 RAM에 그 소프트웨어를 저장하고 그것을 실행시킨다. 때때로 모니터 프로그램은 로케이터의 기능을 수행하기도 하고, 브레이크 포인터를 설정하거나 메모리나 레지스터의 값을 보여주는 디버깅 서비스를 제공하기도 한다. 모니터 프로그램은 대부분 RTOS 제조회사들이 공급하고 있다.

(2) 하드웨어 제어

하드웨어 제어 방식에는 크게 Memory-mapped I/O 방식과 separated I/O 방식으로 나뉜다.

◎ Memory-mapped I/O 방식

Memory-mapped I/O 방식은 CPU가 접근할 수 있는 physical address space에서 일정 영역을 주변장치와 통신을 위해서 사용하는 방식이며 A라는 주변장치와 통신하기 위해서는 A에게 할당된 physical address에 LOAD/STORE와 같은 memory instruction을 수행한다. CPU 입장에서는

physical memory(RAM)나 주변장치나 동일한 연산을 이용해서 데이터를 주고 받는다.

◎ Separated I/O 방식

이에 반해 separated I/O 방식은 주변장치와 통신을 위한 별도의 I/O address space를 구성하여 사용하는 방식으로 A라는 주변장치와 통신하기 위해서는 A에게 할당된 I/O address에 I/O 연산을 위한 명령어를 이용해서 통신한다.

하드웨어를 통한 직접 제어를 하게 되면 응용 프로그램에 직접 제어를 한다는 것이 된다. 이 말은 커널의 도움 받지 않으며 간단한 디바이스의 경우 쉽게 구현이 되고 하드웨어를 물리 주소로 직접 접근하며 논리 주소를 사용하지 않는 프로세서에서 적절하다. 하지만 오류가 발생할 때 전체 시스템의 고장이 초래되며 응용 프로그램의 경우 인터럽트 방식의 I/O처리가 불가능하다는 단점이 있다.

(3) Memory Map

Memory Map은 User Level에서 커널의 Memory나 디바이스들에 대한 접근을 하기 위해 사용한다. Linux의 경우 가상메모리를 사용하므로 일반적인 방법으로는 커널 이하의 메모리에 접근이 불가능하다. 실제 Physical Memory를 Logical하게 접근하도록 허용한다. 커널에서 디바이스들에 대한 메모리나 커널의 메모리를 논리적으로 관리한다.

파일이나 장치를 가상메모리로 대응 또는 해제하는 데에는 mmap와 munmap를 사용한다. 여기서 mmap함수는 fd로 지정된 파일에서 offset을 시작으로 length 바이트만큼을 start 주소로 대응시키도록 한다. Start 주소는 단지 그 주소로 했으면 좋겠다는 정도이며, 보통 0으로 지정된다. mmap는 지정된 영역이 대응된 실제 시작 위치를 반환하고 port 인자는 원하는 메모리 보호 모드를 설정한다.

(4) 폴링과 인터럽트

폴링은 CPU가 내부 명령어를 처리하는 도중 외부 장치에 대한 입출력 요구와 관련해서 일정시간 간격으로 입/출력 장치를 확인하여 처리할 데이터의 유무를 확인하는 방식을 말한다. 아래 그림은 폴링의 개념을 나타낸 그림이다.

[그림 11-5] 폴링 개념도

인터럽트는 CPU가 내부명령어만 처리하고 있다가 입/출력장치의 데이터 처리 요구가 있을 때 수행중이던 프로그램에 대한 정보를 레지스터에 저장한 후 입/출력 서비스를 수행하고 저장했던 상태를 복원해 수행하던 프로그램을 계속 수행하는 방식을 말한다. 아래 그림은 인터럽트의 개념을 나타낸 그림이다.

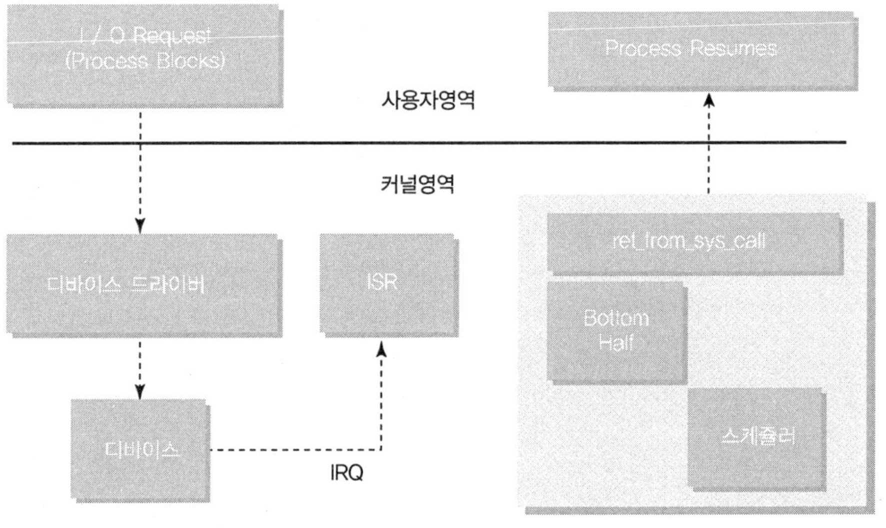

[그림 11-6] 인터럽트 개념도

연 / 습 / 문 / 제

1. 임베디드 OS 포팅에 대해 적어보기

CHAPTER

2

● 이번 장에서는 디바이스 드라이버 프로그래밍에 대해 배워보자

디바이스 드라이버 프로그래밍

CHAPTER 12

디바이스 드라이버 프로그래밍

12.1 디바이스 드라이버의 개요

디바이스 드라이버(device driver)란 무엇인가? 우리는 디바이스 드라이버에 대해 이해하기 위해 먼저 디바이스 드라이버의 개념을 알아야 한다. 일단 커널은 디바이스 드라이버에게 자원을 제공하는 제공자의 역할을 한다. 디바이스 드라이버는 응용프로그램이 H/W를 제어할 수 있도록 인터페이스를 제공해 주는 커널 프로그램이다. 이러한 디바이스 드라이버는 프로그래머로 하여금 하드웨어 독립적인 프로그램을 작성하도록 도와준다.

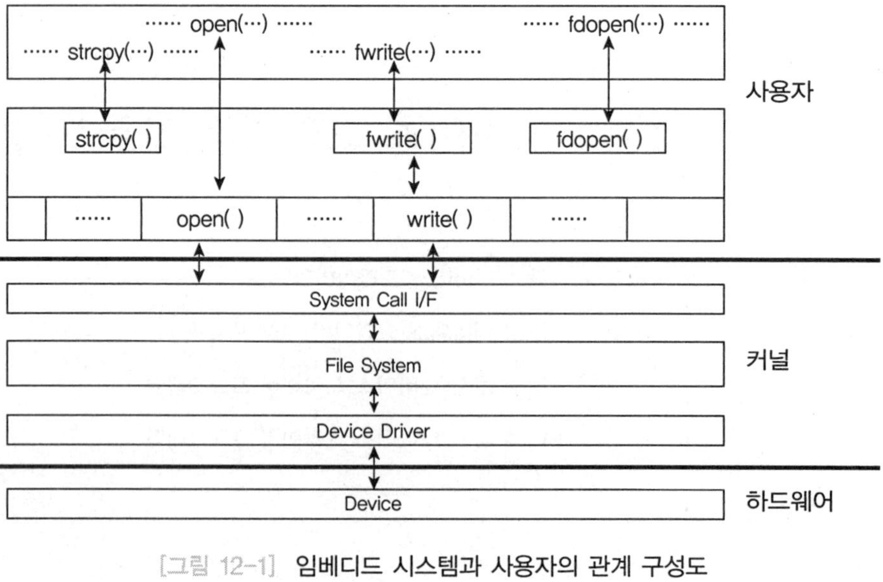

[그림 12-1] 임베디드 시스템과 사용자의 관계 구성도

그렇다면 이러한 디바이스 드라이버의 종류에는 어떤 것들이 있을까? 디바이스 드라이버는 문자 디바이스 드라이버 (Character Device Driver), 블록 디바이스 드라이버(Block Device Driver), 네트워크 디바이스 드라이버 (Network Device Driver) 등이 있다. 아래에서는 각각에 대한 특징에 대해서 설명하겠다.

(1) 문자 디바이스(Character Device)

파일과 같이 데이터를 바이트의 스트림으로 접근할 수 있는 장치를 말한다. 예를 들어 텍스트 콘솔(/dev/console), 시리얼 포트(/dev/ttyS0) 등이 있으며, 문자 드라이버는 open, close, read, write 등의 시스템 콜을 구현한다. 일반 파일과 유사하나 문자 디바이스는 오직 순차적인 접근만 가능하다.

(2) 블록 디바이스(Block Device)

블록에 대한 Random Access가 가능한 장치이다. File System에 마운트되어 관리되는 장치로 입출력 연산 한 번으로 고정된 크기의 데이터 전송이 가능하다. Disk, CD-ROM, Floppy 등이 이에 속한다.

(3) 네트워크 디바이스(Network Device)

커널의 네트워크 서브시스템을 이용한 패킷 송수신에 관여하며 응용 프로그램과의 통신은 표준 파일 시스템 관련 콜 대신 socket( ), bind( ) 등의 시스템 콜이 사용된다.

(4) 디바이스 파일과 디바이스 번호

디바이스 드라이버에는 디바이스와 인터페이스를 위한 시스템 콜을 제공하고, 디바이스 노드를 통한 디바이스 접근 경로를 제공하는 디바이스 파일들이 있다. 아래 그림에서 볼 수 있듯이 디바이스 파일에는 디바이스의 종류, 메이저

번호와 마이너 번호 등이 표시되어 있다.

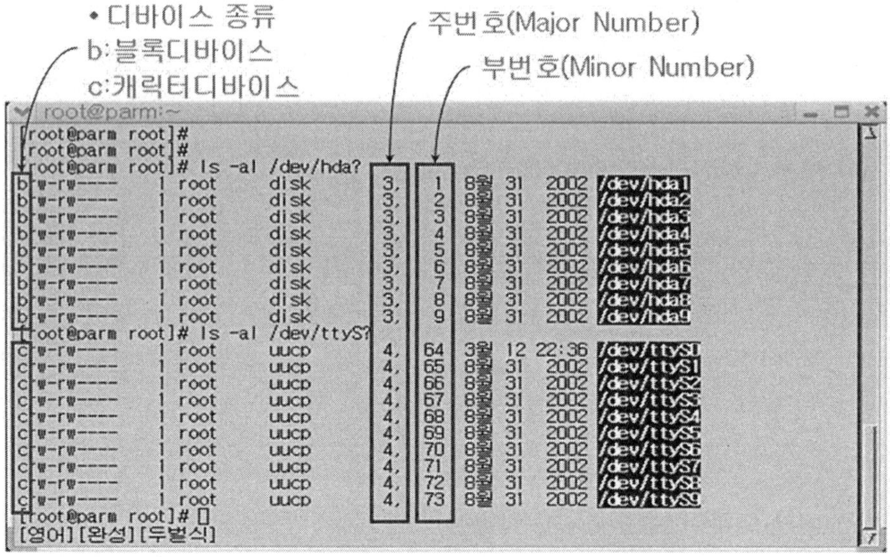

그렇다면 디바이스 파일에 나타나는 디바이스 번호인 주번호와 부번호는 무엇인지 알아보자. 주번호는 각각의 구별되는 디바이스를 구별하는 식별 번호이다. 주번호가 다르게 되면 디바이스 드라이버도 다르게 된다. 커널 2.2, 2.4이후 256개의 주번호를 제공하고 있으며, 주번호를 0으로 지정하면 커널이 동적으로 비어있는 주번호를 할당하고 외부 릴리즈는 불가능하게 된다.

부번호는 커널에서 사용하지 않고 디바이스 드라이버 내부에서만 사용이 가능하다는 특징이 있다. 동일한 여러 개의 디바이스를 구별하는 식별 번호로 동일한 하나의 디바이스 드라이버를 공유하면서 사용한다. 8비트 크기의 정수로 구성되어 있다. 각 디바이스별 주번호는 아래와 같은 표로 나타낼 수 있다.

〈표 12-1〉 디바이스별 메이저 번호

메이저번호	캐릭터 디바이스	블록 디바이스
0	동적할당을 위한 번호	동적할당을 위한 번호
1	mem	RAM Disk
2	…	Floopy(fd*)
3	…	IDE Hard Disk(hd*)
4	Terminal	…
5	Terminal & AUX	…
6	Parallel Interface	…
…	…	…
23	…	Mitsumi CD-ROM(mcd*)

12.2 디바이스 드라이버 개발 프로세스

[그림 12-2] 디바이스 드라이버 개발 프로세스

디바이스 드라이버를 개발하기 위해서는 일반적으로 위와 같은 과정으로 이루어진다. 제일 처음 드라이버 소스 코드를 작성하고 작성한 소스코드를 컴파일 한다. 그 후에는 해당 드라이버의 확장자가 o인 파일을 insmod 명령어를 이용하여 디바이스드라이버를 적재한다. 적재가 완료되면 mknod명령어를 이용하여 디바이스 노드를 생성하고, 응용 프로그램을 이용한 드라이버에 접근한다. 마지막으로 rmmod 명령어를 이용하여 드라이버를 삭제함으로써 개발 프로세스가 완성이 된다.

디바이스 드라이버의 적재 및 삭제, 노드 생성 등의 명령어는 아래에서 간단히 설명한다.

〈노드 생성〉

```
#mknod "/dev/파일이름" {b,c} 주번호 부번호
Example) #mknod /dev/led_dd c 124 0
• 생성 후 속성 변경 : #chmod ug+w /dev/led_dd
```

〈디바이스 드라이버 적재〉

```
#insmod "드라이버명.o"
Example) #insmod led_dd.o
```

〈디바이스 드라이버 삭제〉

```
#rmmod "드라이버명"
Example) #rmmod led_dd (.o는 붙지 않는다)
```

〈드라이버 적재 여부〉

```
#lsmod
```

그 외에도 insmod와 유사하지만 모듈간의 의존성을 검사해서 필요한 모든 커널 모듈을 적재하는 modprobe 명령어 모듈간의 의존성을 검사하는 depmod와 Kernel thread로 돌아가며 커널에서 필요한 모듈을 자동으로 적재하고 일정 시간 동안 사용하지 않는 모듈을 제거하는 역할을 하는 Kenreld 명령어 등이 있다.

위와 같은 사용방법을 이용하여 간단한 모듈 프로그래밍을 구현해 보자. 아래 그림은 간단한 "hello world" 모듈을 생성하는 방법이다.

```
#define    MODULE
#include   <linux/module.h>

int init_module(void)
{
    printk("<1>Hello World\n");
    return 0;
}

void cleanup_module(void)
{
    printk("<1>Goodbye world\n");
}
```

```
root# gcc -c hello.c
root# insmod hello.o
...
root# rmmod hello
...
```

모듈을 해제할 때는 ".o"
확장자가 붙지 않는다.

12.3 문자 디바이스 드라이버 프로그래밍

- int **register_chrdev**(unsigned int major, const char *name, struct file_operations *fops);
- int **unregister_chrdev**(unsigned int major, const char *name);

```
struct file_operations {
    ssize_t (*read) (struct file *, char *, size_t, loff_t *);
    ssize_t (*write) (struct file *, const char *, size_t,
loff_t *);
    int (*ioctl) (struct inode *, struct file *, unsigned int,
unsigned long);
    int (*open) (struct inode *, struct file *);
    int (*release) (struct inode *, struct file *);
        ... ... ...
};
```

문자 디바이스 드라이버는 register_chrdev( ) 함수와 unregister_chrdev( ) 함수로 레지스터 등록 및 해제를 수행한다. 리눅스 드라이버는 init_module( ) 함수에 의하여 커널에 드라이버를 등록하고 커널 자원을 확보하는 드라이버 초기화와 cleanup_module( ) 함수로 사용한 자원을 커널에서 반납하고 커널에서 드라이버를 해제하는 드라이버 종료로 이루어진다. 이러한 리눅스 드라이버에 맞게 문자 디바이스 드라이버도 위의 그림과 같이 디바이스 등록 및 해제를 수행하여야 한다. 문자 디바이스 드라이버는 파일로 다루어지기 때문에 이들 디바이스의 기능을 드라이버에 정의하기 위해 파일 조작 함수를 작성하고 이렇게 작성된 함수들을 커널 소스의 〈linux/fs.h〉 헤더 파일에 정의되어 있는 file_operations 라는 구조체를 이용하여 디바이스 드라이버 소스 코드에 정의하게 된다. 아래 표는 문자 디바이스 오퍼레이션의 종류 및 그에 대한 설명을 나타낸다.

〈표 12-2〉 디바이스 지원 API

API	설명
int open(struct inode *.struct file *);	응용 프로그램에서 장치 파일을 int open(const char *pathname, int flasgs) system call을 호출해서 열 때, 커널이 호출하는 함수이다. 즉 장치 파일을 열 때, 호출된다.
int release(struct inode *.struct file *);	응용 프로그램에서 장치 파일을 int close(int fd) system call을 호출해서 닫을 때, 커널이 호출하는 수이다. 즉 장치 파일을 닫을 때, 호출된다.
ssize_t read(struct file *.char *. size_t, loff_t *);	응용 프로그램에서 장치 파일을 ssize_t read(int fd, void *buf, size_t count) system call을 호출해서 열 때, 커널이 호출하는 함수이다. 즉 장치 파일을 열 때, 호출된다.
ssize_t write(struct file *. const char *. size_t, loff_t *);	응용 프로그램에서 장치 파일을 ssize_t write(int fd, const void *buf, size_t count) system call을 호출해서 쓸 때, 커널이 호출하는 함수이다. 즉 장치 파일에 쓸 때 호출된다.
int ioctl(struct inode *.struct file *. unsigned int, unsigned Long)	응용 프로그램에서 장치 파일에 대해서 int ioct(int fd, int request, …) system call을 호출할 때, 커널이 호출하는 함수이다.

그렇다면 지금부터 문자 디바이스 드라이버 프로그래밍을 간단히 살펴보겠다. 문자 드라이버로서 가상 디바이스에 대한 오퍼레이션을 정의하는 부분이다.

아래의 그림에서 표시되어 있는 부분이 디바이스 오퍼레이션을 선언하는 부분이다.

```
#include <linux/kernel.h>
#include <linux/module.h>
#include <linux/fs.h>

#define DEV_NAME "virtual_device"

int virtual_device_open(struct inode *, struct file *);
int virtual_device_release(struct inode *, struct file *);
ssize_t virtual_device_write(struct file *, const char *, size_t, loff_t *) ;
ssize_t virtual_device_read(struct file *, char *, size_t , loff_t *);

//Global variable
static int virtual_device_usage = 0;
static int virtual_device_major = 0;
```

그 다음에는 파일 오퍼레이션을 정의하는 부분과 모듈 초기화, 디바이스를 등록하는 부분을 나타낸 것이다.

```
/* Virtual Device file operation */
static struct file_operations vd_fops = {
        NULL,
        NULL,
        (void *)virtual_device_read,
        (void *)virtual_device_write,
        /* 정의 되지 않은 오퍼레이션 */
        (void *)virtual_device_open,
        NULL,
        (void *)virtual_device_release,
        /* 정의되지 않은 오퍼레이션 */
};

int init_module(void) {
        int major_num;

        major_num = regis                E,&vd_fops);
        if(major_num < 0) {
        /* 에러 처리 */
        }
        virtual_device_major = major_num;
        ...
        return 0;
}
```

파일 오퍼레이션 정의

모듈 초기화

디바이스 등록

아래의 코드에서는 rmmod시 호출되며 메모리 반납을 하는 cleanup_module( ) 함수와 카운터를 증가시켜 모듈이 사용중임을 알리는 MOD_INC_USE_COUNT 부분, 해제될 경우 사용자 카운터를 감소하는

MOD_DEC_USE_COUNT 부분 등을 나타낸다.

```
void cleanup_module(void) {
        if( unregister_chrdev(virtual_device_major, DEV_NAME)<0 )
        printk(KERN_WARNING"%s DRIVER CLEANUP FAIL\n", DEV_NAME);
        /* other cleanup code */
}

// Functions...
int virtual_device_open(struct inode *minode, struct file *mfile) {
        printk("virtual_device open function called!!\n");
        if(virtual_device_usage != 0) return -EBUSY;
        MOD_INC_USE_COUNT;
        virtual_device_usage = 1;
        return 0;
}

int virtual_device_release(struct inode *minode, struct file *mfile) {
        printk("virtual_device release function called!!\n");
        MOD_DEC_USE_COUNT;
        virtual_device_usage = 0;
        return 0;
}
```

마지막으로 virtual_device_write( )함수와 virtual_dvice_read( ) 함수는 파일 오퍼레이션에 정의된 각각의 오퍼레이션을 구현한다.

```
ssize_t virtual_device_write(struct file *inode, const char *gdata, size_t length,
 loff_t *off_what)
{
        printk("virtual_device write function called!!\n");
        return length;
}
ssize_t virtual_device_read(struct file *inode, char *gdata, size_t length,
 loff_t *off_what)
{
        printk("virtual_device read function called!!\n");
        return length;
}
```

지금까지는 문자 디바이스 드라이버의 코드를 분석하였다. 그러면 이러한 코드를 컴파일 및 다운로드하는 방법을 살펴보자.

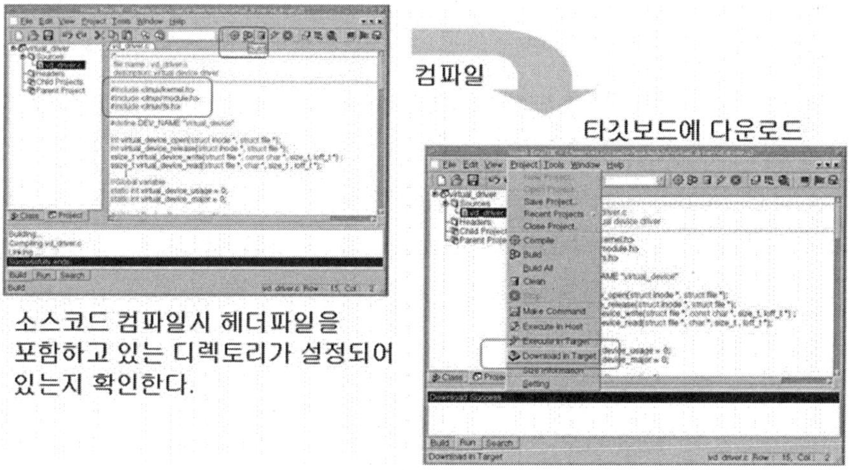

[그림 12-3] 타깃 보드에 다운로드

위의 그림에서 볼 수 있듯이 소스코드 컴파일 시에 헤더파일을 포함하고 있는 디렉토리가 설정되어 있는지 확인하고 컴파일하여 타깃보드에서 다운로드를 수행하면 된다.

12.4 블록 디바이스 드라이버 프로그래밍

- int **register_blkdev**(unsigned int major, const char *name, struct block_device_operations *bdops);
- int **unregister_blkdev**(unsigned int major, const char *name);

```
struct block_device_operations {
    int (*open) (struct inode *inode, struct file *filp);
    int (*release) (struct inode *inode, struct file *filp);
    int (*ioctl) (struct inode *inode, struct file *filp,
            unsigned command, unsigned long argument);
    int (*check_media_change) (kdev_t dev);
    int (*revalidate) (kdev_t dev);
};
```

블록 디바이스 드라이버도 위와 같은 레지스터 등록 및 해제의 기능을 가지며 문자 디바이스 드라이버 프로그래밍과 유사하다. 블록 디바이스 드라이버는 file_operation 구조체와 유사한 block_device_operation 구조체를 가지고 있으며 블록 디바이스의 특징은 모든 I/O 버퍼링을 직접 수행하지는 않는다. I/O는 해당 디바이스에서 동작하는 파일 시스템 내에서 묵시적으로 처리하며 리눅스 버퍼 캐시에 저장되어 수행된다. 각각의 블록 드라이버는 request 처리를 위한 큐를 유지한다. 아래 표는 블록 디바이스 오퍼레이션의 종류와 그에 대한 설명을 나타낸다.

〈표 12-3〉 블록 디바이스 오퍼레이션 종류

request 함수	설명
int open(struct inode *. struct file *);	응용 프로그램에서 장치 파일을 int open(const char *pathname, int flasgs) system call을 호출해서 열 때, 커널이 호출하는 함수이다. 즉 장치 파일을 열 때, 호출된다.
int release(struct inode *. struct file *);	응용 프로그램에서 장치 파일을 int close (int fd) system call을 호출해서 닫을 때, 커널이 호출하는 함수이다. 즉 장치 파일을 닫을 때, 호출된다.
int ioctl(struct inode *. struct file *. unsigned int, unsigned Long)	응용 프로그램에서 장치 파일에 대해서 int ioct(int fd, int request, …) system call을 호출할 때, 커널이 호출하는 함수이다.
int(*check_media_change)(kdev_t dev);	플로피 디스크와 같이 제거 가능한 블록 디바이스에 대해서 마지막 접근 후에 블록 디바이스가 바뀌었는지 확인이 필요할 때 호출된다.
int(*revalidate) (kdev_t dev)	플로피 디스크와 같이 제거 가능한 블록 디바이스에 대해서 블록 디바이스가 바꾸었을 때, 정보를 계산하기 위해서 호출된다.

블록 디바이스 드라이버는 include/linux/blkdev.h의 헤더파일을 사용하며, blk_init_queue( ) 함수는 큐에 필요한 자원을 할당하고 초기화하는 역할을 한다. 그리고 큐를 처리할 request함수를 등록한다. 큐를 위해 할당한 자원을 반납하는 blk_cleanup_queue( )함수가 존재하며 BLK_DEFAULT_QUEUE( ) 함수는 블록 장치에 여러 정보를 저장하며 아래 표에서 관련된 전역변수의 역할을 설명한다.

〈표 12-4〉 블록 디바이스 관련 전역 변수

전역변수 내용	설명
int *blk_size[]	블록 장치의 크기를 kbytes 단위로 저장한다.
int *blksize_size[]	블록 장치에서 처리하는 최소 단위의 블록의 크기를 bytes 단위로 저장한다.
int *hardsect_size[]	블록 장치의 섹터 크기를 bytes 단위로 저장한다.
int *max_readahead[]	블록 장치를 처리할 때, 최대로 미리 읽을 수 있는 블록의 개수를 저장한다.

블록 디바이스의 입출력은 두 가지가 있는데 블록 입/출력은 파일 시스템의 메타 정보 등을 읽고, 하나의 블록을 읽기 위해서 호출된다. 그에 반해 페이지 입/출력은 파일을 내용을 읽고 Read/Write 시스템 콜에 의해서 호출되며 여러 블록을 읽을 수 있는 특징이 있다.

연 / 습 / 문 / 제

1. 디바이스 드라이버 개발 프로세서에 대해 적어보기

CHAPTER

13

- 고객에게 선적할 때 제대로 동작하도록 하기 위해서 임베디드 시스템과 소프트웨어를 테스트하고 디버깅을 하게 되는데, 이번 장에서는 임베디드 시스템과 소프트웨어 테스트 기법과 디버깅 툴에 대해서 다룰 것이다.

시스템 디버깅 및 테스트

CHAPTER 13 시스템 디버깅 및 테스트

13.1 디버깅 정의

(1) 개발과 테스트

- 개발 : 건설적이며 낙관적인 관점에서 최적의 시스템을 구축하는 것이 목적
- 테스트 : 파괴적이며 비관적인 관점에서 흠집을 찾아내는데 목적

대부분의 경력이 많은 엔지니어들은 작성할 때 많은 버그를 가진 코드는 궁극적으로 선적될 때도 많은 버그를 가진 코드가 될 것이라고 어느 정도 생각한다. 테스트와 품질 확인 절차는 어느 정도 버그를 줄여 줄 것이지만, 버그를 적게 하는 유일한 방법은 처음부터 버그를 적게 갖도록 프로그램을 작성하는 것이다.

임베디드 시스템 소프트웨어에서 버그가 없도록 만드는 기술들은 응용 프로그램 소프트웨어에서 버그를 없애는 것과 거의 같다.

(2) 임베디드 시스템 테스트의 중요성

첫째로, 임베디드 시스템을 테스팅하고 디버깅하는 것은 응용 프로그램을 테스팅하고 디버깅하는 것보다 매우 어렵고 시간이 많이 걸린다.

둘째로, 세상은 버그를 가지고 있는 임베디드 시스템을 용납하지 않는다. 개인용 컴퓨터를 위해서 응용 프로그램을 구입하는 고객들은 때때로 멈추거나, 딱딱하고, 불친절한 메시지나 또는 귀여운 폭탄 아이콘을 나타내는 제품을 살 것이다. 하지만, 어느 누구도 고객의 상품을 계산하거나 멈추어 버리는 현금 출납

기나, 종종 다른 사람에게 연결시켜 주는 전화기, 수술 도중에 멈추어 버리는 의료 기기, 이유 없이 인쇄를 멈추는 프린터를 용납하지는 않는다.

(3) 테스트의 중요성

- 품질 측면 : 버그가 발생한 경우 제품 품질의 영향은 물론 고객 신뢰도 급감
- 해킹 측면 : 소스코드의 오류로 인한 취약점을 해커가 악용하여 제작사의 이미지 타격
- 운영 측면 : 잠재적인 위험 요소가 치명적인 오류를 유발하여 재산상의 손해는 물론 기업 이미지를 심각하게 훼손

13.2 호스트 시스템에서의 테스팅

타깃 시스템은 테스트하기에 힘든 환경을 가지고 있다. 일반적인 테스팅 절차의 목적에 대해서 생각해 보자.

개발 과정에서 버그를 빨리 발견하라.

이것은 설계부분에서도 알아 보았듯이 프로젝트 생명 주기중 시작 단계에서 버그를 발견하는 것과 마지막 단계에서 버그를 발견하는 것은 차이가 크다.

모든 코드를 시험해라.

특정한 시간에 발생된 서로 연관된 이벤트들 사이에서 발생하는 상황 타깃에서 모든 코드를 시험한다는 것을 어렵거나 불가능한 일이지라도 모든 경우의 테스트 시트를 만들어서 테스트 해야 한다.

재사용 가능하고, 반복해서 테스트할 수 있도록 개발하라.

좀처럼 다시 발생하지 않는 버그의 경우, 한번 더 버그를 보려고 하지만 다시 볼 수 없는 경우도 있다. 이를 방지하기 위해 코드를 모듈화시키고, 재사용 가능

하게 만들어야 한다.

◎ 테스트 결과의 기록을 남기도록 하라.

대부분의 임베디드 시스템은 디스크 드라이브나 다른 영구적인 저장 매체를 가지고 있지 않기 때문에 어떠한 결과가 발생했는지를 기록하는 것은 매우 어렵다. 따라서, 트러블 슈팅 시트를 만들어 기록해 두어 나중에 같은 에러가 발생했을 때 쉽게 대처할 수 있다.

13.3 실험실 장비들 사용하기

사전에 아무리 소프트웨어를 주의 깊게 테스트 했더라도, 결국 실험실에서 실제로 시스템을 테스트하고 디버깅해 봐야 한다. 테스트에 앞서 유용한 테스트 장비에 대해 알아보도록 하자.

(1) 전압계

만약 소프트웨어를 테스트하는 하드웨어의 정확한 동작과 안정성이 의심스럽다면 두 점간의 전위의 차를 재는 전압계와 저항의 차를 재는 저항계를 사용할 수 있다. 두 가지 기능을 모두 제공하는 것을 일반적으로 멀티미터나 테스터라고 불린다.

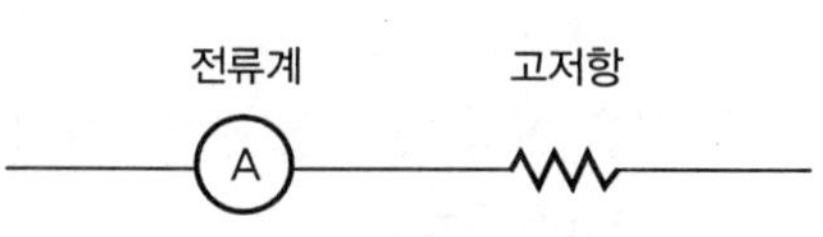

전류계에 직렬로 고저항을 넣으면 전압계가 된다.

[그림 13-1] 전압계의 구조

소프트웨어 엔지니어는 전압계를 회로에 있는 칩에 전원이 공급되는지 확인하는데 주로 이용한다. 칩의 다리가 부러지거나, 잘못 배선을 했거나, 퓨즈가 나갔거나, 파워를 연결하거나 켜는데 실패하는 등의 여러 다양한 이유로 시스템은 전원을 공급받는데 실패할 수 있고 어떠한 포스트웨어의 노력도 이러한 시스템을 동작하게 만들 수 없다. 전압계를 사용하는 가장 일반적인 방법은 전원을 켜고, 한쪽 프로브는 VCC에 연결하고 다른 쪽 프로브는 그라운드에 연결하는 것이다. 전압계가 올바른 전압을 가리키지 않는다면, 하드웨어 문제가 있는 것이다.

[그림 13-2] 전압계의 눈금읽기

(2) 저항계

저항계의 일반적인 용도는 연결되어야 할 지점이 연결되었는지를 점검하기 위한 것이다.

예를 들어, 마이크로프로세서의 주소 신호 선 중의 하나라도 RAM에 연결되지 않으면, 시스템은 제대로 동작하지 않을 것이다. 만약 저항계의 미터가 0ohm을 가르킨다면, 두 지점간에 저항이 없기 때문에 이 두 지점이 연결되었다는 것을 의미한다.

만약 저항계가 0도 아니고 무한대도 아닌 중간 값을 나타낸다면, 두 지점은 서로 직접 연결되어 있지는 않고 사이에 회로 소자들이 있어서 전류가 어느 정도 흐름을 나타낸다. 이것이 정상이다.

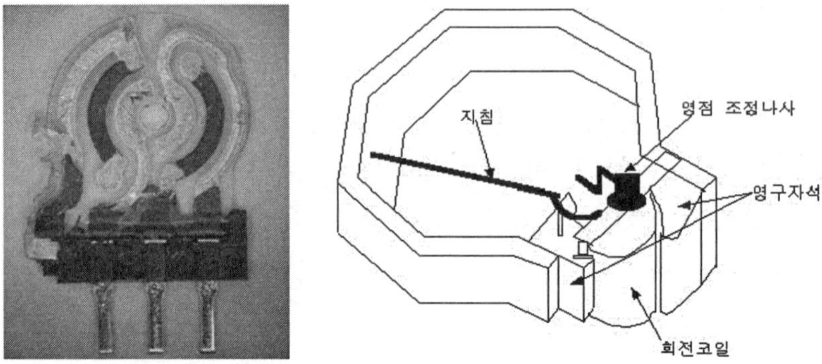

[그림 13-3] 저항계

(3) 오실로스코프

오실로스코프 또는 스코프는 시간에 대한 전압의 그래프를 나타내는 장비이다. 시간은 가로축을 따라 표시되고 전압은 세로축을 따라 표시된다.

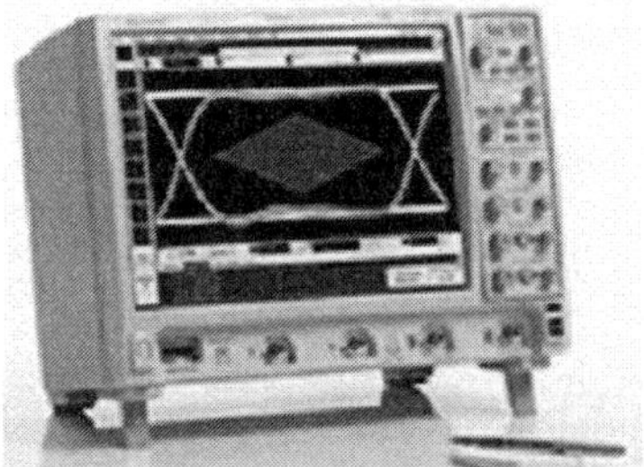

[그림 13-4] 오실로스코프

오실로스코프는 아날로그 장비이다. 즉, 단지 시그널이 High인지 Low인지를 표시하는 것이 아니라 실제 전압을 나타낸다. 일반적인 오실로스코프는 다음과 같은 특징을 가진다.

- 동시에 하나 이상의 시그널을 측정할 수 있다.
- 상당히 넓은 범위로 시간과 전압의 스케일을 조정할 수 있다.
- 그라운드에 해당하는 세로축 레벨을 조정할 수 있다.
- 시그널에서 미리 설정한 상황이 발생했을 때 무엇을 해야 하는 지를 결정하는 트리거를 언제 사용해서 그래프를 그릴지를 조정할 수 있다.

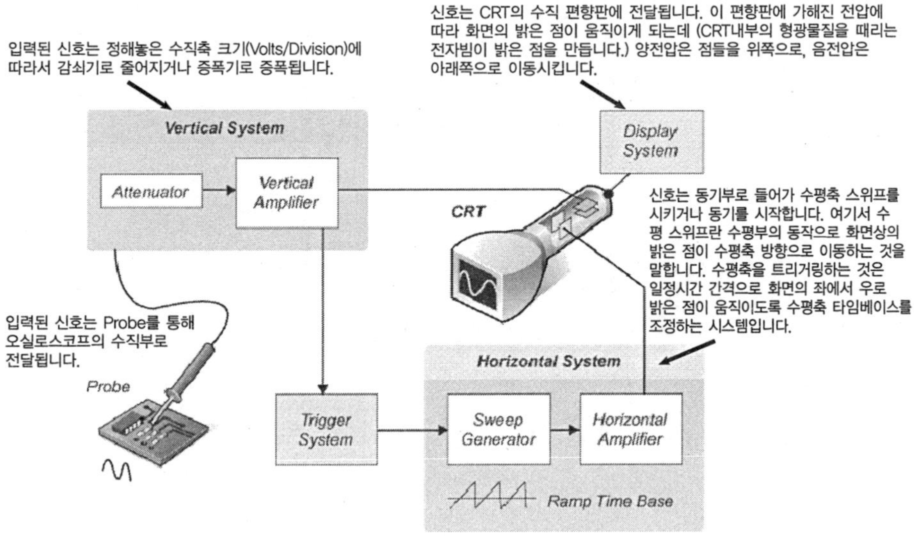

[그림 13-5] 오실로스코프 기본회로

오실로스코프는 하드웨어 엔지니어들에게는 정말 유용하다. 소프트웨어 엔지니어는 다른 것보다는 다음과 같은 목적으로 사용한다.

- 오실로스코프를 전압계로 사용할 수 있다. 만약 시그널의 전압이 변하지 않는다면, 오실로스코프는 시그널의 전압을 가로 축의 선을 사용해서 나타낸다.
- 오실로스코프를 사용해서 마이크로프로세서의 클럭 입력을 조사해 봄으로써 회로가 정상적으로 동작하는지를 점검할 수 있다. 오실로스코프의 선이 직선이라면, 클럭 시그널은 마이크로프로세서에 들어가지 않고, 어떠한 명령어도 실행되지 않는다는 것을 의미한다. 마찬가지로, RAM으로 연결되는 어드레스, 데이터 칩 인에이블 시그널을 조사해 봐서 프로그램이 무엇인가를 하고 있는지 없는지를 알 수 있다.
- 시그널이 기대하는 대로 변하는 지를 알아보는데 사용할 수 있다. 예를 들어, 만약 소프트웨어가 반복해서 High와 Low를 반복하는 신호를 만들어 낸다면, 올바른 신호가 나오는지를 오실로스코프를 이용해서 검사할 수 있다.

다음은 오실로스코프 화면이다. 어떤 신호인지 알아보자.

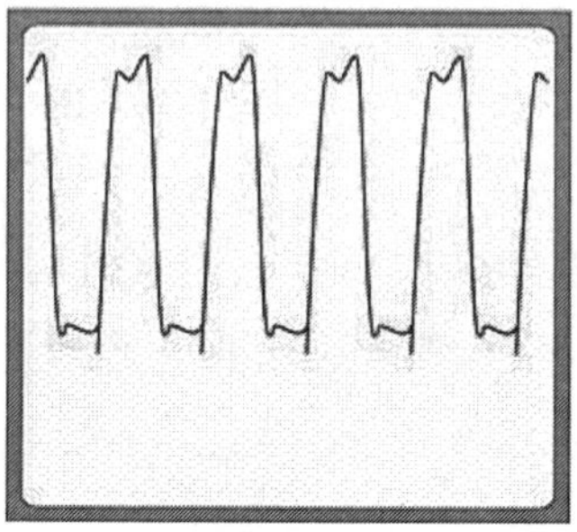

[그림 13-6] 오실로스코프 화면 1

위의 그림은 정상적인 클럭 시그널로서 마이크로프로세서의 입력 시그널로 예상할 수 있다.

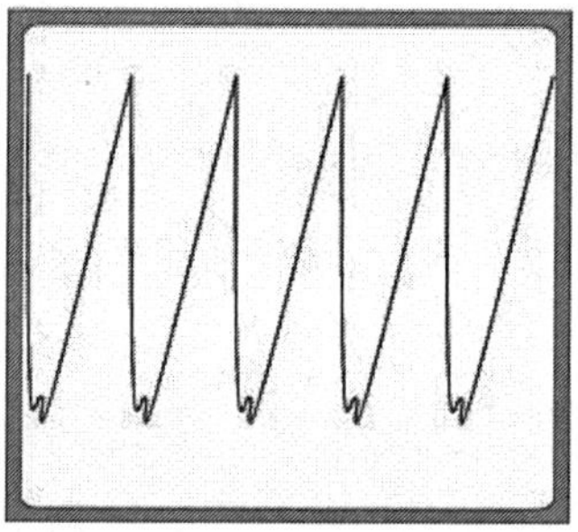

[그림 13-7] 오실로스코프 화면 2

위의 그림은 첫 번째 그림과 다르다. 이런 시그널이 오실로스코프 화면에 나타난다면, 불안정한 클럭 시그널로 의심을 해보아야 한다.

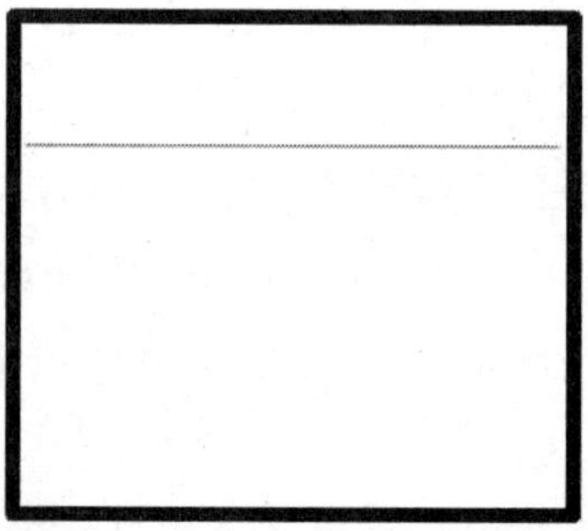

[그림 13-8] 오실로스코프 화면 3

위의 그림은 전혀 동작하지 않는 클럭 회로의 시그널이다.

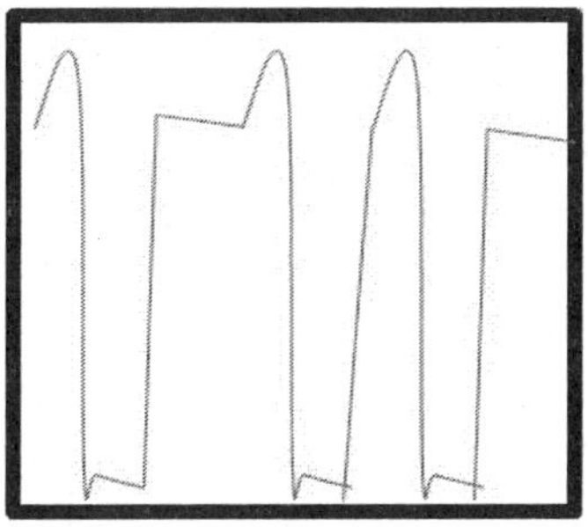

[그림 13-9] 오실로스코프 화면 4

위의 그림은 정상적인 ROM 칩 인에이블 시그널로 마이크로프로세서가 ROM으로부터 값을 읽을 때마다 시그널을 LOW로 변경되는 화면이다.

(4) 로직 어날라이저

로직 어날라이저는 신호를 가로채서 화면에 그래프로 보여주는 또 다른 장비이다. 이러한 것은 오실로스코프와 같지만, 몇 가지 기본적인 면에서 오실로스코프와 다르다.

- 많은 신호들을 동시에 측정할 수 있다.

장비를 구입하는데 얼마의 비용을 지불할 것인지에 따라, 십여 개부터 수백 가지의 신호를 한 번에 측정할 수 있다.

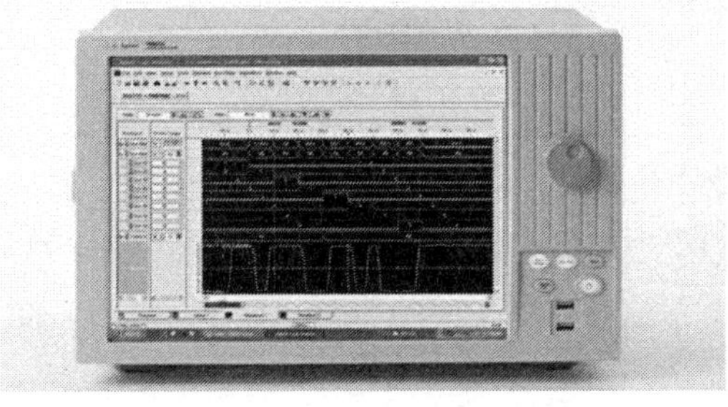

[그림 13-10] 로직 분석기

◎ 모든 로직 어날라이저는 스토리 장치이다.

먼저 신호들을 가로채서 저장한 후에 그것을 화면에 보여준다. 로직 어날라이저를 사용하는 일반적인 방법은 문제의 증상에 트리거를 설정해 놓고 문제의 원인을 찾기 위해 저장된 데이터를 뒤로 조사하는 것이다.

(5) 로직 어날라이저의 타이밍 모드

타이밍 모드에서는 어떤 이벤트가 발생했는지를 알 수 있고, 소프트웨어가 응답을 하는데 얼마나 걸리는 지를 측정할 수 있다. 뿐만 아니라 소프트웨어가 하드웨어를 제어하기 위해서 적절한 신호 패턴을 만들어 내는지를 관찰할 수 있다.

로직 어날라이저는 많은 시그널을 동시에 연결할 수 있기 때문에 하나 이상의 리본 케이블이 연결되어 있다. 이러한 리본 케이블을 보드 개개의 시그널에 연결해서 사용한다.

(6) 로직 어날라이저의 스테이트 모드

◎ 스테이트 모드의 특징

타이밍 모드에서 로직 어날라이저는 스스로의 클럭을 사용한다. 다시 말해서, 측정하려는 회로에 있는 어떠한 기준 클럭 없이 데이터를 저장한다. 로직 어날라이저는 시스템에 있는 클럭이 발생했을 때만 데이터를 저장하는 스테이트 모드에서도 작동을 한다.

마이크로프로세서가 어떤 명령어를 가져왔는지, 메모리와 I/O로부터 어떤 데이터를 읽고 쓰는지 등을 알아보기 위해 일반적으로 로직 어날라이저의 스테이트 모드를 사용한다. 마이크로프로세서가 어떤 명령어를 가져왔는지를 알기 위해, 로직 어날라이저의 프로브 시스템 버스의 모든 어드레스 신호선과 데이터 신호선, 그리고 ROM의 RE/ 신호 선에 연결해야 한다.

로직 어날라이저의 스테이트 모드는 보통 각 행이 클럭에지가 발생했을 때의 모든 시그널의 상태를 나타내는 텍스트 모드로 표시한다. 대부분의 로직 어날라이저는 원하는 형태로 데이터를 재구성할 수 있도록 한다.

◎ 스테이트 모드의 단점

마이크로프로세서가 어떤 것을 했는지를 알려줄 수는 있지만, 회로를 한 스텝씩 실행시키거나, 레지스터의 값을 보거나, 메모리의 내용을 바꾸는 등의 동작을 하려고 브레이크 포인트를 설정해서 마이크로프로세서를 정지시킬 수는 없다.

마이크로프로세서가 메모리를 읽거나 쓸 때만, 메모리의 내용을 알 수가 있을 뿐 마이크로프로세서의 레지스터 값은 알 수가 없다.

프로그램이 정지되었다면, 메모리의 내용, 레지스터 그 밖에 다른 시스템에 있는 어떤 것도 알 수가 없다.

마이크로프로세서가 큰 캐쉬 메모리를 가지고 있고, 캐쉬로부터 명령어를 실행시킨다면, 로직 어날라이저는 마이크로프로세서의 내부에서 어떤 명령어가 캐쉬로부터 읽혀지는지 알 수가 없기 때문에 마이크로프로세서가 어떤 일을 하는지를 알 수가 없다. 로직 어날라이저는 단지 메모리로부터 읽혀지는 명령어만을 볼 수 있을 뿐이다.

(7) 인 서킷 에뮬레이터

에뮬레이터 또는 약자로 ICE로 불리기도 하는 인 서킷 에뮬레이터는 타깃 회로에 있는 마이크로프로세서를 대체한다. 회로에서 마이크로프로세서를 제거하고 그 자리에 에뮬레이터를 붙인다.

[그림 13-11] 인 서킷 에뮬레이터

타깃 회로에 있는 다른 칩들의 관점에서는, 에뮬레이터는 마이크로프로세서로 본다. 실제 마이크로프로세서가 연결하고 구동하는 모든 시그널에 같은 방법으로 연결되기 때문이다. 뿐만 아니라, 에뮬레이터는 표준 데스크톱 시스템의 소프트웨어 디버거와 비슷한 디버깅 능력을 제공하기 때문에 브레이크 포인트를 설정할 수 있고, 메모리 값과 레지스터의 값을 조사할 수 있고, 소스 코드를 볼 수 있다. 또한, 명령을 다시 실행할 수 있고, 코드를 통해 한 스텝씩 명령을 수행시킬 수도 있다. 만약 프로그램이 다운되더라도, 대개의 경우 에뮬레이터는 메모리와 레지스터의 내용을 저장한다.

많은 에뮬레이터는 에뮬레이트된 마이크로프로세서가 타깃 시스템의 메모리 대신 사용하도록 하는 하나 이상의 메모리 블록을 내부에 가지고 있고 이것을 오버레이 메모리라고 부른다. 오버레이 메모리를 사용하도록 주소 범위를 설정해서 어떤 범위는 읽기만 가능하도록 하고 어떤 영역은 읽기 쓰기가 가능하도록 에뮬레이터의 주소 범위를 설정할 수 있다.

하지만, 모든 마이크로프로세서가 에뮬레이터를 가질 수 있는 것은 아니다.

(8) 소프트웨어로만 된 모니터

모니터라고 불리는 디버깅 툴도 있다.

모니터는 인 서킷 에뮬레이터와 비슷한 인터페이스를 제공하면서 소프트웨어를 실제로 타깃 마이크로프로세서에서 돌리게 해준다. 하지만, 모니터들은 서로 매우 다르기 때문에 가지고 있는 모니터가 어떤 것인지를 주의 깊게 조사를 해야 한다. 일반적인 모니터가 동작하는 방법 중의 하나는 다음과 같다.

- 모니터의 한 부분은 타깃 시스템의 ROM에 상주하면서, 시리얼 포트나 네트워크를 통해서 소프트웨어를 받고, RAM에 그것을 올리고, 실행하는 프로그램이다. 이 프로그램은 브레이크포인트를 설정할 수 있고, 메모리와 레지스터의 값을 분석할 수 있다. 타깃 에이전트(Target Agent)나 디버깅 커널이라고도 한다.

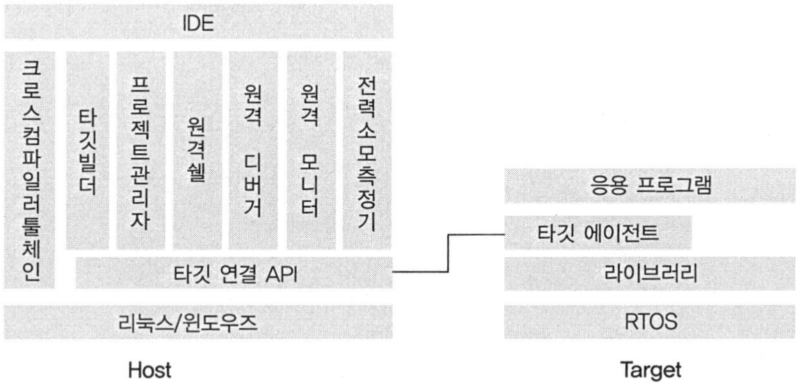

[그림 13-12] 타깃 에이전트

- 또는 모니터의 한 부분은 호스트에서 수행되면서 네트워크나 시리얼 포트를 통해서 디버깅 커널과 통신을 하는 프로그램이다. 이러한 프로그램은 디버깅 사용자 인터페이스를 제공한다.

13.4 임베디드 소프트웨어 시험 자동화 기술

(1) 테스트 도구

임베디드 소프트웨어 테스트 도구

컨버전스 제품의 등장으로 복잡해진 임베디드 소프트웨어의 신뢰성 확보를 위한 반복 회귀 테스트와 통합테스트가 가능한 시험 자동화 도구가 필요하다. 우선 소프트웨어 생명주기와 맞추어 테스트 단계를 알아보면 다음과 같다.

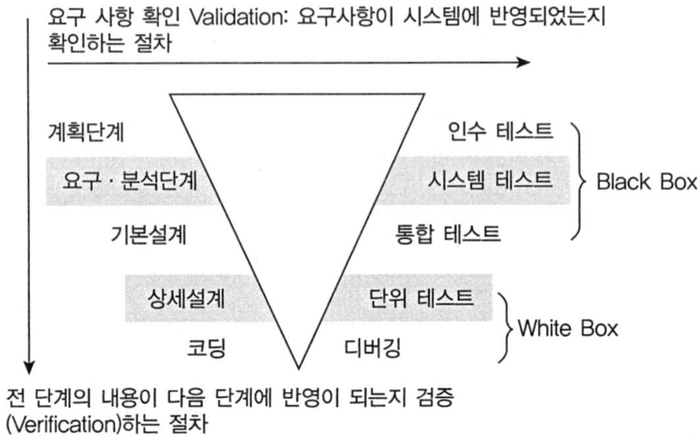

[그림 13-13] 임베디드 소프트웨어 생명주기에 따른 테스트 단계

(2) 테스트 단계

V다이어그램이라고 부르며, Verification은 개발자 시각에서 설계 기준에 부합하는지를 판단하는 것이고, Validation은 사용자 시각에서 요구사항이 제대로 작동되는지 판단하는 것이다. 세부 내용은 다음과 같다.

〈표 13-1〉 임베디드 소프트웨어 테스트 단계

분류	설명	예시
단위 테스팅 단계 (Unit test Stage)	- White Box 테스트 기법 - 단위 프로그램 안전성 검증 - 프로그램 내부 Logic에 중점	- 오류 테스트 - 인터페이스 테스트 - 경계 테스트
통합 테스팅 단계 (Integration test Stage)	컴포넌트나 서브시스템 같은 통합 단위를 테스팅 - Integration Test - 각 모듈간의 인터페이스에 중점 - Stub와 Driver가 필요함	- 하향식(Top-down) - 상향식(Bottom-up) - 샌드위치 형
시스템 테스팅 단계 (System test Stage)	전체 응용프로그램 또는 시스템을 테스팅 - System Test - 앞 단계의 통합테스트의 완벽 유무를 테스트	- 보안테스트(Security Test) - 스트레스테스트(Stress Test) - 성능테스트(Performance Test) - 복구테스트(Recovery Test)

인수 테스팅 단계 (Acceptance test Stage)	배포여부를 결정하기 위해 최종사용자가 수행하는 완전한 시스템에 대한 테스팅 - Acceptance Test - 사용자 관점에서 요구사항을 만족하는지 여부	- 확인 테스트 - 알파 테스트 - 베타 테스트
설치 테스트	- 시스템 개발 완료 후 사용자 환경에 맞도록 설치 및 동작오류 여부 시험	

위와 같이 임베디드 소프트웨어 테스트 단계를 단위 테스트, 통합 테스트, 시스템 테스트, 인수 테스트로 나뉘며 테스트 유형도 다양하다. 테스트 내용에 따라 적절한 테스트 유형을 선택하여 테스트 해야한다. 지금 얘기하는 것은 꼭 임베디드에 국한되는 유형이나 기법은 아니다. 전체 소프트웨어 테스트 기법과 유형이라고 생각하면 된다.

(3) 테스트 자동화 기술의 발전 전망

컨버전스 제품의 등장으로 복잡해진 임베디드 소프트웨어의 신뢰성 확보를 위한 반복 회귀 테스트와 통합테스트가 가능한 시험 자동화 도구가 필요하고, 전통적인 소프트웨어 테스팅 방법의 문제점인 부정확한 테스트 슈트의 생성과 다양한 임베디드 하드웨어 환경을 지원하기 위해 요구사항 모델로부터 테스트 모델을 구축하여 테스트 슈트를 자동으로 생성하는 모델 기반 소프트웨어 테스팅 방법이 필요하다. 뿐만 아니라 하드웨어 요소가 고려된 소프트웨어 모델링 기술, 자동 검증기술, 소프트웨어 프로세스 관리 기술, 생산성 관리를 위한 소프트웨어 측정(Measurement) 기술, 자동 테스트 케이스 생성 기술들이 임베디드 소프트웨어 시험을 위해 집중되어야 한다.

다음은 테스트 유형을 정리해 보았다.

〈표 13-2〉 임베디드 소프트웨어 테스트 유형

테스트 유형	내용
벤치마크 테스팅 (Benchmark test)	시스템과 새로 생성한 테스팅 대상의 성능을 비교
구성 테스팅 (Configuration test)	다양한 하드웨어와 소프트웨어에 있어서 테스팅 대상이 제대로 동작하는가 검증
기능 테스팅 (Installation test)	테스팅 대상이 요구되는 기능을 제대로 수행하는가를 검증
무결성 테스팅 (Integrity test)	다양한 하드웨어와 소프트웨어 구성 하에서 테스팅 대상이 제대로 설치되는가 검증하고, 시스템 자원을 적절히 사용했는가와 같은 코드의 신뢰도 및 고도의 견고성을 검증
부하 테스팅 (Load test)	다양한 워크로드로 테스팅함으로써 테스팅 대상의 운영상의 한계를 평가하여 부하 테스팅을 통해 테스팅 대상의 인수여부 판단가능
성능 테스팅 (Performance test)	동일한 워크로드와 다양한 시스템 설정 값을 사용해 테스팅 상의 운영상 특징 검증 평가
스트레스 테스팅 (Stress test)	과도한 부하, 메모리 부족, 특정 서비스나 하드웨어가 사용 불가능할 때와 같은 비정상적인 조건에서 테스팅 대상이 기능을 제대로 수행하는가 테스팅
회귀 테스팅 (Regression Test)	테스팅 후에 발견한 결함이 해결되었는가를 검증 동시에 코드의 변화가 새로운 결함을 야기하지 않았나 검증

13.5 테스트 케이스 설계(Test Case Design)

(1) 테스트 케이스의 정의

개발된 H/W나 S/W를 대상으로 제품이 요구한 목적에 맞게 만들어졌는지 확인하기 위해는 적절히 설계된 테스트 절차, 테스트 시나리오, 테스트 값 등이 필요하다.

테스트 케이스는 테스트 대상이 되는 부분을 직접 실행하여 요구사항과 맞는지 확인하기 위해 설계된 입력 값, 실행조건, 출력 값을 의미한다.

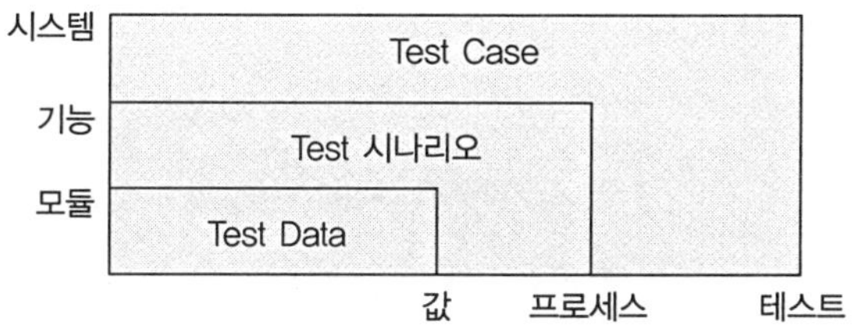

[그림 13-14] 테스트 케이스의 범주

위 그림은 테스트 케이스의 이해를 쉽게 하기 위해서 전체 시스템의 테스트에서 테스트 케이스가 어떤 역할을 하는 지를 쉽게 설명하기 위한 그림이다.

우리가 흔히 말하는 테스트 데이터, 테스트 시나리오 등도 모두 테스트 케이스의 범주에 속한다고 말할 수 있으며 이 모든 테스트 관련 행위들은 모듈에서 시작하여 요구한 기능을 만족시키고 더 나아가 목표하는 시스템을 완성하기 위한 행위들이다. 따라서 정확한 테스트를 하기 위해서는 정확한 테스트 케이스의 설계가 중요한데 정확한 테스트 케이스를 설계하기 위해서는 다양한 기법이 동원되고 반복되는 시행착오 또한 감수해야 한다.

(2) IEEE 829 표준 테스트 케이스

이러한 테스트 케이스를 설계하기 위해서 일찍이 IEEE(Institute of Electrical and Electronics Engineers)에서는 테스트 케이스에 대해서 표준 폼을 만들어 놓았는데 이는 H/W나 S/W를 만들고 테스트하는데 모두 적용이 될 수 있다.

〈표 13-3〉 IEEE 829 표준 테스트 케이스 폼

항목	설명
식별자(Identifier)	테스트 케이스를 유일하게 식별할 수 있는 기호
테스트 항목(Test Item)	테스트할 모듈 또는 기능
입력값(Input Specification)	테스트 시 입력할 값 또는 특정 조건
출력값(Output Specification)	테스트 케이스를 실행 후 기대되는 출력 결과
환경요구(Environmental needs)	테스트 케이스가 적용되기 위한 환경으로서 H/W 및 S/W 적인 테스트 환경
특수 절차적 요구사항 (Special procedure requirements)	기타 특별한 예외적으로 테스트 케이스에 요구되는 사항 등을 기술
의존성(Inter-case dependences)	어떤 값이 어떤 값에 영향을 주는지 테스트 케이스간 의존성(선/후 관계) 등을 기술

다음은 테스트 케이스의 사례의 이해를 돕기 위한 〈예〉이다.

ID	로그인-001					
기능	사용자 계정을 입력하여 로그인한다					
절차	입력값	출력값	실행결과	환경	요구사항	의존성
1	시스템 부팅	화면에 로고 출력	정상			
2	로그인버튼 누름	Display 로그인 화면 표시				
3	확인 버튼 누름	로그인 실행				

(3) 테스트 케이스 설계기법

그럼 이제부터 실제 테스트 케이스를 어떻게 설계하는지 기법들에 대해서 알아보자. 테스트 케이스에 대한 설계는 크게 두 가지 방법으로 나뉠 수 있다.

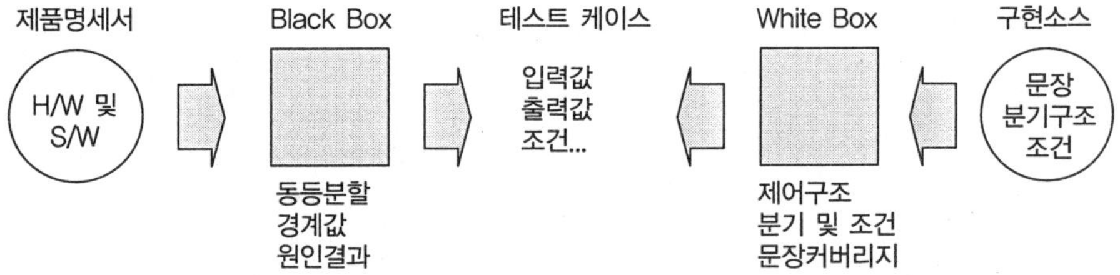

[그림 13-15] 테스트 케이스 설계기법

위 그림은 테스트 케이스를 설계하는 대표적인 방법을 설명한 그림이다. 제품 명세서에서부터 출발하느냐 또는 구현 소스에서 출발하느냐에 따라서 Black Box 기법과 White Box 기법으로 나눌 수 있다.

먼저 Black Box를 설명하면 제품명세서에는 사용자로부터 요구된 H/W 또는 S/W가 수행해야 할 기능들이 나열되어 있는데 목표로 한 제품이 이러한 요구사항에 맞게 구현되었는지를 테스트하기 위한 테스트 케이스를 도출해 내는 것이다.

즉, Black Box 라는 의미는 "구현된 제품의 안쪽을 모르고 사용자가 요구한 기능을 중심으로 테스트를 한다." 라는 의미에서 Black Box라고 부르는 것이다.

이에 대한 기법으로서 동등분할,경계값,의사결정테이블,인과그래프,상태전이도 등의 기법들이 이용될 수 있다.

반면에 White Box에서는 구현소스에서부터 출발하는 것으로 구현된 소스의 문장, 분기구조,조건 등이 정확히 요구한 기능에 맞게 수행하는 지를 테스트하기 위한 테스트 케이스를 도출해내는 기법이다. 이는 프로그램 내에서 선언한 변수, Class 안의 Loop구조, Class간 호출 등 프로그램 내부를 보면서 테스트 케이스를 도출한다.

즉, White Box라는 의미는 "제품의 안쪽을 환히 들여다 본다." 라는 의미로 생각하면 될 것이다. 이에 대한 기법으로서 제어구조, 분기 및 조건,문장커버리지 등의 기법들이 이용된다.

〈표 13-4〉 테스트 케이스 도출 기법

구분	기법	설명
Black Box	동등분할	입력데이터를 2개 이상의 유형으로 분류 예〉 나이가 16세 이하 – 소아청소년 17세 이상 – 성인
	경계값 분석	분할된 경계에 대한 값들까지 검사 (대부분 오류가 경계에서 만들어짐) 예〉 "x값이 0에서 100 이다" 에서 x값이 0인 경우 (–1,0,1) 100인 경우 (99,100,101) 도출
	인과그래핑	입력자료가 출력자료에 미치는 영향분석 (입력환경의 복잡성 파악 용이) 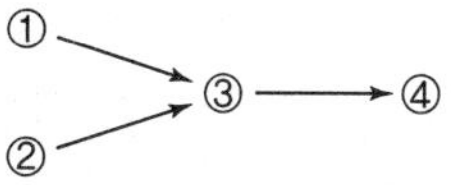

White Box	제어구조	논리적 복잡도를 측정 후 이 척도에 따라
		수행할 기본 경로집합 정의
		If 7 then
		If 9 then
		10
		else
		Else 8
		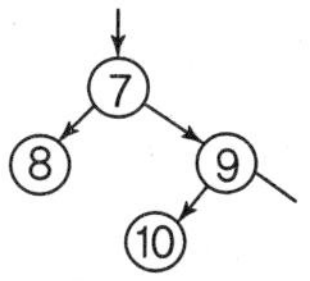

	조건	조건에 대해 모든 가능한 결과를 실행하도록 보장하기 위한 테스트 케이스 도출
	분기	분기하는 조건에 따라 각 분기의 값이 참과 거짓이 최소 한 번 이상 실행하도록 값을 도출
	문장 커버리지	모든 문장을 최소 한 번씩 수행하도록 값을 도출

연 / 습 / 문 / 제

1. 임베디드 시스템 테스트 유형 적어보기

2. 임베디드 소프트웨어의 성능 테스트를 위한 기본 절차에 대하여 설명하시오.

CHAPTER

14

● 이번 장에서는 임베디드 기술에 대한 동향에 대해 알아본다.

임베디드 기술 동향

CHAPTER 14

임베디드 기술 동향

14.1 유비쿼터스 환경의 임베디드 기술개발 동향

(1) 임베디드 운영체제

◎ Qplus

ETRI에서 개발한 리눅스 기반 임베디드 운영체제로 정보가전 및 스마트폰 등의 모바일 기기와 같은 비교적 footprint가 큰 임베디드 응용에서 로봇, 텔레매틱스 단말, 산업용 기기에 이르는 다양한 임베디드 응용에 적용이 가능한 임베디드 운영체제로 홈서버와 같은 셋톱박스에 적용되며, 제주 텔레매틱스 시범사업에도 적용되고 있다.

◎ 옥타콤

ETRI에서 개발한 nano Qplus를 기반으로 한 USN용 나노 운영체제를 교육용 및 응용 개발용으로 제공하고 있다.

10KB 규모의 초소형 운영체제로 선점형 스케줄링 커널과 다양한 라우팅 알고리즘(star, star-mesh, full-mesh 등)을 제공하며 센서 네트워크용 응용을 편리하게 개발할 수 있는 nano-Esto 등을 제공하고 있다.

◎ TinyOS

UCB에서 임베디드 센서네트워크를 위해 개발한 OS로 Smart Dust 프로젝트[1]를 통해 센서 노드 Mote를 개발하였다.

1) Smart Dust 프로젝트는 센서 네트워크에서 센서 크기, 무게, 성능뿐 아니라 설치, 관리 측면에서 발생

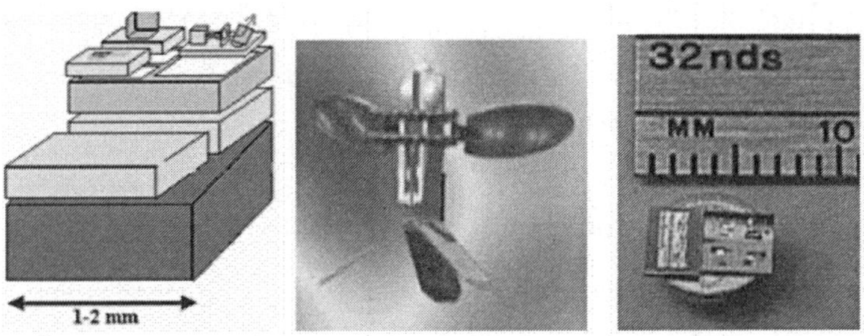

[그림 14-1] 스마트 더스트

네트워크 프로토콜, 분산 서비스, 센서 디바이스 드라이버, 데이터 수집 도구들을 컴포넌트 라이브러리의 형태로 제공한다.

◎ T-Engine

일본의 T-Engine 표준에서 제안된 유비쿼터스 플랫폼을 위한 프로젝트 TRON에서의 센서 네트워크용 표준 마이크로 커널, 동경대학/YRP 유비쿼터스 네트워크연구소의 센서 네트워크용 OS이다.

(2) 임베디드 미들웨어

◎ 국내 기술 현황

광주과기원의 U-VR 연구실 중심으로 유비쿼터스 컴퓨팅 분야 중 '사용자 인식 기술과 그 응용 기술'에 대한 연구를 진행 중에 있으며, 홈 네트워크 환경에서 사용자 인식을 위한 상황인식 기술을 적용하기 위하여 연구 중에 있다.

또, 순천향대학교의 경우에서도 홈 네트워크 분야를 연구 중에 있으며, 홈 서버 개발 내에 정보가전제어, uPnP, 무선 단말 연동 지원 기술 등을 연구 중에 있다.

되는 여러 가지 문제점들을 해결하기 위해 캘리포니아 버클리대에서 개발한 $1mm^3$ 정도의 아주 작은 무선 센서 플랫폼이다. 프로세서와 RF(Radio Frequency) 시스템을 통합한 싱글 칩으로 실리콘 모트라는 입방체 안에 자율적인 센싱과 통신 플랫폼 능력을 갖춘 보이지 않는 컴퓨팅 시스템으로 무게가 가벼워 떠다닐 수 있다.이 기술의 응용분야로는 에너지 관리, 제품의 품질 관리 및 제품의 유통경로 관리, 군대에서 군사 작전용으로 기상상태나 생화학적 오염 측정과 병력과 장비의 이동 등을 감지하는 등 다양한 분야에서 응용되고 있다.

최근, 자동차 제조사 및 자동차부품연구원 등은 자동차 산업의 성공요소로 전장부품용 임베디드 S/W 기술 확보에 발빠르게 움직여 선진기술 도입 및 해외연수를 추진한 데 있다고 본다.

◎ 국외 기술 현황

미국에 경우, IBM은 S/W 개발 및 유지보수에 필요한 통합솔루션인 ASF (Automotive Software Foundry)를 개발하여 보급 중에 있고, 일본은 자동차 제조사 중심으로 2004년 JASPAR (Japanese Automotive Software Platform & Architecture)를 구성해 국제표준 규격에 영향력을 행사하고 있다. 유럽 또한 뒤질세라 S/W 업체들이 AESAS (Association of European Suppliers for Automotive Software)를 구성해 S/W 시장의 주도권를 확보하려고 노력하고 있다.

(3) 임베디드 기본/공통 응용 소프트웨어 기술

◎ 국내 기술 현황

한국 IBM에서 임베디드 소프트웨어 인프라 연구 프로젝트인 '셀라돈(Celadon)' 을 통해 상황 인지 미들웨어를 개발 중에 있다.

광주과기원의 경우, U-VR 연구실 중심으로 유비쿼터스 컴퓨팅 분야 중 '사용자 인식 기술과 그 응용 기술' 에 대한 연구를 진행 중이며, 홈 네트워크 환경에서 사용자 인식을 위한 상황 인식 기술을 적용하기 위하여 연구도 병행하고 있다.

◎ 국외 기술 현황

1998년 썬 마이크로시스템즈사에서 발표한 분산 환경의 홈네크워크 자원 공유 플랫폼인 JiNi가 대표적이다. PC, 프린터 등의 사무기기뿐만 아니라 오디오, TV 등의 가전장비를 인터넷으로 연결, 제어 가능한 기술이여서 급부상하고 있다.

Lancaster University & EA Technology 공동으로 MOST (Mobile Open Systems Technologies for the Utilities Industries)라는 프로젝트를 진행하고 있어 적응적인 멀티미디어 모바일 응용을 위한 요구사항을 분석하고 있으며,

분산시스템 플랫폼과 적응적인 모바일 응용 프로토타입을 구현하였다.

Illinois University에서는 Gaia 미들웨어 Project를 진행하고 있는데, 이 프로젝트는 방, 가정, 건물, 공항과 같은 물리적인 공간을 지능적으로 만들기 위한 미들웨어를 개발하고 있으며, 온톨로지(Ontology)를 사용하여 다양한 상황에 대한 시맨틱스를 정의하였다.

London University에서는 위치기반 상황인식 서비스를 제공하기 위한 미들웨어를 개발하였다.

(4) 임베디드 소프트웨어 개발 도구 기술

국내 기술 개발 현황

임베디드 소프트웨어 설계 자동화

국내 기술 개발 수준은 미진한 상태이나, Statechart와 Dataflow Diagram으로 명세를 하고 이로부터 정적 분석, 시뮬레이션 등을 지원하는 포항공대의 ASADAL, ETRI의 마르미 방법론이 있다.

임베디드 소프트웨어 시험 자동화

슈어소프트테크사와 바산네트워크사는 휴대폰과 정보기기의 임베디드 소프트웨어를 소스코드로부터 프로그램 로직, 메모리, 성능 등을 테스트해 주는 기술을 보유하고 있으나 코드 검증 중심의 도구이다.

KAIST는 삼성전자와 함께 임베디드 소프트웨어 모듈 테스트를 위한 명세 기반의 테스팅 방법을 제안하고 이를 지원하는 자동화 도구인 MSCTest를 개발하였다.

통합 개발 환경

ETRI를 중심으로 임베디드 소프트웨어 개발 도구(Esto)에 대한 기술 개발이 이루어지고 있다.

임베디드 소프트웨어 개발방법론

학계에서 이론적 연구 중심으로 개발이 진행되어 오다가 최근 국내 일부 대기업 전자 및 자동차 업계를 중심으로 임베디드 소프트웨어 개발 방법론의 개발에 관심을 가지고 시작하고 있다.

국외 기술 개발 현황

임베디드 소프트웨어 설계 자동화

UML 기반의 도구들이 대부분이나 최근 H/W · S/W CO-Design 도구나 모델 기반의 프로그래밍 환경에서 실시간성과 결함 허용성의 제약을 만족시키는 소프트웨어를 생성하는 MoBIES 프로젝트와 같은 프로젝트들이 수행 중이다.

적응형 임베디드 S/W 설계를 지원해 주는 S/W 개발 기술은 동적 아키텍처 기반의 통합적인 S/W 개발 프레임워크 개발로 발전하고 있으며, 미국의 CMU, UC Irvine대학과 영국의 Lancaster대학 등에서 연구를 했고, 유럽은 2007년까지 7년 동안 약 8,830만 유로를 투입하고 있는 '복잡한 시스템'과 '사라지는 컴퓨팅'을 포함한 IST 프로그램에서 동적 아키텍처 기반 S/W 생산기술을 개발하였다.

임베디드 소프트웨어 시험 자동화

IBM의 Rational 그룹에서는 Test RealtimeC/C++, Java로 작성된 임베디드 응용 소프트웨어의 런타임 추적, 메모리, 데드락, 컴포넌트 및 시스템 테스트, 프로파일링 기능을 제공하고 있다.

MetroWerks사의 CodeTest는 범용 임베디드 또는 RTOS 런타임 프로파일링 기능과 커버리지 테스트 기능을 제공하고 있고, TestQuest사의 tTestQuest Pro는 휴대폰 및 셋탑박스 등의 전자기기의 사용자 인터페이스를 테스트하는 기능을 제공하고 있다.

Microsoft사는 상태도를 개선하여 .NET 프레임워크를 위한 ASML (Abstract State Machine Language)과 테스트 도구인 ASML Test Tool을 개발하여 .NET 프레임워크를 기반으로 하는 소프트웨어에 대한 테스팅을 지원하고 있다.

모델 기반 소프트웨어 테스팅 기술이 휴대폰용 소프트웨어에 적용되기 시작하여 휴대폰용으로 개발된 기술은 Nokia의 Third Eye라는 테스팅 방법론과 도구가 있으며, 미국 NIST 프로젝트 'Advanced Mobile Application Testing

Environment'를 mVerify사에서 수행 중에 있다.

통합 개발 환경

Eclipse 기반의 다양한 도구들이 공개 프로젝트로 수행 중이며, 임베디드 소프트웨어의 크로스 개발 환경의 복잡도를 줄이기 위한 연구가 시작되었고, 모바일 웹 서비스 개발 지원 도구의 데스크 탑 도구와의 통합화 현상이 두드지고 있다.

모바일 경량의 Java 환경에 적합한 런타임 환경을 제공하기 위해 JADE 플랫폼과 결합되어 제공되는 라이브러리를 개발하는 프로젝트인 LEAP (Lightweight Extensible Agent Platform)가 유럽에서 추진 중에 있다.

임베디드 소프트웨어 개발방법론

미 CMU의 SEI에서 제품계열 기반의 개발방법론 프레임워크를 개발하였으며, SEI의 연구 결과는 스웨덴의 CelsiusTech Systems, Bofors, Kockums, FFV aerotech, Telub가 함께 참여한 군사 지휘 통제 시스템 분야 등에 적용되었다.

유럽의 EUREKA-ITEA 프로그램에서 임베디드 시스템을 위한 Agile S/W 개발 방법과 도구를 개발하는 프로젝트인 "AGILE"이 2004년 4월부터 2006년 12월까지 수행되고 있다.

독일 Fraunhofer 연구소에서는 컴포넌트 기반의 소프트웨어 개발 방법론인 KobrA 및 제품 계열 기반의 임베디드 소프트웨어 개발 프로세스 연구 과제인 PROFES 과제를 수행하고 있다.

EU의 FP6 과제로 기획된 PECOS 프로젝트는 여러 응용 영역에서 고장을 허용하는 임베디드 분산 시스템의 개발 환경을 개발하였고, 네덜란드의 필립스사는 컴포넌트 모델을 바탕으로 가전제품을 생산하기 위한 제품 아키텍처를 정의하는 KOALA 프로젝트를 수행하고 있다.

14.2 임베디드 기술 시장동향

(1) 임베디드 S/W 국외 시장 현황 및 전망

특정 산업용 기기의 실행 제어를 위해 출현한 임베디드 S/W 기술은 통신, 가전, 의료, 금융, 항공, 군사 등의 전 산업으로 확대되고 있으며, 유비쿼터스 컴퓨팅 시대를 이끌 핵심 부문으로 인식되어 집중적인 투자가 이루어지고 있다. 2006년 세계 임베디드 S/W시장 규모는 약 1천 147억 달러 추산되며, 세계 시장은 연평균 3.9%의 성장세가 예상되며, 2012년 시장 규모는 약 1천 411억 달러 예상된다. 부문별로는 정보가전 부문이 가장 시장규모가 크며, 차량 전장 S/W 순으로 나타나고 있다. 세계 임베디드 소프트웨어 시장 규모는 다음과 같다.

〈표 14-1〉 세계 임베디드 S/W 시장 규모 (단위: 백만달러)

구 분	2006	2007	2008	2009	2010	2011	2012	CAGR
데이터 처리 장치	8,458	8,491	9,717	9,528	9,663	10,030	10,411	3.8%
정보가전	28,338	30,253	31,102	31,489	32,110	33,651	35,267	4.8%
통신 기기	12,123	12,822	14,111	14,376	14,774	15,631	16,537	5.8%
차량 전장 S/W	17,798	18,859	19,989	20,785	21,720	22,893	24,129	5.40%
산업전자 제어	22,931	23,853	24,525	25,050	25,575	26,445	27,344	3.40%
군사/민간 항공 전자제어	25,140	25,620	25,920	26,220	26,700	27,101	27,507	1.50%
전체(합계)	114,788	119,898	125,364	127,448	130,542	135,751	141,195	3.9%

(자료출처: Gartner 2005.10., ETRI 기술혁신정책연구팀 (2006.8))

임베디드 운영체제(OS) 시장은 VxWorks, PSoS, QNX 등의 전통적인 RTOS 중심에서 고기능 임베디드 OS 중심으로 발전하는 추세이지만, 전통적인 RTOS와 핸드헬드 OS는 약세를 보이고 있다. 전 세계 임베디드 소프트웨어 시장도 하드웨어 시장과 맞물려 정보 가전 및 통신 기기 시장의 확대에 따라 매년 상당한 비율로 증가하고 있다.

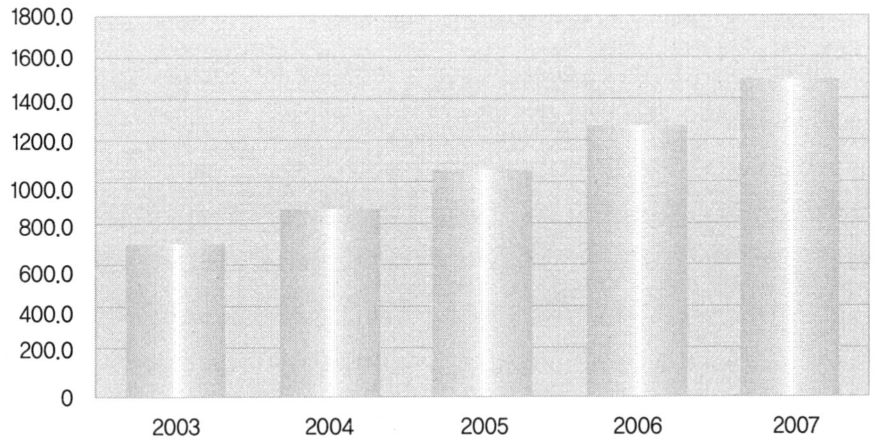

[그림 14-2] 임베디드 소프트웨어 개발 솔루션 및 관련 서비스 시장 규모
(자료출처: 2005년 VDC)

위의 그림에서 보듯 임베디드 소프트웨어 개발 솔루션 및 관련 서비스 시장은 2007년 약 15억달러 이상으로 이러한 시장 규모 증가는 현 임베디드 시스템 산업 규모의 증가 추세를 감안하면 더 가속화될 것으로 예상되나, 세계 경제침체가 가장 큰 변수로 작용하고 있다. 이중에서 임베디드 운영체제 관련 제품의 비중이 55.9%를 차지하여 가장 큰 시장을 형성하고 있다. 그 뒤를 이어 설계 자동화 도구 등 임베디드 시스템 설계에 특화된 소프트웨어 개발 도구 시장이 뒤따를 것으로 예상된다.

세계 임베디드 S/W 개발 솔루션 시장은 RTOS(Real Time Operating System)를 포함한 임베디드 OS 및 관련 서비스, S/W 개발 툴 및 관련 서비스, 설계 자동화 툴 및 관련 서비스, 그리고 시험 자동화 툴 및 관련 서비스 시장으로 구분할 수 있다. 규모는 다음과 같다.

〈표 14-2〉 세계 임베디드 S/W 개발 솔루션 시장 규모 (단위: 백만 달러, %)

구분	2004	2005	2006	2007	2008	2009	2010	CAGR
임베디드 OS/서비스	760.4	883.7	1,017.7	1,168.3	1,330.7	1,515.7	1,726.3	13.9
S/W 개발 툴/서비스	382.3	422.5	471.0	525.2	575.1	629.7	689.6	9.5
설계 자동화 툴/서비스	438.7	507.4	588.6	682.8	796.1	928.3	1,082.4	16.6
시험 자동화 툴/서비스	92.0	113.4	140.4	175.6	215.1	263.5	322.8	22.5
합계	1,673.4	1,927.0	2,217.7	2,551.9	2,891.3	3,275.8	3,711.5	13.3

(자료출처: Gartner 2005.10. 2008년~2010년, ETRI 기술혁신정책연구팀 재구성 (2006.08))

분야별로 가장 큰 시장 규모를 형성하고 이는 임베디드 OS/서비스 시장이 2010년까지 13.9%의 복합연평균 성장률을 기록하면서 약 17억 달러로 전체 시장의 45.8%를 점유하고, 그 뒤를 이어 설계 자동화 툴/서비스 시장이 26.8%, 소프트웨어 개발 툴/서비스 시장이 20.6%, 그리고, 시험 자동화 툴/서비스 시장이 6.9%를 점유할 전망이다.

임베디드 멀티미디어 시장은 USN 등과 더불어 매년 큰 폭으로 성장하고 있으며, 이 분야에서 임베디드 운영체제를 기반으로 고화질 및 고품질의 미디어 데이터를 서비스하는 경향으로 지속적으로 발전하고 있다. 또한, 임베디드 웹 브라우저 분야도 임베디드 시스템의 특성을 활용하기 위하여 경량화와 Linux와 같은 OS에서 다양한 기능을 제공할 수 있도록 모듈화하는 추세이다.

(2) 임베디드 S/W 국내 시장 현황 및 전망

2006년 국내 임베디드 S/W시장 규모는 약 84.2억 달러로 추산됐다. 국내 시장은 연평균 13.3%의 성장세가 예상되며, 2007년에는 약 88.8억 달러의 시장을 형성할 것으로 전망한다.

부문별로 정보가전 부문이 2006년 36.5억 달러로 가장 높은 비중을 가지며, 장기적으로 정보가전, 통신장비, 산업전자기기의 비중과 성장세가 시장을 좌우할 전망이다.

〈표 14-3〉 내 임베디드 S/W 시장 규모 (단위: 백만 달러)

구분	2006	2007	2008	2009	2010	2011	2012	CAGR
데이터 처리 장치	668	676	734	723	728	748	769	2.8%
정보가전	3,658	3,787	3,679	3,832	3,857	3,049	3,358	10.1%
통신 기기	1,883	2,055	2,524	2,757	2,769	5,181	6,960	34.3%
차량 전장 S/W	520	575	663	761	852	946	1,051	11.10%
산업전자 제어	1,208	1,253	1,237	1,267	1,247	1,283	1,320	2.90%
군사/민간 항공 전자제어	465	538	552	590	561	591	622	5.30%
전체(합계)	8,402	8,884	9,389	9,930	10,014	11,798	14,080	13.3%

(자료출처: Gartner 2005.09., ETRI 기술혁신정책연구팀 (2006.8))

국내 OS 시장은 현재 높은 사용률을 보이는 RTOS 이외에 MS WinCE, WindowsXP embedded, 임베디드 리눅스 등이 많이 사용되고 있다. 디지털 정보 가전용 RTOS 부문은 특히 디지털 환경하에서의 강력한 시장 지배 기술로 인식되어, 국내 대기업인 삼성전자, LG전자는 물론 MS, SUN ONE, VxWorks 등 외국기업의 선점도 경쟁이 치열하다.

국내 시장에서는 OS 시장과 소프트웨어 개발 툴 시장의 비중이 매우 높은 편이며, 상대적으로 수요가 적었던 시험 자동화 툴 시장의 성장률이 2010년까지 27.9%로 가장 높을 것으로 예상되며, 국내 분야별 임베디드 소프트웨어 개발 솔루션 시장 규모는 다음과 같다.

〈표 14-4〉 국내 분야별 임베디드 S/W 개발 솔루션 시장 규모 (단위: 백만원, %)

구분	2004	2005	2006	2007	2008	2009	2010	CAGR
임베디드 OS/서비스	27,743	32,931	39,221	46,555	55,214	65,760	78,320	19.1
S/W 개발 툴/서비스	23,101	24,926	27,876	31,518	35,836	39,312	43,125	9.7
설계 자동화 툴/서비스	5,507	5,950	7,027	8,398	9,959	11,094	12,359	11.4
시험 자동화 툴/서비스	2,507	3,119	3,908	4,928	6,352	8,124	10,391	27.9
합계	58,441	66,926	78,023	91,398	107,361	124,539	144,465	16.0

(출처: IDC 2004.12. 2008년~2010년, ETRI 기술혁신정책연구팀 재구성 2006.08)

휴대 통신장비나 PMP 같은 단말에서 상당한 시장 수요가 요구되고 있으며, 또한 IP 셋톱박스와 같은 정보가전분야도 IP-TV나 양방향 TV 등에 의한 양질의 서비스를 요구하는 시장이 큰 폭으로 증가되고 있다.

14.3 유비쿼터스 환경의 임베디드 기술 정책동향

우리나라는 미래 지속적인 성장동력으로서 IT839 기술을 선정하고, 여러 가지 분야의 시스템을 구성하는 기반 기술인 임베디드 소프트웨어를 개발하여 각 성장동력별 기술 개발의 효율화를 취하고 있다. 다양한 시범 사업 수행을 통하여 국내 순수 기술로 개발된 소프트웨어의 활용 가능성을 보여주고, 지속적인

구분	주요 현황
한국	미래 우리나라의 지속적인 성장 동력으로서 IT839 기술을 선정하고 이들 여러 가지 분야의 시스템을 구성하는 기반 기술인 임베디드 소프트웨어를 개발하여 각 성장 동력별 기술 개발의 효율화를 취하고 있음. 다양한 시범 사업 수행을 통하여 국내 순수 기술로 개발된 소프트웨어의 활용 가능성을 보여주고, 지속적인 기술 개발과 업그레이드를 통하여 상용 서비스에 국내 기술을 활용할 수 있는 환경을 구축하고 있음. 또한 국내 임베디드 소프트웨어 기술 개발을 담당할 고급 인력 양성을 정부 차원에서 적극 추진하고 있음
미국	군사 · 과학용 임베디드 소프트웨어를 21세기 핵심 분야로 선정하고 매년 4천억원 이상을 연구개발에 투자하고 있음. DoD는 물론 NSF를 통하여 대규모의 연구개발 프로젝트를 지속적으로 지원하고 있음
일본	총무성 주도로 유비쿼터스 네트워크 개발을 추진 중이고, '84년부터 TRON 협회에서 표준 임베디드 OS인 T-Engine 스펙을 개발하여 국내 기업에 사용하도록 적극 지원한 결과 일본 내 가전 제품에 적용(약 40%)하였으며, 마이크로 T-엔진, 피코 T-엔진등의 다양한 임베디드 소프트웨어 플랫폼을 활용 중에 있음
유럽	유럽 연합 전체적으로 임베디드 시스템 분야를 전략적인 집중 기술 개발 목표로 삼고 IST(Information Society Technologies)를 통하여 2007년부터 2013년까지 7년 동안 매년 4억 2천만 유로를 투입하여 네트워크 시스템, 분산 실시간 제어 시스템, 차세대 DSP, 적응형 시스템 소프트웨어 등의 분야에 사용되는 임베디드 소프트웨어 기술 개발 추진 중
중국	중국의 차세대 성장 동력인 863 소프트웨어 과제의 기본으로 임베디드 소프트웨어를 선정하고 통신장비, 휴대폰과 다양한 임베디드 시스템에 임베디드 리눅스를 기반으로 연구 개발 수행을 정부차원에서 적극 지원하고 있음. 중국의 많은 소프트웨어 회사들을 임베디드 소프트웨어 전문회사로 탈바꿈시켜 더욱 많은 부가가치 기업을 만들고 있음

기술개발과 업그레이드를 통하여 상용 서비스가 국내 기술을 활용할 수 있도록 환경을 구축하고 있다. 또한, 국내 임베디드 소프트웨어 기술 개발을 담당할 고급 인력 양성을 정부 차원에서 적극 추진하고 있다.

14.4 유비쿼터스 환경의 임베디드 기술 표준동향

미국은 군사 · 과학용 임베디드 소프트웨어를 21세기 핵심 분야로 선정하고 매년 4천억원 이상을 연구개발에 투자하고 있다.

일본은 총무성 주도로 유비쿼터스 네트워크 개발을 추진 중이고, 1984년부터 TRON 협회에서 표준 임베디드 OS인 T-Engine 스펙을 개발하여 기업에 사용하도록 적극 지원한 결과 일본 내 가전 제품에 적용(약 40%)하였으며, 마이크로 T-엔진, 피코 T-엔진 등의 다양한 임베디드 소프트웨어 플랫폼을 활용 중에 있다.

유럽은 유럽 연합 전체적으로 임베디드 시스템 분야를 전략적인 집중 기술 개발 목표로 삼고 IST (Information Society Technologies)를 통하여 2007년부터 2013년까지 7년동안 매년 4억 2천만 유로를 투입하여 네트워크 시스템, 분산 실시간 제어 시스템, 차세대 DSP (Digital Signal Processor), 적응형 시스템 소프트웨어 등의 분야에 사용되는 임베디드 소프트웨어 기술 개발을 추진하고 있다.

(1) 임베디드 운영체제 표준화 목표와 내용

임베디드 운영체제 커널

시스템에 최적화된 오픈소스 기반 임베디드 운영체제 기술 표준화를 목표로 하고 있으며, 세부 내용은 다음과 같다.

- 임베디드 시스템용 경량 커널 기술
- 실시간성 지원을 위한 임베디드 운영체제 확장 기술

• 전력관리, Fast Boot, 멀티미디어 파일 시스템, 보안

USN용 초소형 운영체제

센서 네트워크 응용 서비스 구현을 위한 요소기술 표준화를 목표로 하고 있으며, 세부 내용은 다음과 같다.

• 초소형 센서 운영체제 API
• 센서 네트워크 통신 프로토콜
• 센서 네트워크 확장 및 접속 규격

그래픽 시스템

이종 단말간 공통된 분석 체계를 정의하여 성능 표현을 정량적으로 할 수 있는 방안 규정을 목표로 하고 있으며, 세부 내용은 다음과 같다.

• 2D, 3D 그래픽의 하드웨어 성능 측정 방안 제시
• 렌더링 성능 평가 요소 제시 등

플래시 메모리 지원 소프트웨어

• 플래시 메모리 기반 SSD 지원 소프트웨어 계층의 인터페이스 표준화
• 플래시 메모리 기반 각종 저장 장치와 메인 시스템과의 하드웨어/소프트웨어 인터페이스 표준화
• 플래시 메모리 기반 파일 시스템 기술과 메타 데이터를 지원하는 플래시 메모리 기반의 임베디드 소프트웨어 기술 표준화

위의 세가지 표준화 목표를 가지고 있으며, 세부 내용은 다음과 같다.

- 플래시 메모리 기반 임베디드 데이터베이스 기술
- 통합형 멀티미디어 콘텐츠 개발을 위한 Meta-data 추출 및 관리 기술

이기종 망간 서비스 연동 지원

이기종 망간 핸드오프[2] 기술 표준화를 목표로 하고 있으며 세부 내용은 다음과 같다.

2) 핸드오프 이동 전화 가입자가 한 무선 구역에서 다른 무선 구역으로 이동해 갈 때, 현 통화 채널을 다른 무선 구역의 통화 채널로 자동적으로 전환해 줌으로써 통화가 계속되게 하는 기능을 말한다. 아날로그 셀룰러 방식, 즉 AMPS에서의 통화 채널 전환 방법은 통화 채널의 수신 전계 강도(RSSI)를 측정하여 규정 레벨 이하로 떨어지기 시작하면, 그 기지국이 교환기에 경보 신호를 주고, 교환기는 미리 지정된 근접

- 하위 미디어에 독립적인 핸드오버 구조 및 절차
- L2 트리거 기반 빠른 IP 핸드오버 기술

멀티칩 지원

비대칭적 멀티 프로세서 간의 안정된 통신 방법을 표준화 목표로 하고 있다.

보안 커널

다양한 임베디드 보안 요구사항을 분석하여 지원이 가능하게 하는 보안 프레임워크 기술 개발을 표준화 목표로 하고 있으며 세부 내용은 다음과 같다.

- 임베디드 보안 요구사항 정의
- 임베디드 보안 프레임워크 기술 표준안

(2) 임베디드 미들웨어 표준화 목표와 내용

유비쿼터스 컴퓨팅 미들웨어

유비쿼터스 환경 정보를 이용한 유비쿼터스 컴퓨팅 시스템은 아직 정립되어 있지 않다. 따라서 유비쿼터스 환경 정보 개념에 대한 정립뿐만 아니라 유비쿼터스 컴퓨팅 시스템에 대한 표준화된 정의가 필요하다.

응용 서비스 지원 미들웨어

WIPI: 모바일 단말용 플랫폼 표준 API 및 핸드셋 인터페이스 표준화를 목표로 하고 있다.

Virtual Machine

- SUN의 CDC 규격을 만족하는 Configuration 제공
- SUN의 Personal Profile, Personal Basis Profile, Foundation Profile을 만족하는 프로파일 제공

그룹 목록 상의 가용 채널을 찾아 통화를 연결한다. 핸드오프 사용중인 기지국의 음성 채널로부터 인접된 다른 기지국의 음성 채널로 전환해 주는 기지국간 통화 채널 전환과, 기지국 내에서의 음성 채널 전환을 해주는 기지국내 통화 채널 전환의 2종류가 있다. 핸드오프의 기준이 되는 수신 전계 강도의 기준 레벨은, 잡음이 제한된 시스템에서는 약 100 dBm, 간섭이 제한된 시스템에서는 95 dBm 정도이며, 채널 전환 시간은 150ms 정도이다.

U-단말 공통 플랫폼

- 세부 내용은 다음과 같다.
- 텔레매틱스, RFID, DMB 등을 탑재한 단말이 공통적으로 그리고 필수적으로 필요로하는 기술을 도출
- 위 공통의 기술을 만으로 동작 가능한 플랫폼 정의
- 공통 플랫폼에 부재한 기능을 단말에서 지원하기 위한 플러그인 구조 정의
- 플러그인과 공통 플랫폼 간의 인터페이스와 프로토콜 표준화

임베디드 시스템용 네트워크 보안

- 제한된 자원하에서 최대한 보안을 지원하는 네트워크 보안 프로토콜 표준화를 목표로 하고 있으며 세부 내용은 다음과 같다.
  - 경량 네트워크 보안 프로토콜 기술
  - 경경량 인증 제어 기술
  - 경경량 인증 관리 기술

모바일 게이트웨이

- 네트워크 이동성 지원 모바일 게이트웨이 기술 표준화를 목표로 하고 있으며 세부 내용은 다음과 같다.
  - 이동 중 내부 망 내의 노드들에 외부 망 연결성 지원 구조 및 절차
  - IPv6 기반의 빠른 핸드오버 기술
  - 프로그램 원격 설치 및 수행 기술
  - 분산 서비스 지원 분산 소프트웨어 기술

센서용 네트워크

- 센서 네트워크의 표준화 범위는 크게 기술과 응용 서비스 분야로 나눌 수 있으며, 기술은 센서, 통신, 인터페이스, 데이터 구조 등 여러 분야가 존재하며, 응용서비스도 USN을 이용한 적용 범위에 따라 여러 표준들이 만들어 질 수 있다.

차량 전장용 임베디드 소프트웨어

- 차량 전장용 임베디드 네트워크 연동 미들웨어 기술 표준화를 목표로 하고

있으며 세부 내용은 다음과 같다.
- 아키텍처 독립 차량 전장용 API 규격 및 런타임 환경 기술
- 차량 전장용 ECU, 네트워크, I/O 추상화 및 드라이버 기술
- 차량 전장용 네트워크 연동 미들웨어 기술
- 차량 전장용 샤시/바디/동력계통 통합 제어 기술
- 차량 전장용 네트워크 및 IT 네트워크 연동 제어 기술

(3) 임베디드 공통 응용 기술 표준화 목표와 내용

멀티모달 인터페이스 기술

- 멀티모달 인터랙션 프레임워크 표준화를 목표로 하고 있으며 세부 내용은 다음과 같다.
  - 멀티모달 입력, 출력 및 인터랙션 매니저 등 구성 요소의 인터페이스 표준화
- 멀티모달 마크업 언어 표준화를 목표로 하고 있으며 세부 내용은 다음과 같다.
  - 멀티모달 프레임워크내 구성 요소간 정보 전달 및 표현을 위한 마크업 언어 정의 및 표준화

임베디드 브라우저

- 웹 정보의 표현의 다양성 확보를 위한 웹 플랫폼 기반 기술의 표준화를 목표로 하고 있으며 세부 내용은 다음과 같다.
  - CSS(Cascading Style Sheets) 기술을 적용한 유연한 웹 접근 기술
  - DOM(Document Object Model)기술을 적용한 웹 페이지 표현 속성의 개체화를 통한 어플리케이션 이벤트 적용 기술
- 임베디드 운영시스템 환경에 적합한 컨텐츠 접근성 및 신뢰성의 표준화를 목표로 하고 있으며 세부 내용은 다음과 같다.
  - XML(eXtensible Markup Language)기술을 적용한 HTML/CSS의 비표현 영역의 정보를 다양한 포맷 정보로 손쉽게 적용하는 기술

사무용 소프트웨어 기술

• 사무용 소프트웨어 기술을 직접적으로 표준화하고 있지는 않으며, 문서 및 이미지 포맷 표준화가 지속적으로 진행되고 있어 이를 지원하는 방향으로 사무용 소프트웨어 기술은 발전하고 있다.

멀티미디어 스트리밍

• IPTV를 위한 스트리밍 프로토콜 표준화를 목표로 하고 있으며 세부 내용은 다음과 같다.
  - 고품질 비디오, 오디오 코덱 규격
  - 스트리밍 서비스를 위한 파일 포맷(MPEG-4 AVC file 포맷) 및 H.264 Payload 포맷 기술 제정
  - 스트리밍 프로토콜 및 비디오 및 오디오 데이터 Hint Track 규약
• 디지털 홈 통합 엔터테인먼트 서비스를 목표로 하고 있으며 세부 내용은 다음과 같다.
  - 임베디드 시스템에서 사용자 상호작용을 가능하게 하는 실시간 멀티미디어 스트리밍 기술
  - 디지털 홈 엔터테인먼트 서비스의 하드웨어 플랫폼 형태 정의
  - 다양한 하드웨어 환경 상에서, 통합 엔터테인먼트 서비스를 제공하기 위한 기능 정의

상황인지 지원

• 상황 적응 및 인식을 위한 추론 및 온톨로지 기술과 자율형 협업 인프라를 위한 리얼컴퓨팅 관련 기술을 지원하는 목표를 가지고 있다.

원격통제 지원

• 개방형 통신 미들웨어 표준화를 목표로 하고 있으며 세부 내용은 다음과 같다.
  - 원격제어 메시지 프로토콜 정의
  - QoS 보장형 메시지 정의

(4) 임베디드 소프트웨어 개발 도구 기술 표준화 목표

임베디드 소프트웨어 설계자동화

- 임베디드 소프트웨어 개발 시간 단축과 자동 업데이트를 목표로 하고 있으며 세부 내용은 다음과 같다.
  - 하드웨어 의존적 내용들과 소프트웨어 의존적 내용들의 별도 추출을 통해 임베디드 소프트웨어의 신속 개발

통합 개발환경

- 통합 GUI 환경에서의 타깃 프로그램 디버깅 및 성능, 전력 소모량, 실시간성 등을 분석하고 최적화할 수 있는 기능을 지원하는 통합개발환경 기술
- H/W와 S/W의 환경 변화를 수용할 수 있는 임베디드 S/W의 동적 재구조성을 가능하게 하는 임베디드 에이젼트 프레임워크 기술
- 임베디드 S/W 블록의 동적 통합에 의한 재사용 기술
- 임베디드 에이젼트의 개발 형태 및 재사용 프로세스의 표준화를 목표로 하고 있다.

임베디드 소프트웨어 개발방법론

- 제품 요구사항부터 제품의 유지보수까지 연관된 제품관리를 지원하는 기술과 SPEM 기반의 개발 프로세스와 연계하여 통합하는 기술 및 이를 지원하는 도구가 특허의 대상이 될 수 있을 것이다.
- 임베디드 S/W 패밀리를 지속적으로 생산, 관리할 수 있는 제품계열 생산방식이 특허로 제기될 수 있다.
- Agile 방법은 IEEE 1648 워킹그룹(Working Group for Establishing and Managing Software Development Efforts Using Agile Methods)에서 표준으로 채택하기 위한 작업이 진행 중으로, 향후 OMG의 MDA 방식과 경합되어 Agile MDA 표준화 작업이 진행될 예정이다.

연 / 습 / 문 / 제

1. 임베디드 기술의 표준화 동향에 대해 적어보기

찾 / 아 / 보 / 기

저 자 약 력

손병희

현재 서울 구로구에 위치한 동양공업전문대학 전기전자통신학부 교수로 재직 중이며, 연세대학교 전기전자공학부에서 석 · 박사 학위를 취득했다. 관심 분야는 감성을 이용한 임베디드 시스템과 무선센서네트워크이다.

유용만

현재 서울아산병원 의료정보팀에서 근무하고 있으며, 정보처리기술사로 활동하고 있다. 관심 분야는 실버의료, EHR 분야이다.

황광일

현재 시립인천전문대학 컴퓨터제어과 교수로 재직 중이며, 고려대학교 전자컴퓨터공학과에서 석 · 박사 학위를 취득했다. 관심분야는 USN(Ubiquitous Sensor Networks) 및 임베디드 시스템(Embedded Systems)이다.

유비쿼터스 환경의 임베디드 기술

손병희 · 유용만 · 황광일 공저

초 판 인 쇄 : 2009. 8. 10
제1판 2쇄 : 2011. 8. 20
발 행 인 : 김 승 기
발 행 처 : 생능출판사
신 고 번 호 : 제406-2005-000002호
신 고 일 자 : 2005. 1. 21
I S B N : 978-89-7050-636-4

413—756
경기도 파주시 교하읍 문발리 507-12 파주출판도시
대표전화 : (031)955-0761, FAX : (031)955-0768
홈페이지 : http://www.booksr.co.kr

* 파본 및 잘못된 책은 바꾸어 드립니다.

정가 20,000원